国家自然科学基金重点项目(编号:42230814)资助
国家自然科学基金面上项目(编号:42372204)资助

煤层气靶区优选模糊模式识别理论与应用

Theory and Application of Fuzzy Pattern Recognition for Coalbed Methane Target Selection

刘高峰 刘 欢 张 震 吕闰生
王小明 许 军 刘炎昊 著

图书在版编目(CIP)数据

煤层气靶区优选模糊模式识别理论与应用/刘高峰等著．—武汉：中国地质大学出版社，2024.9.—ISBN 978-7-5625-5983-2

Ⅰ．P618.110.8

中国国家版本馆 CIP 数据核字第 2024F7J359 号

煤层气靶区优选模糊模式识别理论与应用

刘高峰 刘 欢 张 震 吕闰生 王小明 许 军 刘炎昊 著

责任编辑：唐然坤	选题策划：唐然坤	责任校对：徐蕾蕾

出版发行：中国地质大学出版社(武汉市洪山区鲁磨路 388 号) 邮编：430074
电 话：(027)67883511 传 真：(027)67883580 E-mail:cbb@cug.edu.cn
经 销：全国新华书店 http://cugp.cug.edu.cn

开本：787 毫米×1092 毫米 1/16 字数：282 千字 印张：11
版次：2024 年 9 月第 1 版 印次：2024 年 9 月第 1 次印刷
印刷：广东虎彩云印刷有限公司

ISBN 978-7-5625-5983-2 定价：128.00 元

前 言

PREFACE

煤层气(煤矿瓦斯)是煤伴生、以吸附状态储存于煤层中的一种非常规天然气,是重要的洁净能源,也是煤矿安全生产的最大危害。在国家实施绿色低碳发展战略和确立“双碳”目标背景下,我国天然气需求量持续增加,对外依存度逐年攀升,2023 年达到了 44.9%。鉴于此,国务院颁发《关于促进天然气协调稳定发展的若干意见》,提出加大勘探开发力度,确保国内快速“增储上产”和“能源安全”。同时,国务院在《关于加快煤层气(煤矿瓦斯)抽采利用的若干意见》中明确提出“加快煤层气抽采利用是贯彻以人为本,落实科学发展观,建设节约型社会的重要体现。必须坚持先抽后采、治理与利用并举的方针,采取各种鼓励和扶持措施,防范煤矿瓦斯事故,充分利用能源资源,有效保护生态环境”。我国煤层气资源丰富,埋藏深度 3000m 以浅的资源量达 $48.52\times10^{12}\,m^3$,煤层气的高效开发可以提高我国天然气的自供能力,优化能源结构,减少瓦斯灾害,保障煤炭安全开采,减少温室气体排放,促进“双碳”目标实现,以满足我国“能源安全”国家发展战略的重大需求。

“地质-工程一体化”成为非常规油气实现效益勘探开发的必经之路,而煤层气靶区优选(地质-工程“甜点区”选区)评价是进行煤层气资源高效勘探开发的前提和基础,评价方法的有效性有助于煤层气的高效开发。针对煤层气靶区优选逐渐从静态向静态与开发动态相结合的方向发展,常规的评价方法与指标不能精确地指导实际生产,使得资源富集区未必一定为煤层气高产“甜点区”。因此,如何在资源富集区精准地优选出煤层气高产区,成为煤层气勘探开发面临的一项难题。

美国、澳大利亚和加拿大等煤层气商业开发成功的国家,根据具体的地质、储层条件,制订了合理的煤层气靶区优选方法,形成了适应自身储层条件的开发技术。我国主要含煤地层经历了多期构造运动和地质演化,煤层气储层地质条件复杂、非均质性强。国外的煤层气开发评价方法和技术有一定的可借鉴性,但难以适应我国特殊的储层地质条件。研究表明,煤层气靶区优选是一个复杂的系统,它的评价过程受多种因素的影响,具有典型的模糊性和不确定性,传统的信息技术无法有效处理。因此,诸多学者针对我国煤层气的地质、储层条件提出了一系列基于层次分析法(Analytic Hierarchy Process,简称 AHP)和模糊数学理论的煤层气储层靶区优选方法。尽管上述方法取得了良好的应用效果,极大地推动了我国煤层气储层靶区优选研究的发展,但是采用专家打分法或层次分析法(AHP)两两比较等方法确定不同评价参数的权重时,难以避免主观因素的影响。由于主观意识和知识储备的差异,不同的研究者对同一评价指标的重要性有不同的理解,导致赋予的权重存在差异,在相同的煤层气区块中可能会得出不同的评价结果。因此,科学合理的赋权对广大研究者和普通使用者来说是一个巨大的挑战。

模糊模式识别是一种基于用数学方法抽象描述模糊现象并揭示其本质和规律的识别方法，可以简化识别系统的结构，更广泛、深入地模拟人脑的思维过程，从而更有效地对目标进行分类和识别，在计算机科学、信息科学、管理科学、系统科学和工程技术等领域发挥着非常重要的作用。特别是，模糊模式识别善于处理复杂系统中给定对象的识别类型。煤层气靶区优选实际上是一个通过对比评价分类体系和不同评价参数或指标来识别研究区级别的过程，是一种典型的模糊模式识别过程。

本书从煤层气开发“地质-工程一体化”的角度出发，对影响煤层气开发的地质条件（包括区域地质、资源地质）、开采条件（包括储层可采性、可改造性）等进行了精细分析与评价，确立了煤层气靶区优选评价参数，构建煤层气靶区优选评价参数体系。在此基础上，建立了煤层气靶区优选模糊模式识别模型，详细推导了模型的计算过程。首先，对各项评价参数进行了分类和归一化处理，消除了不同参数间量纲、量级的差异对评价结果的影响，使评价模型更准确；其次，完成了评价参数矩阵 $\boldsymbol{E}$ 和评价级别矩阵 $\boldsymbol{Y}_e$（$e=$ Ⅰ、Ⅱ、Ⅲ、Ⅳ）的构建与转换；然后，综合考虑所涉及的所有评价参数和 4 种评价级别对评价结果的影响，利用夹角余弦相似度计算了模糊贴近度；最后，通过比较 4 个模糊贴近度的值来确定待评价区块的评价级别，完成了评价级别的模糊模式识别过程。

通过在准噶尔盆地南缘阜康矿区西部八道湾组 $A_2^{\#}$ 煤层和沁水盆地樊庄区块 $3^{\#}$ 煤层进行效果检验，评价结果与实际开发效果一致，验证了模糊模式识别模型的合理性和可靠性。以樊庄区块 $3^{\#}$ 煤层为例，基于层次分析法（AHP）和多层次模糊综合评判法（multi-level fuzzy synthesis judgment，简称 MFSJ）开展煤层气靶区优选，计算分析了评价参数赋权对评价结果的影响。研究表明，模糊模式识别不涉及参数赋权，改正了层次分析和多层次模糊综合评判法因参数赋权而导致评价结果不确定性的缺点；同时无需构建两两比较判断矩阵，计算过程更加简单，提高了评价结果的准确性。最后，在沁水盆地阳泉矿区新元煤矿 $3^{\#}$、$9^{\#}$、$15^{\#}$ 煤层，鄂尔多斯盆地东部保德煤矿 $8^{\#}$ 煤层，河南省太行山东麓二$_1$煤层，进行了煤层气靶区优选模糊模式识别应用，根据优选结果绘制了煤层气开发潜力预测图。本书研究内容丰富完善了煤层气地质与开发理论，可为煤层气高效开发提供科学依据和技术支撑。

全书分 5 章。第 1 章由刘高峰撰写，第 2 章由刘高峰、吕闰生、王小明撰写，第 3 章由刘高峰、刘欢、张震撰写，第 4 章由刘高峰、张震、刘欢撰写，第 5 章由刘高峰、许军、刘炎昊、刘欢、张震撰写，全书由刘高峰统稿。

本书在撰写过程中始终得到河南理工大学、中国地质大学（武汉）、河南省地质研究院等单位领导与专家的大力支持，在此一并表示感谢。

由于笔者水平有限，本书可能存在疏漏之处，敬请广大读者提出宝贵意见，以便后期提高。

笔　者

2024 年 6 月

目录

CONTENTS

1 绪 论

1.1 煤层气靶区优选研究目的与意义

能源是人类生存不可或缺的物资基础，也是国家经济稳定发展的重要保障[1-2]，作为一个富煤、贫油、少气的国家，煤炭一直是我国发展的主要能源[3]。据初步核算，2023 年全国能源消费总量 57.2×10^{8}t 标准煤，比上年增长了 5.7%。煤炭消费量占能源消费总量的 55.3%；天然气、水电、核电、风电、太阳能发电等清洁能源消费量占能源消费总量的 26.4%，上升了 0.4%。尤其是从 20 世纪 70 年代以来，截至 2022 年底，全国累计开采煤炭约 8.98×10^{10} t，占全国一次能源消费总量的 75%[4-5]。目前，我国能源正朝着由化石能源向非化石能源、由煤炭向油气资源转变的方向发展，可再生能源以及新型能源正在逐步替代煤炭等化石能源，但现阶段煤炭在我国经济发展中的战略地位依旧不可动摇[6-7]。

煤层气是在煤形成与演化的过程中，经历变质作用后生成的大量以甲烷为主的混合气体。其储气的主要机理是：①吸附在煤基质颗粒表面；②游离在岩石天然裂缝和基质孔隙中；③溶解在沥青或者地层水中[8-11]。煤层气具有清洁高效的优点，目前是各国重点研究的非常规资源之一，将在“双碳”目标引领下的绿色低碳能源转型中发挥重要作用[12-14]。中国具有丰富的煤层气资源，埋深小于 3000m 的煤层气地质资源量约 $48.52\times10^{12}\,m^{3}$，为我国煤层气的勘探开发奠定了基础[15-17]。近些年，随着我国煤层气地质理论不断完善和勘探技术水平的不断提高，煤层气年总产气量逐年攀升[18]，2023 年总产气量约 $139.4\times10^{8}\,m^{3}$，累计增长 17.78%，在当年全国天然气总产量中所占的比例仍然较低(6.07%)。

从能源的角度而言，在我国，无论是居民用气还是商业用气，煤层气都具有很大的市场潜力。加大对煤层气开发利用力度不但在一定程度上可以弥补常规能源的不足，而且还能确保我国能源安全，优化调整能源结构[19]。从矿井安全的角度而言，煤与瓦斯突出是指在地应力和瓦斯的共同作用下，煤层达到受力极限突然向采掘空间释放大量煤与瓦斯的过程。煤矿瓦斯一直是影响煤矿安全生产的主要灾害[20-25]。现阶段，我国煤炭开采逐渐向深部发展，随着开采深度的增大，矿井的瓦斯浓度也越来越高，与浅部煤层相比深部煤层的高瓦斯矿井和突出矿井增多，更容易发生煤与瓦斯突出，故面临的生产安全问题越来越多。瓦斯突出和爆炸不仅会造成国民经济的损失，还可能导致人员伤亡。煤层气抽采可以有效降低矿井瓦斯的压力和浓度，从而减少瓦斯事故的发生。从环保的角度而言，煤层气虽是一种相对清洁的能源，但其温室效应却是二氧化碳气体的 20 多倍。矿井生产过程中会产生大量的甲烷气体，对环境造成严重的破坏。在全球“双碳”目标要求下的今天，我国面临着巨大的环保压力,加大对煤层气的开发利用可以有效地降低温室效应,实现节能减排[10,26-27]。

煤层气靶区优选是进行煤层气勘探开发的前提和基础,优选方法的有效性有助于煤层气的高效开发,靶区优选结果直接决定煤层气开发的成败[28]。煤层气靶区优选的主要目的是在煤层气开发地质学和工程理论的指导下,通过调查煤层气富集的关键控制因素、资源潜力、开采技术条件和评价指标等,选择煤层气勘探开发的有利区域[29-31]。但多年的现场勘探表明,我国煤储层埋藏深度大,成煤周期长,沉积环境多样,后期经历了复杂的多期构造运动和地质演化,由此决定了我国煤层气储层具有地质条件复杂、非均质性强的特征[32-33]。同一煤储层在不同地区的渗透率、含气量等储层参数可能存在较大差异,煤层气地质条件的复杂性和储层的非均质性造成了煤层气开发在区域与产量上的差异[34-36]。如何在复杂的储层条件下精准地优选出煤层气高产区,是煤层气勘探开发面临的一项难题。

通过进一步的研究发现,煤层气靶区优选是一个复杂的系统,其评价过程受多种因素的影响,具有典型的模糊性和不确定性,常规的信息技术难以进行有效处理。因此,为了更好地对煤层气高产区进行优选,国内外诸多研究者经过多年的研究提出了一系列的数学评价方法,主要包括层次分析法(AHP)、灰色关联法、模糊物元法、熵权法、加权平均法、多层次模糊综合评判法(MFSJ)等[37-47]。尽管国内外学者在煤层气靶区优选方面进行了大量的研究,并在靶区优选方法方面取得了丰富的研究成果,极大地推动了我国煤层气靶区优选研究的发展,但仍存在一些问题,有待进一步探讨。

(1)我国煤层气地质储层条件与国外相比差别较大,国外的煤层气靶区优选评价体系不适合我国煤层气的地质储层条件。我国主要含煤地层经历了多期构造运动和地质演化,导致煤层气储层地质条件复杂、非均质性强。针对我国复杂的储层地质条件,亟须开展煤层地质综合评价、储层可改造性、地质-工程“甜点区”特征及主控因素研究,建立煤层气靶区优选评价指标体系。

(2)在使用层次分析法以及多层次模糊综合评判法开展的煤层气靶区优选时,其核心是构造影响煤层气靶区优选各因素的判断矩阵,进而利用判断矩阵确定各影响因素权重。煤层气靶区优选涉及多种影响因素,由于主观意识和知识储备的差异,不同的研究者对同一评价因素的重要性有不同的理解,导致对评价因素赋予的权重存在差异。各影响因素的权重主观性的存在会导致最终的评价结果出现“因人而异”的现象[48-51]。

模糊模式识别是一种基于用数学方法抽象描述模糊现象并揭示其本质和规律的识别方法,可以简化识别系统的结构,更广泛、深入地模拟人脑的思维过程,从而更有效地对目标进行分类和识别[41,52-53]。特别是模糊模式识别善于处理复杂系统中给定对象的识别类型[54-55]。与其他方法相比,它可以解决许多传统评价方法所不能解决的问题,使分类决策的结果更加精确,最主要的是它在计算过程中可以避免人为因素对评价结果的主观影响。煤层气靶区优选实际上是一个通过对比评价分类体系和不同评价参数或指标来识别研究区级别的过程,因此,可以将其视为一种典型的模糊模式识别过程。基于此,笔者从煤层气开发“地质-工程一体化”的角度出发,通过研究影响煤层气靶区优选的各项评价参数,构建煤层气靶区优选评价参数体系;依据模糊数学基础理论,建立煤层气靶区优选模糊模式识别模型,并通过对已开发区块的优选结果进行分析,验证煤层气靶区优选模糊模式识别模型的合理性和有效性;在此基础上,对我国几个主要含煤盆地(沁水盆地、准噶尔盆地、鄂尔多斯盆地等)的典型矿区或区块进行应用。本书的研究可为煤层气的高效勘探开发提供科学依据和技术支撑。

1.2 煤层气开发与靶区优选研究现状

1.2.1 煤层气勘探开发现状

1.2.1.1 国外研究现状

1. 美国

美国作为世界上最早和最成功开发煤层气的国家,早在20世纪八九十年代就初步形成了成熟的煤层气成藏和开发理论,由此也引发了世界其他各国开发煤层气的热潮。

美国的煤层气资源丰富,估计煤层气资源量为 $21.19\times10^{12}m^3$,主要集中在西部落基山脉中生代—新生代含煤盆地中,其资源量占美国煤层气总资源量的80%以上,其余的煤层气资源主要分布于中部的石炭纪含煤盆地和东部的阿巴拉契亚含煤盆地中(图1-1)[56]。美国在1976年成功打出第一口商业性煤层气井,经过多年的发展,美国煤层气产量从1980年的不足 $1\times10^8m^3$,迅速上升到1991年的约 $130\times10^8m^3$,2001年已增长到 $410\times10^8m^3$,2007年美国煤层气产量达到 $540\times10^8m^3$ 并保持基本稳定。同时煤层气钻井数量也出现相应的变化,20世纪80年代中期,美国只有不到100口商业化生产煤层气井,在20世纪80年代末和90年代初,该行业经历了快速的发展,到1995年底商业化生产煤层气井超过7256口,2000年商业化生产煤层气井达13 986口,截至2007年商业化生产煤层气井已多达32 000口[57]。

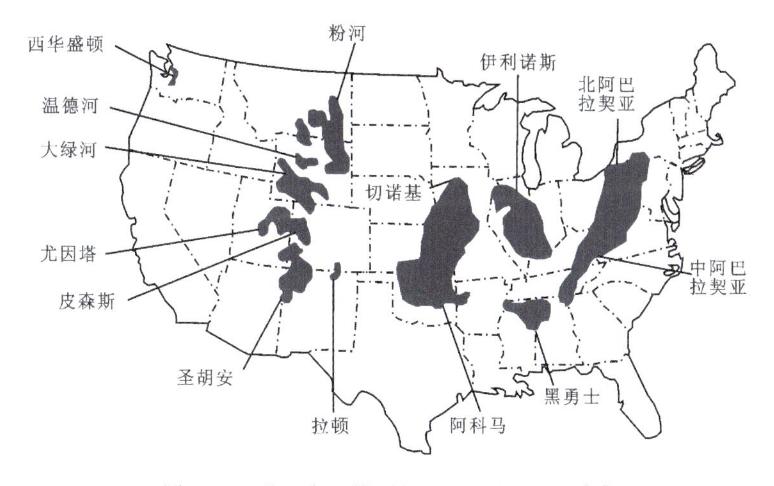

图1-1 美国主要煤层气盆地分布示意图[56]

目前，美国已有15个含煤盆地进行了煤层气的商业性开发，其中圣胡安盆地、粉河盆地和黑勇士盆地是美国煤层气产量的主要贡献者（表1-1）[58]。煤层气产量在短时间内得到了快速增长，取得了成功的商业开发[59-60]。上述盆地的主要特点是煤层厚度大，煤层比较稳定，与其他盆地相比属于中低阶煤，受后期构造作用改造微弱，因此气含量比较高[61]。

表1-1 美国主要煤层气盆地地质及开发一览表

评价参数	圣胡安	北阿巴拉契亚	拉顿	尤因塔	粉河	黑勇士
面积/km^2	19 500	11 400	5700	24 000	67 000	15 500
煤层号	2	6	3	3	6	3
煤层厚度/m	6.1～24.4	0.6～6.1	0.6～10.7	12.2～45.7	21.3～45.7	0.3～7.6
渗透率/$10^{-3}\mu m^2$	1～60	0.01～40	10～120	0.01～100	—	0.01～10
镜煤反射率/%	0.75～1.2	1.1	0.57～1.57	0.5～0.64	0.3～0.4	0.7～1.9
含气量/$m^3 \cdot t^{-1}$	2.8～17.0	0.7～12.6	7.1～23.0	0.7～21.2	0.7～2.1	3.5～19.3
开采深度/m	152～1520	314～2003	305～762	610～1829	122～550	344～1067
单井日产气量/$10^4 m^3$	0.7～5	0.28～0.3	0.4～1.1	0.1～0.4	0.2～0.4	0.28～0.33
资源量/$10^{12} m^3$	2.38	1.73	0.28	0.28	1.1	0.57
开发井型	直井、多分支水平井	直井、多分支水平井	直井	直井	直井	直井
循环介质	空气、清水	空气、泡沫	空气、清水	空气、清水	空气、清水	空气、清水
完井方式	套管/筛管	套管/筛管	套管	套管	套管/洞穴	套管

在煤层渗透性好、煤层厚度大的区域，采用裸眼直井技术或洞穴井技术；在煤层渗透性差的区域采用直井压裂技术。例如在厚度薄的阿巴拉契亚盆地采用水平分支井技术；在储层厚度大、渗透性好的圣胡安盆地采用了裸眼洞穴法完井技术；在黑勇士盆地、拉顿盆地等储层渗透性差的地区采用了直井＋水力压裂技术；在低煤阶的粉河盆地采用了洞穴井技术[8,62]。目前，美国煤层气产业已经形成了一套从现场勘探到市场销售的成熟体系。在发展的过程中也形成了一系列理论成果，如“中低阶煤选区评价理论”“煤储层双孔隙几何模型”“煤储层数值模拟技术”等[63-64]。

2. 加拿大

据相关统计数据，加拿大的煤层气资源总量为6×10^{12}～$76\times10^{12} m^3$，其西部的 Albret 和 British Colombia 大型沉积盆地是煤层气勘探开发的主要部位。该区域煤层厚度大（最大可达15m），煤层气资源量丰富，其中 Albret 盆地煤层气资源量为5.6×10^{12}～$16.66\times10^{12} m^3$，British Colombia 盆地煤层气资源量约为$2.55\times10^{12} m^3$，两盆地煤层气资源量大约占加拿大煤层气总量的20%。

加拿大煤层气开发的起步时间较晚，基本与我国开展煤层气工作的时间相当，在加拿大政府的大力支持下，近些年发展非常迅速[65]。2001 年以前，全加拿大煤层气井数大约为 70 口，2001 年煤层气井数增加到 100 口，2002—2003 年煤层气生产井增加到 1000 口，单井平均日产量达到 2830m^3/d，截至 2005 年 6 月累计钻井达到 5000 余口，2020 年已超过 25 000 口。随着钻井数量的日益增多，煤层气年产量也逐年攀升，2002 年其年产量仅有 $5\times10^8 m^3$，2006 年煤层气产量超过 $60\times10^8 m^3$，2007 年达到 $103\times10^8 m^3$[60,66]。加拿大根据其煤层的特点，发明了连续油管钻井技术和大排量氮气压裂技术，有效地提高了单井产量和开发规模，并缩短了完井周期，节约了开发成本，这两项技术在加拿大的煤层气开发中起到了关键作用[37,67]。

3. 澳大利亚

澳大利亚是继美国之后世界上第二个开发煤层气的国家，煤层气资源量也很丰富，资源量达 $8\times10^{12}\sim14\times10^{12} m^3$。开发区域主要位于东部沿海地带的 Bowen 盆地和 Surat 盆地等(表 1-2)[68]。澳大利亚煤炭可采储量为 399×10^8t，甲烷平均含量为 0.8～16.8m^3/t，煤层埋深普遍小于 1000m，煤储层渗透率多分布在 $1\times10^{-3}\sim10\times10^{-3}\mu m^2$ 之间。煤层气勘探工作开始于 1976 年，自煤层气开采以来，年产气量逐年增加，开发初期只有 $0.56\times10^8 m^3$，2004 年约为 $10\times10^8 m^3$，约占天然气总量的 25%，到 2005 年突破 $30\times10^8 m^3$，2015 年增长到 $182.24\times10^8 m^3$，截至 2016 年达到 $320\times10^8 m^3$，超过美国成为了世界上最大的煤层气生产国[69]。

表 1-2　澳大利亚与中国国内主要煤层气盆地地质及开发对比表

评价参数	澳大利亚 Bowen	澳大利亚 Surat	山西沁水	陕西韩城	山西保德
煤阶	中高阶煤	低阶煤	高阶煤	中高阶煤	中阶煤
地质时代	二叠纪	二叠纪	二叠纪	二叠纪	二叠纪
埋深/m	95～880	150～800	185～1300	350～1000	300～1000
净厚度/m	5～30	11.4～18.8	3.6～6	2.2～5.9	4.3～14.76
镜煤反射率/%	1.0～2.5	0.6～1.0	2.0～4.0	1.7～2.1	0.6～1.0
含气量/$m^3\cdot t^{-1}$	6.1～16.4	4.1～4.2	10～26	8.7～10.0	4.5～7.3
含气饱和度/%	43～116	100	75～90	68～75	86～97
渗透率/$10^{-3}\mu m^2$	0.002～6.56	260～290	0.1～6.7	1.59～2.16	2～14
单井日产气量/$10^4 m^3$	0.01～0.25(直)、0.63(水平井)	1.11	0.2～0.25(直/丛)、0.8(水平井)	0.22(直/丛)	0.22(直/丛)
开发井型	直井、多分支水平井	直井/斜井	直井、丛式井、水平井	直井、丛式井	直井、丛式井、水平井
完井方式	筛管/裸眼	套管	套管/筛管	套管	套管/筛管

与其他国家相比，澳大利亚煤层气地质储层条件特殊，具煤层埋深较浅、变质程度低、含气量高、含气饱和度大的特点。澳大利亚煤层气开采技术主要包括：①水力压裂或裸眼完井直井；②大斜度定向井；③多分支水平井。不同的钻井技术结合相应的完井方式，主要有套管完井、筛管完井和裸眼完井。在煤层渗透性好、煤层厚度大的 Surat 盆地，采用裸眼直井和丛式定向大斜度井开发；在煤层渗透性差、煤层纵向厚度分布大的 Bowen 盆地，采用直井压裂和多分支水平井技术[8,70]。

1.2.1.2 国内研究现状

我国煤层气勘探开发和利用从初始的以煤炭安全为目的的井下瓦斯抽放逐渐发展到近些年的井下瓦斯抽放和煤层气地面井组开发并重的态势。煤层气井下抽放开始于 20 世纪 50 年代，主要是基于煤矿安全的井下瓦斯抽采，年抽量约 $0.6\times10^8 m^3$，而后随着我国现代煤层气技术的引进，年抽采量逐渐升高。我国煤层气资源分布广泛，与其他国家相比含煤盆地类型多样，其形成与演化受多期构造运动的影响比较严重，普遍具有低压、低渗和低饱和的特点。因此，我国煤层气开采工作难度较大，导致煤层气产业发展相对较晚[71]。煤层气地面勘探开始于 20 世纪 90 年代初，虽然只有近 30 年的发展，但在国家有力政策的支持下，经过诸多地质学家多年来的艰苦探索，现阶段已经在沁水盆地、鄂尔多斯盆地、新疆阜康和贵州部分区块等实现了商业化开发(表 1-2，图 1-2)[58]。

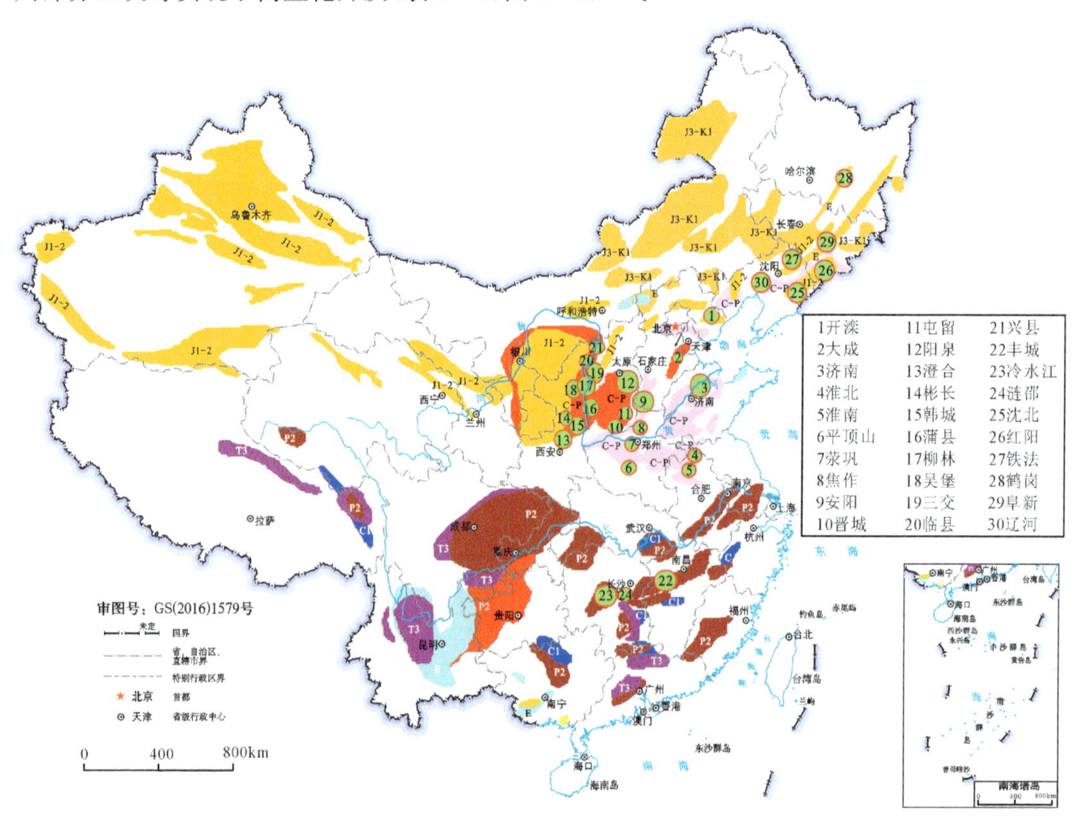

图 1-2 中国煤层气试验区分布图

我国煤层气勘探开发历程大致可以划分为4个阶段。“十四五”以来我国开始进入深层煤层气规模开发新阶段，煤层气产量增速有明显加快趋势。

一是前期探索阶段(1987—1995年)：以1987年我国对30多个煤层气目标区开展前期研究和技术探索为起点，在政府的支持下引进吸收国外煤层气理论和技术，于20世纪90年代初启动煤层气勘探，并在中煤阶的柳林、大城地区取得煤层气试采突破。

二是技术试验攻关阶段(1996—2005年)：以1996年国务院批准成立中联煤层气有限责任公司为标志，我国煤层气产业开始走向专业化道路。在借鉴国外煤层气开发经验的基础上，这一阶段我国在煤层气地质理论研究、开采技术与生产试验取得较大进展，为后续煤层气规模开发奠定了基础。

三是中—浅层商业开发阶段(2006—2020年)：在国家各项政策的大力支持下，煤层气投入快速增加，进入规模开发阶段。以樊庄、潘庄等一批煤层气产业示范项目成功实施为起点，中国石油天然气集团公司、中国石油化工股份有限公司、山西蓝焰煤层气集团有限责任公司等企业先后加入煤层气勘探开发，在高阶煤、中低阶煤和煤系气综合开发等技术上取得重大进展。该阶段形成沁水盆地、鄂尔多斯盆地东缘两大煤层气产业基地，规模开发深度以1200m以浅为主。

沁水盆地在地理位置上处于山西省东南部，该区煤炭资源量丰富，埋深小于2000m的煤层气地质资源量高达$3.95\times10^{12}m^3$，占全国煤层气总量的10.73%，开发主要集中在南部，钻直井6000余口，多分支水平井百余口。到2018年底，累计探明煤层气地质储量约为$4.35\times10^{11}m^3$，占山西省探明储量的74.8%[72]。热动力条件可以控制煤层气的富集或逸散，沁水盆地在构造上属于走向近南北的一个大型复向斜盆地，并伴随有大的断裂和次级褶皱的产生，以深成热变质作用为主。随地温梯度的增加，煤的变质作用加强，造成了沁水盆地主要以高煤阶煤层气富集的特点[73-74]。通过对沁水盆地煤层气的开发，实现了高煤阶煤层气产量的提升，突破了国外“高阶煤”产气缺陷理论认识。沁水盆地是我国目前最重要的煤层气生产基地[75]。

鄂尔多斯盆地煤层气的开发是我国又一煤层气高产区的重要代表。与沁水盆地相比，鄂尔多斯盆地煤层埋深较浅，热演化程度稍低，煤层气勘探程度高[76]。近年来，国内多家油气公司在该地区进行煤层气开发，目前已经在北部的保德区块建成了我国首个中低煤阶煤层气开发示范基地，并通过了“地面水平井压裂开采”试验(图1-3)，成功实现了商业开发[72]。保德煤层气田目前产气井数有600余口，日产气量近$160\times10^4m^3/d$，累计产气量达$18\times10^8m^3$，单井平均日产气量为$2372m^3/d$。其中，81口井日产气量超过$5000m^3/d$，13口井日产气量超过$10\ 000m^3/d$。保德煤层气田的成功开发为中国中低煤阶煤层气的开发利用起到了引领作用，预示着大规模开发中国潜力巨大的中低煤阶煤层气资源成为现实[77]。

四是深层规模开发阶段(2021年至今)：2021年以来，大宁-吉县、神府气田等一批千亿立方米级深层煤层气规模储量提交和快速上产，标志着我国煤层气产业开始进入深层煤层气规模开发阶段。该阶段以大规模体积压裂为代表的勘探开发理论技术获得重大突破，深煤层、薄煤层等难采煤层气资源勘探开发取得重大进展，新井产量大幅提高，老气田低效区增产改造效果显著，煤层气勘探开发领域得到大幅拓展。

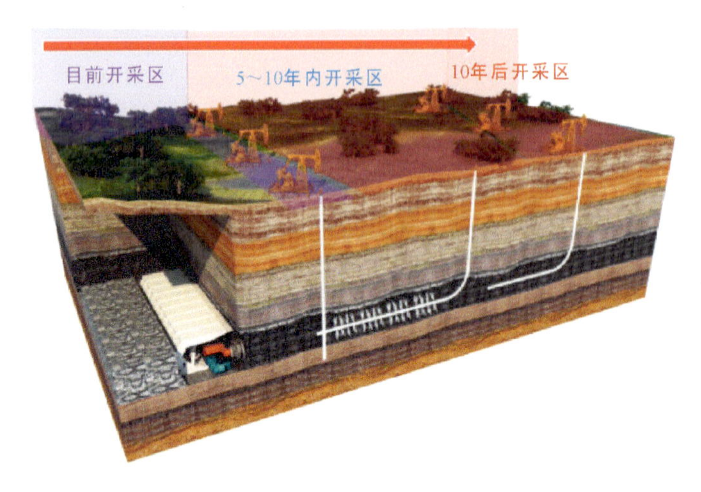

图 1-3　地面水平井压裂煤层气开采模式示意图

1.2.2　煤层气靶区优选现状

1. 靶区优选参数研究现状

影响煤层气赋存的因素众多，区域、地层、构造等都会对煤层气聚集产生影响，即使是同一地区的同一构造因素，对其影响程度也不相同。因此，需要根据实际地质情况、储层特征进行分析。国内外诸多学者通过对煤层气靶区优选评价参数进行多年的探索与研究，认为影响煤层气靶区优选的主要因素包括煤层厚度、煤层埋深、构造特征、煤阶、渗透率、含气量、水文条件、储层压力等[29,35,76,78-80]。

煤层气靶区优选是一项复杂的工作，在优选过程中通常不能单单依靠某一个参数判定某区域储层的好坏，而是需要结合地质、钻井以及生产等多方面的结果综合决定。因此，苏付义根据评判区的实际资料，结合物理和流体力学等理论知识，从煤层气储层的基本特征入手，应用煤岩参数、储集特征参数、储层物性参数、流体特征参数、生产排采参数 5 个方面的 49 项参数组成的评价参数组合，对煤层气储层进行了综合评价[81]。

为了提高结果的准确性，煤层气靶区优选逐渐从静态向动态、从定性评价向定量或半定量方向发展。赵庆波和张公明在对我国已开采的 150 多口煤层气井与国外煤层气成功开发地区的评价参数进行对比的基础上，提出了我国煤层气靶区的优选评价原则，认为煤层气资源量、含气量、煤层厚度、渗透率和地应力是直接影响煤层气靶区优选的五大关键参数，由此定量地优选出了有利开采区[82]。针对不同演化程度的煤层气靶区优选，李五忠、田文广等认为除了上述几个主要参数外还应该考虑地解比、煤层埋深、构造发育特征和水文地质条件，以及资源、交通、市场前景等经济性指标[83-85]。郑得文等通过对国内外煤层气勘探开发的地质状况进行深入研究，进一步解释了煤层气成藏机理，以煤层分布面积、煤层有效厚度、煤质量密度、煤含气量等参数为依据，建立了煤层气资源量计算方法，该方法对靶区优选具有重要的指导意义[86]。

虽然不同学者进行靶区优选时选取的参数各不相同，但经过20多年的发展与研究，影响煤层气靶区优选的重要参数已基本确定。主要包括煤层埋深、构造条件、水文条件、煤层分布面积、煤层厚度、镜质组、灰分、含气量、压力梯度、临储压力比、渗透率、割理裂隙、煤体结构、有效地应力、煤层与围岩关系等。这些参数之间相互独立又存在一定的联系，共同决定了我国煤层气开发的难易程度。

2.靶区优选方法研究现状

随着煤层气成藏理论和开发技术的进步，靶区优选方法也得到相应的发展。煤层气靶区优选方法可以简单地分为两类：单因素评价法和多因素评价法。

单因素评价法又称一票否决法。由于我国煤层气地质条件复杂，在靶区优选的诸多地质因素中，并非所有因素的重要程度都相同，因此在借鉴风险概率和系统论方法的基础上，提出了“风险评价＋层次分析”的选区思想，建立了“一票否决＋递阶优选”的评价体系[87-90]。该评价方法可以依据部分主要参数因素（例如含气量、渗透率等）快速地排除不利的煤层气开采区，在靶区优选前期具有独特的优势。含气量是进行煤层气资源评价的最基本指标，也是直接影响煤层气储量估算结果的关键参数。据统计，我国中、高煤阶单井日产气量超过1000m^3/d的煤层气井煤层气含气量大于6m^3/t。渗透率是衡量煤层气开发难易程度的重要指标，对含气煤层的采收率和产气量起决定性作用。煤层渗透率越大，煤层气井的产气量就越高。

多因素评价法又称综合评价法，对多区块煤层气有利区块进行靶区优选的最大难题就是评价参数的多指标性，此时应选用相应的数据处理方法对参数进行处理，建立综合评价指标体系，综合评价值越大，表明其煤层气开发的资源与地质条件越好，越有利于煤层气开发。数据处理方法主要包括层次分析法、灰色关联法、模糊物元法、熵权法、加权平均法、多层次模糊综合评判法等。

王勃等基于沁水盆地煤层厚度、实测含气量、临界解吸压力等参数，采用模糊物元评价方法，结合生产现场资料及实验室测试数据，对煤层气高产区进行了优选[43]。冯立杰等从煤层气开采的各个阶段（初期评价、施工改造、排采生产）出发，在传统决策实验室方法的基础上建立评价参数体系，采用熵权法计算各影响因素的权重，分析煤层气开采有利因素对模型的影响，结果表明决策实验室方法确定的中心度可以对熵权法所确定的权值进行修正[44]。罗金辉等选取储层因素、资源因素和开发因素3个方面的多项指标构成评价矩阵，运用灰色关联分析法和层次分析法建立组合权重，通过多层次多目标模糊优选模型对有利开采区进行排序，客观地对有利区进行优选[45]。姚艳斌等通过对平顶山煤样的显微组分、煤相等进行分析，研究煤储层的生气能力及储层物性，采用基于GIS的多层次模糊综合评判法从多项地质因素中对煤层气资源分布有利区进行了预测[46]。Cai等通过地质研究和室内实验，对沁水盆地南部地质构造、煤层埋深和沉积环境进行了研究，在此基础上，采用综合地理信息系统和多层次模糊预测对沁水盆地南部煤层气资源进行了评价[73]。Meng等提出了AHP评价模型，评价了鄂尔多斯盆地东部柳林地区4#煤层的煤层气生产潜力[34]。张小东等根据划分各构造单元煤层气赋存的地质条件，建立了地质构造对煤层气井产能的AHP-

模糊数学评价方法[91]。Zhang 等采用多目标模糊物元模型寻找沁水盆地南部煤层气联合开采的有利区域[92]。Wei 等利用多层次模糊综合评判法和 GIS 软件对淮南煤田潘集深部煤层气资源与有利区带进行了综合评价[93]。王建东等在确定了煤层埋深、渗透率、孔隙度、含油饱和度等 7 项储层评价因素的基础上，运用层次分析法逐一确定了各评价因素的权重，并对各项因素的相对重要性排序，最终根据综合评价指标实现了对有利储层的优选[94]。Li 等在层次分析法和多层次模糊综合评判法的基础上，优化出了一种新的评价方法，并采用该方法对研究区不同区块的煤储层煤层气潜力进行了评价，优选出了最具潜力的煤层气开发区域[31]。侯海海等在前人建立的煤层气靶区优选评价标准上，运用多层次模糊数学理论，对资源量、煤层厚度、原始渗透率、埋深、成因类型和水文地质条件 6 个因素进行关键要素定量排序，通过“赋值加权法和定量排序”的方法，探讨了我国新疆地区吐哈盆地低煤阶煤层气的靶区优选标准[95]。

此外，近年来诸多学者对煤层气“甜点区”预测方法进行了研究，主要包括：①地球物理方法，运用地震勘探资料开展 AVO(amplitude versus offset)反演预测、分频属性反演技术以及频谱成像技术[96-99]；②煤层气测井方法，利用井深、井径、自然电位、伽马曲线、煤层电阻率等曲线确定煤层气“甜点区”评价参数，进而进行“甜点区”产能预测[100-101]；③数值模拟方法，在地质参数的基础上建立多参数的三维数值模拟模型，根据模拟得到的煤层气预测产能模型的分布规律预测“甜点区”[102-103]；④基于产能分析的高产“甜点区”预测方法等[104-105]。

1.2.3 模糊模式识别应用进展

模糊数学理论由 Zadeh 于 1965 年创立，可用于处理现实世界中的不确定和模糊特征，在计算机科学、信息科学、管理科学、系统科学和工程技术等领域发挥着非常重要的作用[41,106]。

Finol 等建立了一种预测岩石物理参数的模糊模式识别新方法，从数值数据集中识别模糊模型的结构和参数[107]。Bahrpeyma 等提出了一种新的快速模糊建模方法来评估油气藏中声波和密度的缺失测井[108]。Chen 等应用了模糊模式识别评估地下水的脆弱性[109]。Liu 等将模糊模式识别应用于研究材料的热损失特征[110]。张子戌等通过综合考虑突出因素，提出了一种煤与瓦斯突出模糊模式识别预测新模型，实现了模糊信息与突出预测关系的精确表达[111]。Pathak 和 Iqbal 等提出了一种基于 GIS 的综合模糊模式识别模型，用于计算地下水的脆弱性指数[112-113]。朱志洁等基于地质动力区划方法，采用模糊数学方法进行聚类分析，建立了矿井动力灾害的危险性预测模型[114]。朱学谦和山珊利用数学统计分析方法，建立了基于模糊模式识别的海外油气储量开发风险性评价方法[115]。Bocklisch 等引入了一种新的模糊系统，采用自适应模糊模式分类进行基于数据的在线进化，并在驾驶员变道意图在线检测中得到了应用[116]。刘美池等提出将模糊综合评判和模糊模式识别相结合的评价方法，建立了高铁快运安全评价指标体系，基于层次分析法和专家打分来确定指标权重，对高铁快运安全进行了评价[117]。王欣等采用主成分分析法对采集图像的像素矩阵进行了主元分析，结合模糊识别中的模糊 C 均值聚类算法对圆形缺陷和线形缺陷进行了识别[118]。王玉坤等采用基于择近原则的模糊模式识别的方法对人体姿态进行了识别，通过 ROC 曲线及测度矩阵的方法对分类结果进行了精度评价，验证了该方法的可行性[119]。周晓光和朱蓉将模糊聚类方法应用于公司财务金融数据风险识别分析，以帮助决策者对公司财务风险进行管理[120]。廖甜甜等基于形态学驱动的白细胞图像语义特征，应用模糊模式识别理论对提取的细胞图特征进行了白细胞图像模式的分类识别[121]。

1.2.4 存在的问题

综上所述，目前国内外诸多学者在煤层气靶区优选方面进行了大量研究，在靶区优选方法方面取得了丰富的研究成果，但也存在一些问题。

(1)我国煤层气地质储层条件与国外相比差别较大，国外的煤层气靶区优选评价体系不适合我国的层气地质储层条件。我国主要含煤地层经历了多期构造运动和地质演化，导致煤层气储层地质条件复杂、非均质性强。针对我国复杂的储层地质条件，亟须开展煤层地质综合评价、储层可改造性、地质-工程“甜点区”特征及主控因素研究，建立煤层气靶区优选评价指标体系。

(2)传统的评价方法(层次分析法以及多层次模糊综合评判法)开展煤层气靶区优选的核心是构造影响煤层气靶区优选评价各因素的判断矩阵，进而利用判断矩阵确定各影响因素权重；煤层气靶区优选涉及多种影响因素，由于主观意识和知识储备的差异，不同的研究者对同一评价因素的重要性有不同的理解，导致赋予的权重存在差异；各影响因素权重主观性的存在会造成评价结果的不确定性。

1.3 研究方案

煤层气靶区优选是建立在对研究区内煤层气地质和储层特征准确分析的基础上，通过对影响煤层气解吸、运移、排采、储层改造等的综合分析，构建相应的评价参数体系及评价模型，进而选出该区域内适合煤层气开发的有利区块。

1.3.1 研究内容

针对现阶段煤层气靶区优选研究中存在的问题，笔者以国内几个主要含煤盆地的典型矿区或区块为研究对象，在查清煤层气地质条件有利配置的基础上，结合含煤性、含气性、储层可采性和储层可改造性，构建煤层气靶区优选评价参数体系；以模糊数学理论为基础，建立煤层气靶区优选模糊模式识别模型；开展煤层气靶区优选模糊模式识别研究，为后续煤层气勘探开发工程提供理论支撑。主要研究内容如下。

1.煤层气基础地质条件分析

系统收集研究区以往在煤层气方面的相关资料，主要包括地质勘探资料、储层物性资料、开发工程资料等；对研究区构造、沉积、水文等地质概况进行研究，分析煤层气基本地质条件配置关系；在前期煤层气试井、排采井的基础上，分析研究区含煤性、含气性、储层可采性和储层可改造性等方面的特征。

2. 分析评价参数，构建靶区优选评价参数体系

在“1. 煤层气基础地质条件分析”的基础上，结合煤层气开发技术条件，对影响煤层气开发的地质条件(包括区域地质、资源地质)、开采条件(包括技术可采性、经济可采性)等进行精细分析与评价，筛选煤层气靶区优选评价参数；通过对靶区优选评价参数指标的分析与评价，构建煤层气靶区优选评价参数体系。

3. 煤层气靶区优选模糊模式识别模型的建立及应用

以模糊数学为理论基础，结合“1. 煤层气基础地质条件分析”和“2. 分析评价参数，构建靶区优选评价参数体系”，建立煤层气靶区优选模糊模式识别模型，主要包括：①对待评价的煤层气区块、层位、井位评价参数指标进行消除量纲、量级差异的归一化处理；②根据归一化后的评价参数和构建的靶区优选评价参数体系，分别建立煤层气靶区优选评价参数矩阵和评价级别矩阵，并转换成列向量；③优选模糊贴近度，确定适用于煤层气靶区优选模糊模式识别的贴近度算法；④对待评价煤层气区块、层位、井位评价参数矩阵与煤层气靶区优选评价级别矩阵开展模糊模式识别，确定待评价煤层气区块、层位、井位的评价级别，完成评价级别的模糊模式识别过程。

选取已开发的煤层气区块，对比分析传统评价方法与模糊模式识别评价对其进行靶区优选的过程和结果，研究模糊模式识别模型的合理性、优越性和智慧性。开展未开发矿区和区块煤层气靶区优选，绘制煤层气开发潜力预测地质图。

1.3.2 研究方法

为了能对上述问题及内容进行深入研究，必须采用合理的研究方法。因为任何问题研究的成败都与采用的研究方法有直接关系。由于煤层气开发的地质条件十分复杂，影响煤层气靶区优选的参数众多，因此目前研究煤层气靶区优选时广泛采用综合研究方法，包括地质调查分析、样品采集与室内实验、理论分析等。

1. 地质调查分析

研究煤层气开发绝不能离开地质调查分析这一基本方法，该方法对煤层气靶区优选和工程开发具有重要的指导意义。因此，在国内外煤层气靶区优选研究进展的基础上，以国内几个主要含煤盆地的典型矿区或区块为研究对象，重点调查研究区的地质构造背景，搜集研究区的地震、钻井、测井、取芯等地质资料，查明煤层气的空间展布特征、资源分布特征，确定煤层气的形成与富集的条件。地质调查的重点包括：①我国几个主要含煤盆地的基本地质概况，如构造、水文、沉积环境等；②典型矿区地面及矿井断层、褶皱、节理等地质构造特征，岩浆岩活动特征，井下巷道构造特征，钻孔岩芯构造特征；③矿区水文地质特征、地表及矿井含水层和导水性等特征；④煤层气基础地质资料、钻孔实测数据、煤层气井现场试井及排采数据。

2. 样品采集与室内实验

除地质调查分析外，煤层气靶区优选必然要求对煤储层进行定量表征，以便确定煤层气开发有利区，为后期煤层气开发工程设计提供必要的定量数据。因此，结合研究区地震、钻井、测井、取芯等地质资料，现场采集样品并密封保存，为实验室测试提供样品保障。室内实验主要对采集的煤样进行基本参数实验测试分析，包括工业分析测定、煤岩显微组分测定、渗透率测定、孔隙度及孔隙结构测定、煤样吸附能力测定。

样品采集主要包括：①不同构造环境下地面及矿井的煤岩样品；②不同变质程度、不同煤岩类型的煤岩样品，主要考虑太原组和山西组的主煤层。

室内实验主要包括：①煤岩基础参数测定，主要有工业分析(水分、灰分、挥发分、固定碳含量)、显微组分测试(镜质组、惰质组、壳质组)、元素分析；②镜质组反射率测定，真密度、视密度测试；③气相色谱仪测试甲烷、二氧化碳、氮气等主要气体成分含量；④扫描电子显微镜实验，利用场发射扫描电子显微镜观察煤岩样品表面微观孔裂隙及填充特征，了解煤体的割理裂隙发育；⑤高压压汞实验，根据进汞曲线和退汞曲线之间的差异，了解煤岩孔隙结构的发育特征；⑥等温吸附实验，通过等温吸附试验获得煤样的朗格缪尔体积和朗格缪尔压力，并以此计算煤层的临界解吸压力和含气饱和度。

3. 理论分析

运用数学理论和方法，实现定量化分析，其中建立模型越来越受重视，已成为分析复杂系统的重要工具。因此，根据搜集资料以及室内实测数据，开展煤层气靶区优选理论分析。具体为：①查阅相关文献与资料，了解以往煤层气靶区优选的各种评价参数、评价方法、评价体系，学习模糊数学理论知识；②通过模糊数学理论知识建立煤层气靶区优选模糊模式识别模型，对研究区煤层气进行靶区优选。

2 煤层气靶区优选模糊模式识别参数与体系

2.1 煤层气靶区优选模糊模式识别参数

煤层气靶区优选是以含气带为评价单元，研究煤层气的富集条件和主控因素，预测勘探前景，优选并划分有利含气区块的过程。影响煤层气靶区优选的参数很多，而且关系错综复杂，通过详细分析主要分为4类，包括煤储层物性条件、煤层赋存条件、区域地质条件和煤岩煤质条件。

2.1.1 煤储层物性条件

1. 含气量

含气量是在构造活动、煤化作用等过程中气体经过吸附→解吸→运移之后，存储在煤层内部的含量。煤层含气量可以决定煤层气资源量是否丰富以及能否进行煤层气商业开发，在煤层气靶区优选评价中具有“一票否决”的作用[122]。根据研究发现，煤的变质程度、地质构造、煤层所受的压力、温度、上覆岩层岩性特征、煤显微组分，以及煤层厚度和埋深等，都会对煤层含气量产生不同程度的影响。其中，煤的变质程度起根本性作用，根据研究发现，在相同的温度和压力下，高阶煤的吸附能力明显高于低阶煤的吸附能力。一般随着变质程度的升高，煤的吸附能力增强，导致含气量普遍增高。其主要原因有：①随着热演化作用的进行（变质程度升高），煤中挥发成分进一步排出，形成大量的微孔隙，提高了煤的吸附能力；②一般焦煤的割理最为发育，到瘦煤—无烟煤时割理逐渐闭合，可以部分抑制煤层中气体的逸散，提高了煤层的储气能力。温度和压力通过控制气体吸附-解吸对含气量产生影响，温度升高，吸附气体减少，压力升高，吸附气体增多[123]。

2. 渗透率

渗透率是影响煤层气可采性及煤层气井产量的关键因素，渗透率极低的煤层分布区块一般没有开采价值。根据我国煤储层渗透率的分布特征和煤层气井产量，通常将渗透率低于 $0.01\times10^{-3}\mu m^2$ 的储层定义为无效储层；对于有效储层，按渗透率的大小可分为低渗储层（K 在 $0.01\times10^{-3}\sim0.1\times10^{-3}\mu m^2$ 之间）、中渗储层（K 在 $0.1\times10^{-3}\sim0.5\times10^{-3}\mu m^2$ 之间）、中高渗储层（K 在 $0.5\times10^{-3}\sim1\times10^{-3}\mu m^2$ 之间）、高渗储层（K 在 $1\times10^{-3}\sim5\times10^{-3}\mu m^2$ 之间）、超高渗储层（$K>5\times10^{-3}\mu m^2$）5个等级[124-125]。

一般煤层气产能较高的地区，渗透率也比较高。影响煤层渗透率的因素有很多，比如煤层埋深、有效地应力、储层压力、煤体结构、割理裂隙、煤阶等，有时是多因素综合作用的结果，有时是某一因素起主要作用。一般来说，煤储层的渗透率与煤层埋深之间存在负相关关系，即随着埋深的增大，煤层渗透率减小。但是，这种规律性的存在是有前提条件的。在中国，决定渗透率的主要因素是构造应力环境，渗透率随埋深的变化趋势是应力的函数，只有区别不同的应力环境，才能分析渗透率随煤层埋深的变化趋势。因此，对于同处于一定深度范围内的煤储层来说，随着煤层埋深的增大，有效地应力增大，煤基质压缩增强，围岩以及煤层的渗透率都会有所降低。此外，相比浅部煤层，深部煤层通常具有较高的储层压力和较强的吸附能力，由于气体吸附而引起的吸附膨胀也会导致渗透性降低。渗透率的降低会导致煤层排水降压变缓，不利于煤层气的排采[123]。

3. 割理裂隙

割理是煤层在外界力的作用下产生的裂隙，根据成因不同可分为内生裂隙和外生裂隙。内生裂隙是煤层内部的物质受到温度和压力的影响，体积发生收缩而形成的裂隙；外生裂隙则是煤层受构造活动的影响而产生的。裂隙的发育程度是影响煤层渗透率并控制产能的关键因素之一，通常裂隙越发育，煤层渗透率越大，煤层气产出速率越快；但如果裂隙过于发育，也会伴生盖层裂隙的发育，围岩对煤层的封盖能力减弱，从而导致煤层气散失，不利于保存[126-127]。因此，一定程度的割理裂隙发育有利于煤层气的开发。与此同时，研究裂隙的发育方向对预测煤与瓦斯突出也具有重要意义[128]。

4. 煤储层压力

煤储层压力是指作用于煤孔隙-裂隙空间上的流体压力，故又称为孔隙流体压力，相当于常规油气储层中的油层压力或气层压力。煤储层压力一般通过试井分析测得，即利用外推方法求取原始地层条件下相对平衡状态的初始压力，对于没有测试资料的地区，可采用煤田勘探阶段抽水试验测定的地下水水位估算。煤储层压力不仅与煤层含气性和渗透率等密切相关，还直接影响采气过程中排水降压的难易程度。因此，煤储层压力的研究对于煤层含气性和开采地质条件的评价具有理论和实际意义，同时也可为完井工艺提供重要参数。

煤储层压力的大小受煤层自身物理性质（割理裂隙、孔隙结构等）、埋深、地应力等因素的控制。一般来说，储层压力越高越有利于煤层气的开发。随着煤层埋藏深度的增加，煤层不断生气增压，煤孔隙-裂隙吸附煤层气量相应升高，同时生气量继续增加，出现游离气，压力继续积聚直到突破煤层顶底板的排驱压力或进一步达到顶底板的破裂极限时煤层系统流体向外渗流，随之煤储层压力降低，在上覆应力的作用下煤层顶底板裂缝与煤裂隙闭合，这个过程周而复始。异常低压的形成是由地壳抬升剥蚀，煤层埋藏深度减小，煤储层压力降低所致；同时，由于地壳抬升剥蚀导致煤储层温度降低、体积收缩，也会引起煤储层压力的变化。随着地应力的增加，煤储层孔隙-裂隙被压缩，体积变小，煤储层压力增大；反之，储层压力减小。除此之外，地下水也会对煤储层压力产生影响，地下水水头高度是表征煤储层压力的直接数据，一般地下水水头越高，储层压力就越大。

煤储层压力梯度是单位垂直深度内煤储层压力的增量，常用 kPa/m 或 MPa/100m 表示，在煤储层研究中应用广泛。根据煤储层压力梯度的大小可以把煤储层压力状态分为 4 类：超高压（≥14.70kPa/m）、高压（10.30～14.70kPa/m）、正常压力（9.30～10.30kPa/m）和低压（≤9.30kPa/m）。根据上述对储层压力的分析，储层压力越高越有利于煤层气开发，因此煤层气开发条件优劣依次为：超高压储层＞高压储层＞正常压力储层＞低压储层[10]。

5. 含气饱和度与临界解吸压力

煤储层含气饱和度是衡量煤层气井开始产气时间的参数，它与常规天然气的含气饱和度不同。常规气层的含气饱和度是气体在岩石孔隙中占据空间的百分比。煤储层含气饱和度是实测含气量与原始储层压力对应的理论含气量的百分比（图 2-1），可由煤层含气量、储层压力和等温吸附常数计算出来。影响煤层含气量分布的地质因素都会对煤层含气饱和度产生影响，这种情况一般起因于煤储层内含有较多的游离气和水溶气赋存。根据含气饱和度，可对煤储层进行划分，即欠饱和煤储层（含气饱和度＜100%）、饱和煤储层（含气饱和度＝100%）、过饱和煤储层（含气饱和度＞100%）。

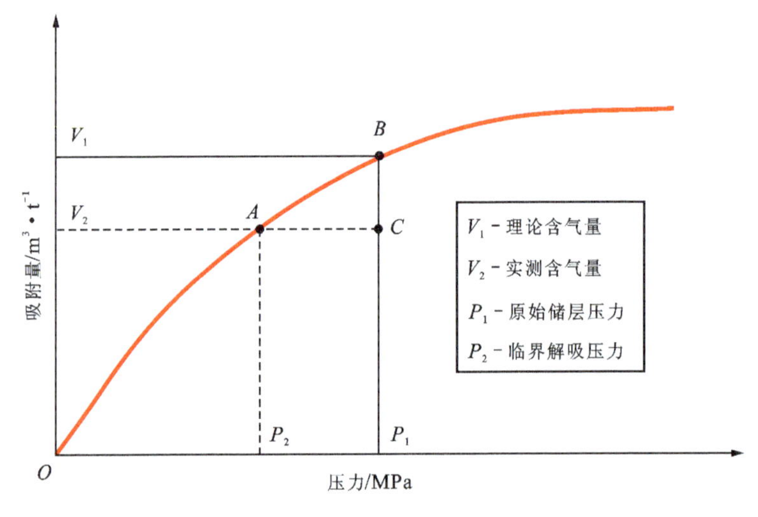

图 2-1　等温吸附曲线计算含气饱和度与临界解吸压力图

含气饱和度和临界解吸压力是基于等温线吸附曲线评价煤层气采收率的两个主要储层参数。如图 2-1 所示，P_1 为原始储层压力（MPa），V_1 是基于 Langmuir 方程的储层压力 P_1 下的理论含气量（m^3/t），V_2 为实测含气量（m^3/t），P_2 为临界解吸压力，A 代表甲烷开始解吸的压力点（MPa）。含气饱和度可通过 V_2/V_1（%）计算；临界解吸压力可通过 $P_2=V_2\cdot P_L/(V_L-V_2)$计算，$V_L$ 为 Langmuir 体积（m^3/t），P_L 为 Langmuir 压力（MPa）。

在排水降压过程中，当储层欠饱和（$V_2<V_1$）时，压力降低幅度大，煤层气的解吸和运移受到抑制，只有当储层压力 P_1 降低到临界解吸压力 P_2 时，煤层气才开始解吸及产出；当储层处于饱和或过饱和状态（$V_2\geqslant V_1$）时，煤层气排水降压较小幅度，就会有煤层气产出，在此阶段，点 C 位于点 B 正上方。

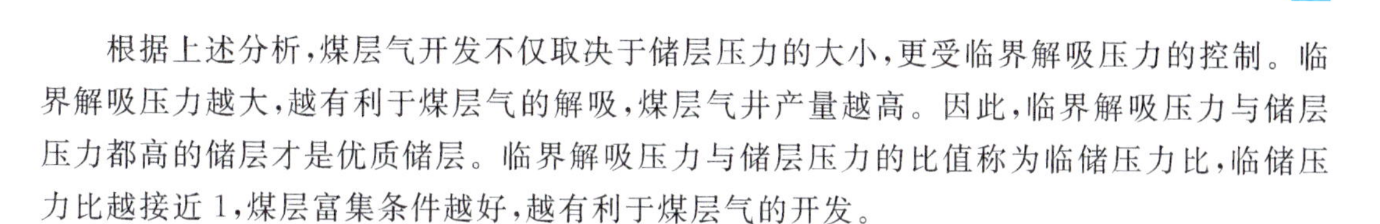

根据上述分析，煤层气开发不仅取决于储层压力的大小，更受临界解吸压力的控制。临界解吸压力越大，越有利于煤层气的解吸，煤层气井产量越高。因此，临界解吸压力与储层压力都高的储层才是优质储层。临界解吸压力与储层压力的比值称为临储压力比，临储压力比越接近1，煤层富集条件越好，越有利于煤层气的开发。

6. 甲烷含量

煤层气化学组成主要包括甲烷、二氧化碳和氮气，含少量的重烃气(乙烷、丙烷、丁烷和戊烷)、氢气、一氧化碳、二氧化硫、硫化氢以及微量的稀有气体。

虽然煤层气的成分都以甲烷为主，然而在不同盆地或同一盆地的不同部位、不同煤层、不同埋深、不同煤阶煤以及不同煤层气井之间，煤层气的组分往往会出现较大的差异。控制煤层气成分的主要因素有：①煤的显微组分，特别是富氢组分的丰度；②储层压力，它影响煤对各组分的吸附能力；③煤化作用程度(煤阶)；④煤层气解吸阶段，吸附性弱或浓度高的组分先解吸；⑤水文地质条件，它通过输送细菌产生次生物气而影响煤层气成分。

2.1.2 煤层赋存条件

1. 煤层埋深

埋深是影响煤层气勘探开发的重要参数之一，主要通过影响煤层渗透率对煤层气排采产生影响。一般随埋深增大，地应力增大，渗透率降低，煤储集层改造难度增大[129]。此外，煤层埋深还可以通过煤化程度对煤层含气量产生影响。在一定深度范围内，虽然随着煤层埋藏深度的增加，煤化程度增加，煤的生烃能力增强，会导致煤层含气量增加；同时埋深越大，上覆岩层越厚，可以增加对煤层中气体的封盖能力，有利于煤层气的保存；但到达一定深度后，随埋深的增大，煤层含气量不再增加[123]。从经济效益来看，煤层埋深越深，煤层气开采所需要的成本和开采的难度越大。

2. 煤层厚度与分布面积

煤层既是生气层又是储气层，是自然界中由植物遗体转变的成层可燃沉积矿产，由有机质和混入的矿物质所组成。无论是煤层气资源评价，还是勘探开发研究，都必须考虑煤储层的厚度及其分布规律。煤层作为含煤岩系的有机组成部分，常常赋存于一定的层位，与其他共生的岩石类型构成特定的沉积序列。受煤层形成时基底构造、原始成煤环境、后期冲刷作用和构造作用的影响，不同煤田、不同区块，甚至是同一区块内的煤储层厚度不同，或出现局部增厚、变薄现象。

煤储层厚度准确来说是指煤层的有效可采厚度，即开采煤层中剔除夹矸后满足经济开采条件的煤层总厚度。煤层有效可采厚度是控制煤层气井产能的主要因素之一，它决定着开发区资源量的大小、煤层气井的日产气量和生产周期的长短，是评价煤层气井的重要参数。一定厚度的煤层是煤层气藏形成及开采的基础条件。一般来说，煤层资源量受煤层厚度、煤层分布面积、密度和含气量的共同影响，煤储层厚度越大，资源总量越多，相同条件下气井的单井日产气量和累计总产气量也越高，气井的衰减越晚，稳定生产周期越长，对煤层气开采越有利；相反，煤储层厚度和分布面积较小的煤层没有开发价值[130]。因此，煤储层厚度和分布面积两个参数对煤层气靶区优选非常重要。

3.有效地应力

有效地应力是指煤层压裂最小有效闭合应力，是上覆岩层的总压力与煤层等效孔隙压力之差[82]。有效地应力随煤层埋深的增大而增大，通常有效地应力增加有利于煤储层压力的保持，但往往导致煤层渗透率降低，并给煤储层的排水、降压和煤层气的解吸、运移、产出造成一定的困难，在高地应力区域尤为如此。总体来看，有效地应力过高会对煤层气井的高产产生不利影响，有效地应力过低则不利于煤层气的富集。

4.煤体结构

煤体结构是指煤层经过地质构造变动所形成的结构特征，是煤层气勘探开发中的一个重要参数，可以表征煤岩被改造的程度。适度的构造作用能增加煤中的裂缝，有益于煤层渗透性的改善，但构造应力过强把煤层破碎为非常细小的颗粒时，煤中的裂缝系统遭到破坏和充填，煤层渗透性会显著变差。

由于煤层在构造应力作用下发生破裂所具有的形态特征是不同的，根据煤体破裂的程度一般可划分为原生结构煤、碎裂煤、碎粒煤和糜棱煤 4 种类型[131]（表 2 - 1）。其中，碎裂煤、碎粒煤和糜棱煤统称为构造煤；原生结构煤容易被改造，另外几种类型煤不易改造。在煤层气生产的过程中，煤体结构越破碎，煤粉产出越多，从而会堵塞煤层气的产出通道，造成煤与瓦斯突出[122]。因此，煤体结构越简单越有利于煤层气的开发。

5.煤层与围岩的关系

围岩是煤层周围一定范围内对煤层稳定性有影响的岩体。一般认为，煤层气以吸附状态为主，其含气量大小主要与储层压力有关，随着埋深的增加，储层压力增大，含气量升高。但事实上，由于煤层气在其成藏过程中不可避免地受构造运动的影响，使地层压力释放，导致游离气的产生和运移，以及相应的含气量和含气饱和度的降低。良好的围岩封盖层可以减少构造运动过程中煤层气的向外渗流运移和扩散散失，保持较高的地层压力，维持最大的吸附量，减弱地层水对煤层气造成的散失。因此，围岩封盖层的渗透性是影响煤层气在煤层中密封性保存的关键因素。

根据煤层顶底板的岩性及孔隙结构特征，可将我国煤层的围岩分为油页岩型、泥岩型、砂岩型、砂泥岩互层型等几种类型，不同岩性的顶底板对煤层气的保存也不相同。其中，泥岩是煤储层最常见的一种顶底板岩石类型，主要形成于泥炭沼泽相和湖泊相环境，在区域上往往具有一定的稳定性和连续性，在裂隙不发育的情况下，泥岩是非渗透盖层，对煤层气的封闭性能最好；而砂岩型顶底板对煤层气的封闭能力最差[132]。此外，煤层与围岩关系会影响煤层气的开采难度，通常煤层间距越小、夹层越少，煤层气开发施工越简单。

表 2-1　煤体结构类型

类型	赋存状态和分层特点	光泽和层理	煤体破碎程度	裂隙和揉皱发育程度	手试强度	坚固性系数(f)	放散指数(Δp)	突出程度
原生结构煤	层状、似层状，与上、下分层整合接触	煤岩类型界线清晰、原生条带状结构明显	呈现较大的保持棱角的块体，块体间无相对位移	内、外生裂隙均可辨认，未见揉皱镜面	捏不动或呈厘米级碎块	>0.8	<10	非突出
碎裂煤	层状、似层状透镜状，与上、下分层整合接触	煤岩类型界线清晰，原生带状结构断续可见	呈现棱角状块体，但块体间已有相对位移	镜体被多组互相交切的裂隙切割，未见揉皱镜面	可捻搓成厘米级、毫米级碎粒	0.3～0.8	10～15	过渡
碎粒煤	透镜状、团块状，与上、下分层呈构造不整合接触	光泽暗淡，原生结构遭到破坏	煤被揉搓捻碎，主要粒级在1mm以上	构造镜面发育	易捻搓成毫米级碎粒或煤粉	<0.3	>15	易突出
糜棱煤	透镜状、团块状，与上下分层呈构造不整合接触	光泽暗淡，原生结构遭到破坏	煤被揉搓捻碎得更小，主要粒级在1mm以下	构造、揉皱镜面发育	极易捻搓成粉末或粉尘	<0.3	>20	易突出

2.1.3　区域地质条件

1. 地质构造

地质构造在煤层形成到煤层气生成及保存的每一个环节中都发挥着至关重要的作用，是所有地质因素中最为重要且直接的控气因素，其类型主要包括断层、褶皱、陷落柱和岩浆岩侵入等。不同类型的地质构造在其形成过程中，由于构造应力场特征及其内部应力分布状况的不同，均会导致煤层和岩层的产状、结构、煤层厚度、煤层顶底板稳定性、地温、地压、裂隙发育状况及地下水径流条件等出现差异，进而影响煤储层的含气特性。此外，还会进一步影响施工时煤层气井的污染程度和煤层的压裂效果，最终影响到煤层气井的产能。

断层是岩层受力后，作用力超过岩层的强度时所产生的破坏。断层对煤层气成藏的影响十分复杂，不但可以改变煤层和岩层的完整性，而且还会对煤层内部的显微特性和渗透性产生影响。煤层内部裂隙系统的发育控制着煤层渗透率的大小。一般认为煤层内部裂隙越发育，煤层的渗透率越大，越有利于煤层气的开采；但是，渗透率大于一定值时，又会导致煤层气的散失而不利于保存。褶皱是指煤层及其岩层在应力作用下形成的波状弯曲，但仍然保持着它们的完整性和连续性，包括背斜和向斜两种形式。褶皱对煤层气的形成与保存具有积极作用。首先,在背斜的轴部,煤储层裂隙发育,煤储层渗透性相对较好;而在向斜轴部,煤层埋深相对较大,储层压力和煤层含气量相对较高。其次,在向斜、背斜的轴部等,煤层气储存的空间增大,也会导致煤层解吸压力降低,从而使煤层吸附量降低,渗透率增大,排水降压加快,有利于煤层气的开发。陷落柱和岩浆岩侵入是影响煤层气分布的因素,由于陷落柱的存在,局部地层塌落,煤层的连续性遭到破坏,丧失封盖能力,上、下含水层发生水交换,煤层气向上逸散,含气量降低[133]。因此,构造条件简单、断层稀少、煤体结构保存完整的煤层才是煤层气成藏及开发的优质储层。

2. 水文条件

水文条件是指与地下水的形成、分布以及变化规律等条件的总称,包括地下水补给、径流、滞流等。水文条件控制着煤层气的保存和运移,是影响煤层气富集和后期生产的重要地质因素。地下水参与煤层气形成和开发的全过程,它的动力学特征和化学成分与煤层气的富集成藏和排水降压采气之间存在着密切的关系。

不同煤层在不同地区的水文地质条件复杂多样。在构造复杂的地区,断层的发育会使煤层与地下含水层连通,地下水流动时会携带吸附在煤层中的气体一起运动,从而导致煤层气在水动力条件较强的径流区发生逸散,在水动力较弱的滞流区发生聚集,煤层气含量相对较高。也就是说,水动力条件越弱越有利于煤层气的保存。在构造简单的地区,含水层与煤系地层之间没有水力联系,区域水文地质条件简单,地下水流动缓慢,上覆岩层压力经过含水层的传递,使气体吸附在煤层中不发生运移,煤层气含量较高。在构造简单的宽缓向斜或者单斜构造发育的地区,断裂不甚发育,煤层气由深部向浅部渗流,压力的降低会导致煤层气解吸,在浅部地区发生逸散,此时地下含水层对煤层气还具有封堵作用。

总的来说,水文地质条件对煤层气富集规律的控制作用可以概括为两种:①煤层气随地下水运移逸散作用,导致煤层气散失;②水力封闭控气作用,有利于煤层气保存。此外,地下水中的化学离子、溶解性总固体含量(TDS)、pH 等也会对煤层气的生产和富集产生影响[134-135]。

2.1.4 煤岩煤质条件

煤岩、煤质差异主要是通过其生气条件和吸附性能的不同影响煤层含气量。不同成因类型的煤中灰分产率和有机质含量存在差异,且直接受控于煤岩类型。富含矿物的暗煤灰分产率高,其次为矿物充填的丝炭,再次为亮煤,镜煤的灰分产率最低。

1. 灰分

灰分是影响煤层气靶区优选的参数之一。煤中灰分是指煤在一定温度下充分燃烧后的残留物。通常在煤层构造、厚度、埋深等条件相同的情况下,煤燃烧过后的灰分产率越低,其内部的煤层气含量越高。由于煤中的灰分是一种无用物质,因此各种用途的煤都要求煤中灰分的含量越低越好[82]。此外,煤的割理、裂隙中充填矿物越多,其灰分产率就会越高,充填物在一定程度上会堵塞煤层孔裂隙,间接降低煤层渗透性。

2. 镜质组

镜质组是煤中最常见的显微组分，主要由植物的根、茎、叶在复杂的环境（一定的温度和压力）下形成。相比壳质组和惰质组，镜质组氢和氧的含量较高，含碳量较低，镜质组是煤层中主要的生烃物质。因此，镜质组含量越高，煤层的生烃能力越强，含气量越高，越有利于煤层气开发。

2.2 煤层气靶区优选模糊模式识别体系

在煤层气靶区优选的诸多因素中，并非所有因素均具有同等重要的作用，某些因素是必须具备的充分条件，某些因素则仅是一种必要条件。换言之，在众多因素中还存在着某些对煤层气勘探开发前景具有决定作用的“关键因素”或“关键要素”。详细分析所有因素将有助于查明其对煤层气靶区的控制和影响程度，建立统一、科学、合理且可行的煤层气靶区优选评价参数体系。

煤层气靶区优选评价参数体系是由表征待评价研究区各个方面特性及其相互联系的多个评价参数因素构成的具有内在结构的有机整体。某些参数因素之间可能存在着较为密切的联系，如资源量与煤层厚度、含气量、煤层分布面积、资源丰度密切相关，在考虑含气量、资源丰度的情况下，资源量可以放在次要位置；在含气量、资源丰度高的条件下，盖层岩性厚度、水文地质条件可以适当考虑。因此，从影响我国煤层气富集的地质条件和勘探开发条件出发，优选出煤层埋深、地质构造、水文条件、煤层分布面积、煤层厚度、镜质组、灰分、含气量、甲烷含量、含气饱和度、临储压力比、渗透率、非均质性、煤体结构、有效地应力、煤层与围岩关系等关键参数指标，构建煤层气靶区优选评价参数体系（图 2－2）。

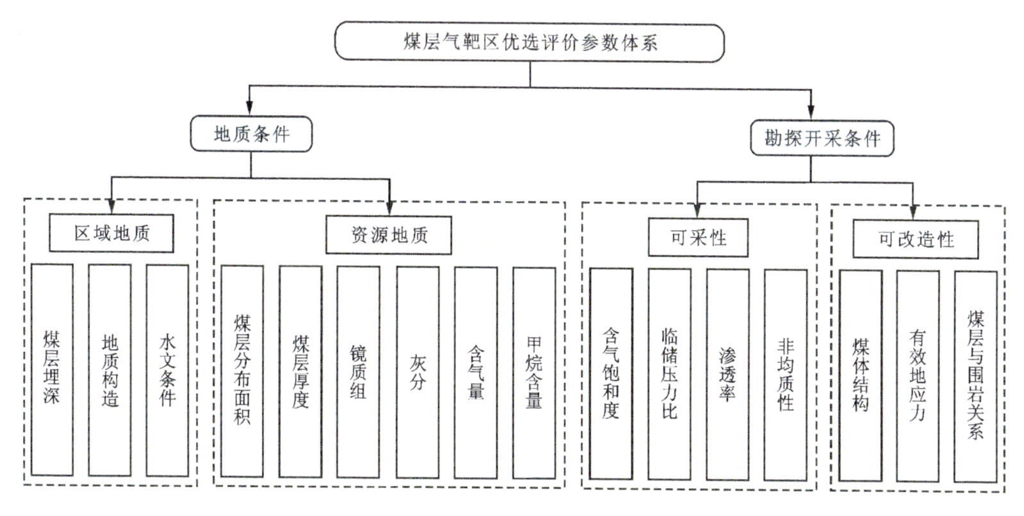

图 2－2　煤层气靶区优选评价参数体系图

受地质因素的影响，不同煤阶煤储层物性不同，影响煤层气靶区优选的部分参数指标有所差异。结合目前对煤层气靶区优选研究的认识程度及对各项参数指标的分析，分别构建不同煤阶煤层气靶区优选评价参数体系（表 2-2、表 2-3）。按照靶区优选评价参数的大小和性质，将煤层气靶区优选结果分为Ⅰ类、Ⅱ类、Ⅲ类、Ⅳ类 4 个级别，分别表示煤层气开发具有优等潜力、中等潜力、低等潜力、不具有煤层气开发潜力。此外，也可以根据研究区的实际地质特征和储层特征，选择几个或多个不同的评价参数，确定所选参数的分类评价区间，构建适合研究区煤层靶区优选的评价参数体系。

表 2-2　中高煤阶煤层气靶区优选评价参数体系

类型	亚类	评价参数	分类评价级别			
			Ⅰ类	Ⅱ类	Ⅲ类	Ⅳ类
地质条件	区域地质	煤层埋深/m	(风化带,1000)	[1000,1500)	[1500,2000)	[2000,+∞)
		地质构造	构造简单，改造弱	构造中等，改造不强烈	构造中等，改造较强烈	构造复杂，改造强烈
		水文条件	简单滞流区，水质有利	复杂滞流区，水质较有利	弱径流区，水质较不利	径流区，水质不利
	资源地质	煤层分布面积/km^2	(500,+∞)	(100,500]	(10,100]	(0,10]
		煤层厚度/m	(6,+∞)	(4,6]	(2,4]	(0,2]
		镜质组/%	(75,100)	(60,75]	(45,60]	(0,45]
		灰分/%	(0,15)	[15,25)	[25,40)	[40,50]
		含气量/$m^3 \cdot t^{-1}$	(15,+∞)	(8,15]	(4,8]	(0,4]
		甲烷含量/%	(90,100)	(85,90]	(80,85]	(0,80]
勘探开采条件	可采性	含气饱和度/%	(80,+∞)	(60,80]	(40,60]	(0,40]
		临储压力比	(0.8,+∞)	(0.5,0.8]	(0.2,0.5]	(0,0.2]
		渗透率/$10^{-3}\mu m^2$	(1,+∞)	(0.1,1]	(0.01,0.1]	(0,0.01]
		非均质性	微弱	一般	较强	强烈
	可改造性	煤体结构	原生—碎裂	碎裂	碎裂—碎粒	碎粒—糜棱
		有效地应力/MPa	(0,10)	[10,15)	[15,20)	[20,+∞)
		煤层与围岩关系	关系简单，煤层间距小	关系较简单，煤层间距较小	关系较复杂，煤层间距较大	关系复杂，煤层间距大

表 2－3　低煤阶煤层气靶区优选评价参数体系

类型	亚类	评价参数	分类评价级别			
			Ⅰ类	Ⅱ类	Ⅲ类	Ⅳ类
地质条件	区域地质	煤层埋深/m	(风化带,1000)	[1000,1500)	[1500,2000)	[2000,+∞)
		地质构造	构造简单，改造弱	构造中等，改造不强烈	构造中等，改造较强烈	构造复杂，改造强烈
		水文条件	简单滞流区，水质有利	复杂滞流区，水质较有利	弱径流区，水质较不利	径流区，水质不利
	资源地质	煤层分布面积/km^2	(500,+∞)	(100,500]	(10,100]	(0,10]
		煤层厚度/m	(30,+∞)	(10,30]	(5,10]	(0,5]
		镜质组/%	(75,100)	(60,75]	(45,60]	(0,45]
		灰分/%	(0,15)	[15,25)	[25,40)	[40,50]
		含气量/$m^3 \cdot t^{-1}$	(6,+∞)	(3,6]	(1,3]	(0,1]
		甲烷含量/%	(90,100)	(80,90]	(70,80]	(0,70]
勘探开采条件	可采性	含气饱和度/%	(80,+∞)	(60,80]	(40,60]	(0,40]
		临储压力比	(0.8,+∞)	(0.5,0.8]	(0.2,0.5]	(0,0.2]
		渗透率/$10^{-3}\mu m^2$	(3,+∞)	(0.3,3]	(0.03,0.3]	(0,0.03]
		非均质性	微弱	一般	较强	强烈
	可改造性	煤体结构	原生—碎裂	碎裂	碎裂—碎粒	碎粒—糜棱
		有效地应力/MPa	(0,10)	[10,15)	[15,20)	[20,+∞)
		煤层与围岩关系	关系简单，煤层间距小	关系较简单，煤层间距较小	关系较复杂，煤层间距较大	关系复杂，煤层间距大

煤层气靶区优选模糊模式识别方法

3.1 模糊数学的基础知识

模糊数学又称 Fuzzy(模棱两可的)数学,是研究和处理模糊性现象的一种数学理论和方法。模糊数学发展的主流是在它的应用方面。由于模糊性概念已经找到了模糊集的描述方式,人们运用概念进行判断、评价、推理、决策和控制的过程也可以用模糊数学的方法来描述。例如模糊聚类分析、模糊模式识别、模糊综合评判、模糊决策与模糊预测、模糊控制、模糊信息处理等。这些方法构成了一种模糊性系统理论,构成了一种思辨数学的雏形。

3.1.1 模糊数学的概念

"模糊"是人类感知万物、获取知识、思维推理、决策实施的重要特征。"模糊"比"清晰"所拥有的信息容量更大,内涵更丰富,更符合客观世界。模糊现象在我们的日常生活中普遍存在,如高和矮、胖和瘦、大和小、长和短、高和低、美和丑、好和坏、热和冷、刚才和现在、黄昏和黎明、温饱和小康、年轻和年老等。此外,人类的语言也具有模糊性,例如也许、几乎、大概、可能、差不多、总是等。这些模糊性现象和语言的定量化、精细化和数字化,是当代科技社会发展的趋势之一。因此,寻找一种研究、处理模糊性现象和语言的数学方法是很有必要的。

众所周知,经典数学是以精确性为特征的,然而,与精确性相悖的模糊性并不是完全消极的、没有价值的。甚至可以说,有时模糊性比准确性还要好。模糊数学不是简单地摒弃现象的模糊性,而是尽量如实地反映人们使用模糊性现象的原本含意,是研究、处理模糊性现象的一种数学理论和方法,它也具有数学的性质,依然可以把模糊性现象和语言描述清楚。模糊数学自 1965 年在美国加利福尼亚大学诞生至今,已经有近 60 年的历史[136]。模糊数学是继经典数学、统计数学之后,数学学科的一个新的发展方向。统计数学将数学的应用范围从必然现象领域扩大到偶然现象领域,模糊数学则把数学的应用范围从精确现象领域扩大到模糊现象领域。

模糊数学在现实生活中已经初步应用于信息检索、模糊决策、系统理论、经济管理等各个方面。在医学、气象学、生物学、经济学、心理学、地质学、考古学、农林学、教育学、体育学等方面取得了具体且成功的研究成果[106]。特别是在智能计算机的开发与应用上起到了至关重要的作用。目前无人驾驶汽车以及空调、冰箱、洗衣机等智能家用电器中都已广泛采用了模糊控制技术。

3.1.2 模糊定量化

模糊现象具有不确定性的特点，语言的描述一般是定性的。但也有一些形容词容易让人联想到定量的概念，如“体重”是轻还是重、“年老”还是“年轻”等。另外，工程上用来描述事物的状况、状态的形容词大部分和定量的概念有关。

我们可以从量上表示“重”“老”的模糊程度。假设人的体重一般为45kg到85kg，则可用0～1之间的数μ来表示体重“重”的程度。图3－1给出了体重$x$kg的人“重”的程度曲线。如图3－1所示，形容词“重”在横坐标上被体重定量地表示出来，而纵坐标则表示体重“重”的模糊程度。例如体重65kg的人“重”的程度为0.5，体重85kg的人“重”的程度为1。同样，可用图3－2来表示人的“年老”程度。一般而言，将形容词描述的模糊程度定量化时必须在指定的定义域内进行。

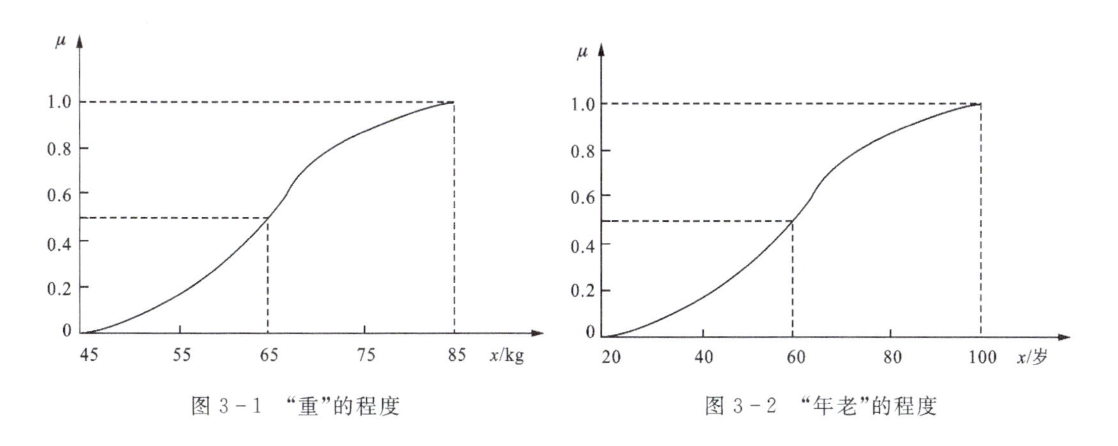

图3－1 “重”的程度

图3－2 “年老”的程度

大部分形容词像“体重”“高度”“年龄”等可在有意义的定义域上进行定量化，但像“大数”“小数”则要在抽象的数据空间上进行定量化。

3.1.3 模糊集合

1. 模糊集合的定义

数学是人类对客观现象的量的特征认识在某种概念上的反映。所谓的数学中的“清晰集合”是指某一集合中的元素要么属于该集合，要么不属于该集合，两者必居其一，不可兼得。但是大多数客观事物不具有这种清晰性，这些事物的本质属性是模糊的，也就是难以确定它是否明确地符合某一概念，这种模糊性的概念外延，称为“模糊集合”[137]。

假设A是论域X上的一个模糊子集，对于任何$x \in X$都有一个数$\mu_A(x) \in [0,1]$与之对应，即映射

$$\mu_A(x): X \rightarrow [0,1], x \rightarrow \mu_A(x) \tag{3-1}$$

映射μ_A称为A的隶属函数(membership function)，并且称x为属于模糊子集A的隶

属度，[0,1]表示从 0 到 1 的闭区间。以下在不导致误解的情况下，对模糊子集 A 和它的隶属函数 μ_A 将不加区分，同时模糊子集也常简称为模糊集。

为了和模糊集合区分，常规的集合称为清晰集合，其定义为：假设 A 是论域 X 上的一个清晰子集，对于任何 $x \in X$，不存在 x 部分属于 A，部分不属于 A，即映射

$$\mu_A(x): X \to \{0,1\}, x \to \mu_A(x) = \begin{cases} 1, x \in A \\ 0, x \notin A \end{cases} \tag{3-2}$$

即“非此即彼”，任一元素 x 要么属于 A，要么不属于 A。显然清晰子集是模糊子集的特例，即当模糊子集的隶属函数值域为{0,1}时，它就成为以上的特征函数，其中{0,1}表示只含 0 和 1 的集合。

2. 模糊集合的表示方法

假设论域 $U=\{x_1, x_2, \cdots, x_n\}$ 是有限集，U 上的任一模糊集合 A，其隶属函数为 $\{A(x_i)\}$ $(i=1,2,\cdots,n)$。其有 3 种表示方法，分别为扎德表示法、序偶表示法、向量表示法。

扎德表示法：

$$A = \frac{A(x_1)}{x_1} + \frac{A(x_2)}{x_2} + \cdots + \frac{A(x_n)}{x_n} \tag{3-3}$$

式中：x_i 为 U 的元素；“$A(x_i)/x_i$”不是分数；“+”也不表示求和，代表“或”(or)的意思，它表示点 x_i 对模糊集 A 的隶属度是 $A(x_i)$。

序偶表示法：

$$A = \{(x_1, A(x_1)), (x_2, A(x_2)), \cdots, (x_n, A(x_n))\} \tag{3-4}$$

向量表示法：

$$\mathbf{A} = [A(x_1), A(x_2), \cdots, A(x_n)] \tag{3-5}$$

3. 模糊集合的运算

所谓模糊集 A 和 B 的包含或子集、等价、并集 $A \cup B$、交集 $A \cap B$ 和补集 $\overline{A}$ 是由下列的隶属函数分别定义而成的模糊集。

包含或子集：

$$A \subseteq B \leftrightarrow \mu_A(x) \leqslant \mu_B(x) \tag{3-6}$$

等价：

$$A = B \leftrightarrow \mu_A(x) = \mu_B(x) \tag{3-7}$$

并集：

$$\mu_{A \cup B}(x) = \mu_A(x) \vee \mu_B(x) \tag{3-8}$$

交集：

$$\mu_{A \cap B}(x) = \mu_A(x) \wedge \mu_B(x) \tag{3-9}$$

补集：

$$\mu_{\overline{A}}(x) = 1 - \mu_A(x) \tag{3-10}$$

3.1.4 模糊关系

1. 模糊关系的定义

事物两者间的关系通常通过清晰子集来表示，如“A 和 B 相等”“A 比 B 大”“A 比 B 小”。但日常生活中我们常会遇到另外一种关系，论域中的元素很难用完全肯定地属于或完全否定地不属于回答，如“A 和 B 大致相等”“A 比 B 大得多”“A 比 B 小得多”等。利用模糊集的概念来表达这种不完全特定的关系就是模糊关系，它在很多领域都有广泛应用，定义如下。

集合 X 和 Y 之间的模糊关系(fuzzy relation)是指定义在直积 $X\times Y=\{(x,y)\mid x\in X, y\in Y\}$ 上的模糊集合 R 的一个子集，其隶属函数为

$$\mu_R: X\times Y\rightarrow[0,1] \tag{3-11}$$

当 X 和 Y 相同时，R 称为 X 到 Y 的模糊关系，又称二元模糊关系。当直积为 $X_1\times X_2\times\cdots\times X_n$ 时，对应关系为 n 元模糊关系。模糊关系和模糊集合一样，当隶属函数 μ_R 仅取 0 或 1 两个端点时，模糊关系就变成了清晰关系。

2. 模糊关系的运算

因为 X 和 Y 之间的模糊关系是定义在 $X\times Y$ 上的模糊子集，因此模糊子集之间的运算能够直接应用到模糊关系的运算。例如设 R、S 是 $X\times Y$ 上的模糊关系，则有下列运算关系。

包含或子集：

$$R\subseteq S\leftrightarrow\mu_R(x,y)\leqslant\mu_S(x,y),\forall x\in X,\forall y\in Y \tag{3-12}$$

等价：

$$R=S\leftrightarrow\mu_R(x,y)=\mu_S(x,y),\forall x\in X,\forall y\in Y \tag{3-13}$$

并集：

$$R\cup S\leftrightarrow\mu_{R\cup S}(x,y)=\mu_R(x,y)\vee\mu_S(x,y) \tag{3-14}$$

交集：

$$R\cap S\leftrightarrow\mu_{R\cap S}(x,y)=\mu_R(x,y)\wedge\mu_S(x,y) \tag{3-15}$$

补集：

$$\overline{R}\leftrightarrow\mu_{\overline{R}}(x,y)=1-\mu_R(x,y) \tag{3-16}$$

3.1.5 隶属度与隶属函数

隶属度是模糊评价函数里的一个重要概念，模糊综合评判是对受多种因素影响的事物做出全面评价的一种十分有效的多因素决策方法，其特点是评价结果不是绝对的肯定或否定，而是用一个模糊集合来表示。根据“3.1.3 模糊集合”中的定义可知，隶属度主要是由隶属函数决定的。而隶属函数是模糊综合评判应用的基础，正确的隶属函数对于模糊综合评判结果的准确程度来说至关重要。目前，确定隶属函数的方法有很多，主要包括模糊统计

法、二元对比排序法、神经网络法、借用已有的“客观尺度”以及指派法(专家经验法)、待定系数法等[138]。

指派法是目前常用的一种方法,主要通过已有的函数模型,将自己所要研究的实际问题套入其中,从而完成隶属函数的确定。根据曲线的分布类型,可以分为线性(矩形分布、梯形分布)和非线性(正态分布、柯西分布、k 次抛物型分布)两类。在对实际问题研究时,通常采用梯形分布和正态性分布隶属度函数。

表 3-1 为常用的模糊隶属函数类型[106,139],其中偏小型数值越小越好,中间型数值位于某个区间较好,偏大型数值越大越好。除此之外,关于隶属度的确定也可以跳过隶属函数,直接依据主观经验进行赋值。每种方法都有各自的优缺点,在应用时根据具体问题具体分析,灵活选择。

表 3-1 常用的模糊隶属函数

类型		偏小型	中间型	偏大型
线性	矩形分布	$A(x)=\begin{cases}1 & x\leqslant a\\0 & x>a\end{cases}$	$A(x)=\begin{cases}1 & a\leqslant x\leqslant b\\0 & x<a;x>b\end{cases}$	$A(x)=\begin{cases}1 & x\geqslant a\\0 & x<a\end{cases}$
	梯形分布	$A(x)=\begin{cases}1 & x\leqslant a\\\frac{b-x}{b-a} & a<x<b\\0 & x\geqslant b\end{cases}$	$A(x)=\begin{cases}0 & x\leqslant a\\\frac{x-a}{b-a} & a<x<b\\1 & b\leqslant x\leqslant c\\\frac{d-x}{d-c} & c<x<d\\0 & x\geqslant d\end{cases}$	$A(x)=\begin{cases}1 & x\geqslant b\\\frac{x-a}{b-a} & a<x<b\\0 & x\leqslant a\end{cases}$
非线性	正态分布	$A(x)=\begin{cases}1 & x\leqslant a\\e^{-\left(\frac{x-a}{\sigma}\right)^2} & x>a\end{cases}$	$A(x)=e^{-\left(\frac{x-a}{\sigma}\right)^2}$	$A(x)=\begin{cases}1 & x\leqslant a\\1-e^{-\left(\frac{x-a}{\sigma}\right)^2} & x>a\end{cases}$
	柯西分布	$A(x)=\begin{cases}1 & x\leqslant a\\\frac{1}{1+\alpha(x-a)^\beta} & x>a\end{cases}$ $(\alpha>0,\beta>0)$	$A(x)=\frac{1}{1+\alpha(x-a)^\beta}$ ($\alpha>0$,β 为正偶数)	$A(x)=\begin{cases}0 & x\leqslant a\\\frac{1}{1+\alpha(x-a)^{-\beta}} & x>a\end{cases}$ $(\alpha>0,\beta>0)$
	k 次抛物型分布	$A(x)=\begin{cases}1 & x\leqslant a\\\left(\frac{b-x}{b-a}\right)^k & a<x<b\\0 & x\geqslant b\end{cases}$	$A(x)=\begin{cases}0 & x\leqslant a\\\left(\frac{x-a}{b-a}\right)^k & a<x<b\\1 & b\leqslant x\leqslant c\\\left(\frac{d-x}{d-c}\right)^k & c<x<d\\0 & x\geqslant d\end{cases}$	$A(x)=\begin{cases}1 & x\geqslant b\\\left(\frac{x-a}{b-a}\right)^k & a<x<b\\0 & x\leqslant a\end{cases}$

3.2 层次分析法和多层次模糊综合评判法

煤层气靶区优选现有方法有层次分析法、多层次模糊综合评判法等多种方法，核心是根据研究区的研究任务建立评价模型和计算规则、优选评价参数、对评价参数进行权重赋值及优选评价。

3.2.1 层次分析法概述

层次分析法(AHP)是美国运筹学家 Thomas L. Saaty 教授于 20 世纪 70 年代初期提出的一种简便、灵活而又实用的多准则决策方法。

人们在进行社会的、经济的以及科学管理领域问题的系统分析中，常常面临的是一个由相互关联、相互制约的众多因素构成的复杂而往往缺少定量数据的系统。在这样的系统中，人们感兴趣的问题之一是：就多个不同事物共有的某一性质而言，应该怎样对任一事物的性质表现出来的程度(排序权重)赋值，使得这些赋值能客观地反映不同事物之间在该性质上的差异。层次分析法为这类问题的决策和优选提供了一种新的、简洁而实用的建模方法，它把复杂问题分解成组成因素，并按支配关系形成层次结构，然后用两两比较的方法确定决策方案的相对重要性。

层次分析法在多个领域都有广泛的应用。常用来解决诸如综合评价、选择决策方案、估计和预测、投入量分配等问题。基本原理是排序的原理，即最终将各方法排出优劣次序，作为决策的依据。层次分析法具体可描述为：首先，将决策的问题看作受多种因素影响的大系统，这些相互关联、相互制约的因素可以按照它们之间的隶属关系排成从高到低的若干层次，叫做构造递阶层次结构；然后，请专家客观地利用数学方法对各因素层层排序，最后对排序结果进行分析，辅助进行决策。

层次分析法的主要特点是将定性分析与定量分析相结合，将人的主观判断用数量形式表达出来并进行科学处理，较准确地反映社会学领域的问题。同时，这一方法虽然有深刻的理论基础，但表现形式非常简单，容易被人理解、接受，因此得到了较为广泛的应用。

运用层次分析法解决煤层气靶区优选问题，可以分为 4 个步骤：①建立问题的递阶层次结构；②构造两两比较判断矩阵；③由判断矩阵计算被比较元素相对权重；④计算各层次元素的组合权重。

1. 建立问题的递阶层次结构

建立递阶层次结构可以分为 3 个步骤。

(1)靶区优选评价对象划分类型、亚类、评价参数，以形成不同层次。同一层次的元素作为准则，对下一层次的某些元素起支配作用，同时它又受上一层次元素的支配。这种从上至下的支配关系形成了一个递阶层次，处于最上面的层次通常只有一个元素，一般是靶区优选对象的结果；中间层次一般是准则、子准则；最低一层为靶区优选评价参数。层次之间元素的支配关系不一定是完全的，即可以存在这样的元素，它并不支配下一层次的所有元素。

（2）层次数与问题的复杂程度和所需要分析的详尽程度有关。每一层次中的元素一般不要太多，因一层中包含数目过多的元素会给两两比较判断带来困难。在进行煤层气靶区优选时，划分为 4 个层次。

（3）一个好的层次结构对于解决问题是极为重要的。层次结构建立在决策者对所面临的问题具有全面深入的认识基础上，如果在层次的划分和确定层次之间的支配关系上举棋不定，最好重新分析问题，弄清问题各部分相互之间的关系，以确保建立一个合理的层次结构。

2. 构造两两比较判断矩阵

在建立递阶层次结构以后，上、下层次之间元素的隶属关系就被确定了。假定上一层次的元素以 C_k 作为准则，对下一层次的元素 $A_1,\cdots,A_n$ 有支配关系，在准则 C_k 之下按相对重要性赋予 $A_1,\cdots,A_n$ 相应的权重。

对于大多数社会经济问题，特别是对于人的判断起重要作用的问题，直接得到这些元素的权重并不容易，往往需要通过适当的方法来导出它们的权重。层次分析法所用的是两两比较的方法。

（1）在两两比较的过程中，决策者要反复回答问题：针对准则 C_k，两个元素 A_i 和 A_j 哪一个更重要一些，重要多少。需要对“重要多少”赋予一定的数值。这里使用 1～9 的比例标度，它们的意义见表 3－2。例如在煤层气靶区优选评价过程中，如果认为地质条件比开采条件稍微重要，它们的比例标度取 3，而开采条件对于地质条件的比例标度则取 1/3。

表 3－2　Saaty1～9 标度的意义

标度	意义
1	表示两个元素相比，具有同样的重要性
3	表示两个元素相比，一个元素比另一个元素稍微重要
5	表示两个元素相比，一个元素比另一个元素明显重要
7	表示两个元素相比，一个元素比另一个元素强烈重要
9	表示两个元素相比，一个元素比另一个元素极端重要
倒数	若元素 i 与元素 j 的重要性之比为 α_{ij}，则 i 与 j 的重要性之比为 $\alpha_{ij}=1/\alpha_{ji}$

注：2、4、6、8 为上述相邻判断的中值。

（2）对于 n 个元素 $A_1,\cdots,A_n$ 来说，通过两两比较，得到两两比较的判断矩阵 $\mathbf{A}$，即式（3－17）。一般称 $\mathbf{A}$ 为正的互反矩阵。

$$\mathbf{A}=(\alpha_{ij})_{n\times n} \tag{3-17}$$

式中：$\mathbf{A}$ 为两两比较判断矩阵；α_{ij} 为两两比较判断矩阵中第 i 行 j 列元素值。其中，判断矩阵具有如下性质：①$\alpha_{ij}>0$；②$\alpha_{ij}=1/\alpha_{ji}$；③$\alpha_{ii}=1$。根据性质②和③，事实上，对于 n 阶判断矩阵仅需对其上（下）三角共 $\frac{n(n-1)}{2}$ 个元素给出判断即可。

3. 由判断矩阵计算被比较元素相对权重

(1)计算单一准则下元素的相对权重：这一步是要解决在准则 C_k 下，n 个元素 $A_1,\cdots,A_n$ 排序权重的计算问题。对于 n 个元素 $A_1,\cdots,A_n$，通过两两比较得到判断矩阵 $\boldsymbol{A}$，解特征根的计算公式为

$$\boldsymbol{A}\cdot\omega=\lambda_{\max}\cdot\omega \tag{3-18}$$

式中：$\boldsymbol{A}\cdot\omega$ 为组合变量；$\boldsymbol{A}$ 为判断矩阵；ω 为特征向量；$\lambda_{\max}$ 为最大特征根。

所得到的 ω 经归一化后作为元素 $A_1,\cdots,A_n$ 在准则 C_k 下的排序权重，这种方法称为计算排序向量的特征根法。ω 和 $\lambda_{\max}$ 还可通过“和法”或“根法”计算。

(2)判断矩阵的一致性检验：在构造两两判断矩阵时，要求对判断矩阵的一致性进行检验，步骤如下。

第一步：计算一致性指标，公式为

$$CI=\frac{\lambda_{\max}-n}{n-1} \tag{3-19}$$

式中：CI 为一致性指标；n 为判断矩阵的阶数。

第二步：平均随机一致性指标(RI)，是多次(500 次以上)重复进行随机判断矩阵特征根计算之后取算术平均得到的，如表 3-3 所示。

表 3-3　1～15 阶判断矩阵的 *RI* 值

阶数	1	2	3	4	5	6	7	8
RI	0	0	0.52	0.89	1.12	1.26	1.36	1.41
阶数	9	10	11	12	13	14	15	
RI	1.46	1.49	1.52	1.54	1.56	1.58	1.59	

第三步：计算一致性比例，见式(3-20)。

$$CR=\frac{CI}{RI} \tag{3-20}$$

式中：CR 为一致性比例；RI 为平均随机一致性指标。当 $CR<0.1$ 时，一般认为矩阵的一致性是可以接受的。

4. 计算各层次元素的组合权重

为了得到递阶层次结构中每一层次中所有元素相对于总富集的相对权重，需要把上述计算结果进行适当的组合，并进行总的一致性检验，这一步是由上而下逐层进行的。根据计算结果得出最低层次元素，即决策方案的优先顺序的相对权重和整个递阶层次模型的判断一致性检验。

假定递阶层次结构共有 m 层，第 k 层有 $n_k(k=1,2,\cdots,m)$ 个元素。已经计算出第 $k-1$ 层第 n_{k-1} 个元素 $A_1,A_2,\cdots,A_{n_{k-1}}$ 相对于总富集的组合排序权重向量 $\boldsymbol{\omega}^{(k-1)}$ 公式为

$$\boldsymbol{\omega}^{(k-1)}=[\omega_1^{(k-1)},\omega_2^{(k-1)},\cdots,\omega_{n_{k-1}}^{(k-1)}]^{\mathrm{T}} \tag{3-21}$$

第 k 层第 n_k 个元素 $B_1,B_2,\cdots,B_{n_k}$ 相对于第 $k-1$ 层每个元素 $A_j(j=1,2,\cdots,n_{k-1})$ 的单排序权重向量 $\boldsymbol{p}_i^{(k)}$ 公式为

$$\boldsymbol{p}_i^{(k)}=[p_{1i}^{(k-1)},p_{2i}^{(k-1)},\cdots,p_{n_k i}^{(k-1)}]^{\mathrm{T}},i=1,2,\cdots,n_k \tag{3-22}$$

其中，不受 A_j 支配的元素权重取为0。

作 $n_k\times n_{k-1}$ 阶矩阵 $\boldsymbol{P}^k$，公式为

$$\boldsymbol{P}^{(k)}=[p_1^{(k)},p_2^{(k)},\cdots,p_{n_{k-1}}^{(k)}] \tag{3-23}$$

那么，第 k 层 n_k 个元素 $B_1,B_2,\cdots,B_{n_k}$ 相对于总富集的组合排序权重向量为 $\boldsymbol{\omega}^{(k)}$，公式为

$$\boldsymbol{\omega}^{(k)}=[\omega_1^{(k)},\omega_2^{(k)},\cdots,\omega_{n_k}^{(k)}]^{\mathrm{T}}=\boldsymbol{P}^{(k)}\boldsymbol{\omega}^{(k-1)} \tag{3-24}$$

$\boldsymbol{\omega}^{(k)}$ 一般公式如下

$$\boldsymbol{\omega}^{(k)}=\boldsymbol{P}^{(k)}\boldsymbol{P}^{(k-1)}\cdots\boldsymbol{P}^{(3)}\boldsymbol{\omega}^{(k-1)} \tag{3-25}$$

对于递阶层次模型的判断一致性检验，需要类似地逐层计算。若分别得到了第 $k-1$ 层次的计算结果 CI_{k-1}、RI_{k-1} 和 CR_{k-1}，则第 k 层次的相应指标见式(3-26)、式(3-27)、式(3-28)。

$$CI_k=(CI_k^1,\cdots,CI_k^{n_{k-1}})\omega^{(k-1)} \tag{3-26}$$

$$RI_k=(RI_k^1,\cdots,RI_k^{n_{k-1}})\omega^{(k-1)} \tag{3-27}$$

$$CR_k=CR_{k-1}+\frac{CI_k}{RI_k} \tag{3-28}$$

式中：$CI_k{}^j$ 和 $RI_k{}^j$ 分别为第 k 层第 n_k 个元素 $B_1,B_2,\cdots,B_{n_k}$ 在第 $k-1$ 层每个准则 $A_j(j=1,2,\cdots,n_{k-1})$ 下判断矩阵的一致性指标和随机一致性指标。

当 $CR_k<0.1$ 时，认为低阶层次在第 k 层水平上整个判断有满意的一致性。

3.2.2 多层次模糊综合评判法概述

多层次模糊综合评判法(MFSJ)是一种将定性分析转化为定量分析的方法，同时可以反映客观事物因素之间的不同层次。

多层次模糊综合评判法针对多层次多指标系统的评价问题，建立评价区素指标体系，将涉及的因素按照某些属性划分为几类，并建立其隶属度函数，然后以从低向高层次的顺序，先对最底层指标进行评价，得到最底层指标的评判结果。在此基础上把评价结果作为上一层的模糊关系矩阵，再根据上一层的权重进行评价计算，得到该层的评价结果。依次进行，直至最高层次，得到系统的最终量化评价结果。

运用多层次模糊评价法进行煤层气靶区优选具体可以分为4个步骤：①确定评价对象的影响因素集 U；②确定评价对象各影响因素的隶属度；③确定各影响因素对评价对象的权重；④综合评价，得出评价结果。

1. 确定评价对象的影响因素集 U

设评价对象的影响因素集为 U，确定 U 的方法如下。

(1)设评对象的影响因素集为 $U=\{u_1,u_2,\cdots,u_m\}$。其中，m 为评判对象的一级影响因素，其可含有二级、三级甚至四级的子因素。

(2)层次数与问题的复杂程度和所需要分析的详尽程度有关。在进行含气区块和先导试验区靶区优选评价时,划分为四级层次。

(3)确定评价集 V。为衡量模糊指标的优劣程度,根据心理学测度原理,规定指标的评价等级集评价集合为 $V=\{v_1,v_2,\cdots,v_n\}$,其中 n 值取决于靶区优选方案。在进行含气盆地(群)评价时,n 取 3;在进行含气带、含气区块和先导试验区靶区优选评价时,n 取 5。

2. 确定评价对象各影响因素的隶属度

首先,对 U 集合中的单因素($i=1,2,\cdots,m$)进行单因素评判,从单因素 u_i 着眼确定该因素对评价等级 v_j 的隶属度 r_{ij},因此得到第 i 个因素 u_i 的单因素评判集 $r_i=(r_{i1},r_{i2},\cdots,r_{in})$,$\sum r_{in}=1$。因此,单因素论域与评价论域之间的模糊关系可用评价矩阵 $\boldsymbol{R}$ 表示,公式为

$$\boldsymbol{R}=\begin{pmatrix} r_{11} & r_{11} & \cdots & r_{1n} \\ r_{21} & r_{22} & \cdots & r_{2n} \\ \vdots & \vdots & & \vdots \\ r_{m1} & r_{m2} & \cdots & r_{mn} \end{pmatrix} \tag{3-29}$$

式中:$0\leqslant r_{ij}=\mu r(u_i,v_j)\leqslant 1,i=1,2,\cdots,m;j=1,2,\cdots,n$。$r_{ij}$ 是构成模糊综合评判的基础。

(1)定性指标(因素)的隶属度确定:定性指标如聚煤作用差异,其隶属度通常采用模糊统计的方法加以确定,公式为

$$r_{ij}=\frac{m_{ij}}{s} \tag{3-30}$$

式中:r_{ij} 为定性指标(因素)的隶属度;m_{ij} 为单因素 u_i 被评为 v_j 的有效问卷数;s 为总的有效问卷数。

(2)定量指标(因素)的隶属度确定:根据模糊模式识别的思想并将其拓展。假设所有因素对同一等级的隶属函数做正态分布,在所有因素上、下限值之间各等级区间大小相等,边界值介于两个等级之间且对于两个等级有相同的隶属度。由上述假设推导出隶属度,公式为

$$r_{ij}=\exp\left\{\frac{-4}{(n-1)^2}\left[\frac{u-u_n}{u_j-u_n}-\frac{\ln 2(n-3)}{(n-1)^2}\right]\right\} \tag{3-31}$$

式中:u 为定量因素的实际值;u_j、u_n 分别为 u 的最优值和最差值。

3. 确定各影响因素对评价对象的权重

在进行综合评价时,还需考虑各因素对评价等级的作用大小,即确定每个因素对应于上一层指标(因素)的权重,由此构成 U 上的一个模糊子集 A,记为 $A=(a_1,a_2,\cdots,a_m)$。

$\sum a_i=1$,a_i 表示单因素 u_i 在总评价中对 V 影响程度的一种度量。A 称为各因素的重要程度系数,或称权重向量。权重的确定方法参见"3.2.1 层次分析法概述"。

4. 综合评价得出结果

煤层气靶区优选综合评价[除含气盆地(群)评价]往往是一个多因素、多层次的复杂评价系统,应用多层次模糊综合评判模型进行处理。多层次模糊综合评判,是以单层次评价为

核心，先构成若干个评价小组的单层次评价子集，再以评价小组的评价子集作为新的节点，进行高一层次的评价。

次级模糊综合评判时的单因素评判，应为相应的上一级模糊综合评判，故多级（以三级为例）模糊综合评判的单因素评判矩阵公式如下。

$$\boldsymbol{B}=A\cdot R=\begin{pmatrix} A_1\cdot\begin{pmatrix} A_{11}\cdot R_{11}\\ A_{12}\cdot R_{12}\\ \vdots\\ A_{1s}\cdot R_{1s}\end{pmatrix}\\ A_2\cdot\begin{pmatrix} A_{21}\cdot R_{21}\\ A_{22}\cdot R_{22}\\ \vdots\\ A_{2p}\cdot R_{2p}\end{pmatrix}\\ A_m\cdot\begin{pmatrix} A_{m1}\cdot R_{m1}\\ A_{m2}\cdot R_{m2}\\ \vdots\\ A_{mq}\cdot R_{mq}\end{pmatrix}\end{pmatrix} \tag{3-32}$$

多层次模糊综合评判是从最底层开始，向上逐层运算，直至得到最后的评价值 B。而得到的该 B 值对应于评价集 V 中的等级，即为本次最终的评价结果。

根据本节内容，在应用层次分析法和多层次模糊综合评判法进行煤层气靶区优选时，首先要通过层次分析法确定各评价参数的权重，权重的确定受人为主观因素影响较大，不同的研究者对同一评价因素的重要性有不同的理解，导致赋予权重存在差异，进而会影响最终煤层气靶区优选的结果。此外，这两种方法在运用过程中，需要建立递阶层次结构、构造两两比较的判断矩阵、确定评价对象的影响因素集及其隶属度等，该过程操作复杂，可操作性差。

3.3 模糊模式识别模型

模糊识别在实际问题中普遍存在，主要用于识别某个具体对象属于何种类型。例如投递员（分拣机）在分拣包裹时，要识别邮寄地址和邮编；学生在野外采集到一个植物标本，要识别它属于哪一纲哪一目等。进行模糊识别需要满足两个条件：一是事先已知若干标准模式构成的标准模式库；二是有待识别的对象。就识别而言，通常这两个条件都可能具有模糊性，这意味在实际问题中采用模糊模式识别是必要的。

煤储层深埋于地表下，其性质受诸多因素的控制，是一个典型的复杂系统。模糊模式识别可以抽象描述模糊现象并揭示其本质和规律，是解决复杂系统多因素排序和识别具体对象所属类型的有效工具，已成功应用于很多领域。模糊模式识别模型旨在通过整合各种影响因素来实现最终目标，因此建立模糊模式识别评价模型进行煤层气靶区优选，该模型操作简单且不涉及参数赋权，克服了人为主观因素对靶区优选结果影响的缺点。

3.3.1 模糊模式识别参数分类与处理

1. 评价参数分类

根据第2章对煤层气靶区优选参数与体系的讨论和分析可知，我国煤层气靶区优选评价参数类型包括地质条件(区域地质、资源地质)和开采条件(储层可采性、可改造性)等多个参数。其中，地质条件参数包括煤层埋深、地质构造、水文条件、煤层分布面积、煤层厚度、含气量、灰分、镜质组等；开采条件参数包括临储压力比、渗透率、非均质性、甲烷含量、含气饱和度、有效地应力、煤体结构、煤层与围岩关系等。

为了整合各项评价参数对最终评价结果的影响，在对各项评价参数进行处理之前，需要对其进行定性及定量化分类。在此将地质构造、水文条件、非均质性、煤体结构、煤层与围岩关系定义为定性参数，用符号 x_{qx} 表示；将煤层分布面积、煤层厚度、含气量、镜质组、临储压力比、渗透率、甲烷含量、含气饱和度定义为正相关定量参数，用符号 x_{py} 表示；将煤层埋深、灰分、有效地应力定义为负相关定量参数，用符号 x_{nz} 表示。

2. 评价参数归一化处理

参数归一化是数据处理的一项基础工作，不同评价指标通常具有不同的量纲，会影响参数分析的结果。由上述评价参数分类可知，综合评价指标中既有定性参数又有定量参数，由于各个参数的性质不同，如果直接用原始数据值进行分析就会突出数值较高的参数在综合评价中的作用，相对削弱数值较低参数的作用。因此，为了消除不同指标间量纲、量级的差异以及定性指标的模糊性对评价结果的影响，使评价模型更准确，在进行模糊模式识别计算之前需要对评价参数进行归一化处理，以解决数据指标之间的可比性问题。原始数据经过数据归一化处理后，各指标处于同一数量级，适合进行综合对比评价[140-141]。

关于参数归一化的方法有很多，不同的方法会对评价结果产生不同的影响。目前常用的主要包括以下几种。

离差归一化：

$$x=\frac{x_i-x_{\min}}{x_{\max}-x_{\min}} \tag{3-33}$$

式中：$x_{\max}$ 为数据样本的最大值；$x_{\min}$ 为数据样本的最小值。

平均归一化：

$$x=\frac{x_i-\mu}{x_{\max}-x_{\min}} \tag{3-34}$$

式中：$x_{\max}$ 为数据样本的最大值；$x_{\min}$ 为数据样本的最小值；μ 为数据样本的均值。

Z-Score 归一化：

$$x=\frac{x_i-\mu}{\sigma} \tag{3-35}$$

式中：μ 为数据样本的均值；σ 为数据样本的标准差。

参数归一化是对原始数据进行线性或非线性变换，将数据按一定的比例缩放，使参数结果映射到某一个特定的小区间内，区间范围一般在[0,1]之间。评价参数归一化之后不但可以提高模型的收敛程度，而且还能提升综合评价模型的精确程度。

对于定性参数，通常采用“0”和“1”赋值的方法进行归一，见式(3-36)。

$$e_{qx}=\begin{cases}1\\0\end{cases} \tag{3-36}$$

根据2.2节中所构建的煤层气靶区优选评价参数体系，靶区优选结果被分为4个级别。因此，当研究区的某一定性参数最接近评价参数体系里的某一评价级别时，该定性参数在该评价级别下被赋值1，除此之外的其他评价级别被赋值0。例如若某区块在区域地质评价级别中的“水文条件”作为定性参数的特征是“弱径流区，水质较不利”，则“水文条件”在评价级别Ⅲ下的值为1，其他级别下的值为0，其矩阵表达式为[0,0,1,0]。

对于定量参数，在离差归一化方法[式(3-33)]的基础上稍做改进，对其进行归一化处理。其中，正相关定量参数的归一化后的数值越大越有利于煤层气的开发，负相关定量参数归一化后的数值越小越有利于煤层气的开发，其归一化计算公式分别为式(3-37)和式(3-38)。

$$e_{py}=\begin{cases}\dfrac{x_{py}-a}{b-a}, & x_{py}\in(a,b]\\ 1, & x_{py}\in(b,+\infty)\end{cases} \tag{3-37}$$

$$e_{nz}=\begin{cases}1-\dfrac{x_{nz}-c}{d-c}, & x_{nz}\in[c,d)\\ 0, & x_{nz}\in[d,+\infty)\end{cases} \tag{3-38}$$

式中：x_{py}为研究区正相关定量参数；$(a,b]$和$(b,+\infty)$为评价参数体系中相应正相关定量参数的分类评价区间；x_{nz}为研究区负相关定量参数；(c,d)和$[d,+\infty)$为评价参数体系中相应负相关定量参数的分类评价区间；e_{qx}、e_{py}、e_{nz}分别为定性参数(x_{qx})、正相关定量参数(x_{py})、负相关定量参数(x_{nz})归一化处理后的结果。

同样，当研究区的某一定量参数所属评价参数体系里的某一评价级别时，归一化之后仍属于该评价级别，除此之外的其他评价级别下的数值均为“0”。例如若某低煤阶区块含气量为$4.8m^3/t$，根据表2-3低煤阶煤层气靶区优选评价参数体系可知，此数值属于Ⅱ类(3,6]级别(中高煤阶对应表2-2)；又由于含气量属于正相关定量参数，代入式(3-37)可以得到归一化后的数值为0.6，即含气量在级别Ⅱ类下的值为0.6，其他级别下的值为0，其矩阵表达式为[0,0.6,0,0]。其他参数亦是如此。

3.3.2 评价参数矩阵与评价级别矩阵

1.评价参数矩阵

煤层气靶区优选模糊模式识别矩阵，是由各个评价参数隶属于评级参数体系中的各个评价级别的程度组合得到的。因此，根据“3.3.1模糊模式识别参数分类与处理”对不同性质的各项评价参数进行归一化处理之后，就可以生成评价参数矩阵$\boldsymbol{E}$，如式(3-39)所示。

$$E=[e_{i,j}]_{n\times 4}=\begin{bmatrix} e_{1,1} & e_{1,2} & e_{1,3} & e_{1,4} \\ \vdots & \vdots & \vdots & \vdots \\ e_{i,1} & e_{i,2} & e_{i,3} & e_{i,4} \end{bmatrix} \tag{3-39}$$

式中：$e_{i,j}$为评价参数矩阵$\boldsymbol{E}$中的元素，包括e_{qx}、e_{py}、e_{nz}；$i=1,2,\cdots,n$，n为评价参数的个数。

2. 评价级别矩阵

根据“2.2 煤层气靶区优选模糊模式识别体系”，靶区优选评价参数体系分为Ⅰ类、Ⅱ类、Ⅲ类、Ⅳ类4个评价级别。因此，为了便于对评价参数体系中的4个评价级别进行模糊模式识别，在此构建$\boldsymbol{Y}_e$($e=$Ⅰ、Ⅱ、Ⅲ、Ⅳ)为评价级别矩阵，见式(3-40)。

$$\begin{gathered}
\boldsymbol{Y}_{\mathrm{I}}=\begin{bmatrix} y_{1,1}=1 & y_{1,2}=0 & y_{1,3}=0 & y_{1,4}=0 \\ \vdots & \vdots & \vdots & \vdots \\ y_{i,1}=1 & y_{i,2}=0 & y_{i,3}=0 & y_{i,4}=0 \end{bmatrix} \\
\boldsymbol{Y}_{\mathrm{II}}=\begin{bmatrix} y_{1,1}=0 & y_{1,2}=1 & y_{1,3}=0 & y_{1,4}=0 \\ \vdots & \vdots & \vdots & \vdots \\ y_{i,1}=0 & y_{i,2}=1 & y_{i,3}=0 & y_{i,4}=0 \end{bmatrix} \\
\boldsymbol{Y}_{\mathrm{III}}=\begin{bmatrix} y_{1,1}=0 & y_{1,2}=0 & y_{1,3}=1 & y_{1,4}=0 \\ \vdots & \vdots & \vdots & \vdots \\ y_{i,1}=0 & y_{i,2}=0 & y_{i,3}=1 & y_{i,4}=0 \end{bmatrix} \\
\boldsymbol{Y}_{\mathrm{IV}}=\begin{bmatrix} y_{1,1}=0 & y_{1,2}=0 & y_{1,3}=0 & y_{1,4}=1 \\ \vdots & \vdots & \vdots & \vdots \\ y_{i,1}=0 & y_{i,2}=0 & y_{i,3}=0 & y_{i,4}=1 \end{bmatrix}
\end{gathered} \tag{3-40}$$

式中：$i=1,2,\cdots,n$，n为评价参数的个数；y_{ij}为评价级别矩阵中的元素；“0”和“1”表示评价参数在该级别下的标准值。

3.3.3 模糊贴近度计算

1. 贴近度的定义与类型

贴近度是模糊模式识别中的一个重要概念，它可以用来表示两个模糊集之间的接近程度，在很多领域有广泛应用[142]。设$\beta(A,B)$是模糊子集A、B的贴近度，满足$0\leqslant\beta(A,B)\leqslant 1$；贴近度$\beta(A,B)$的值越大，说明两个模糊子集之间的距离越接近；相反，贴近度$\beta(A,B)$的值越小，两个模糊子集之间的距离越疏远[143]。

为引入贴近度，需要先了解模糊集合内积和外积的概念。其定义为：设A、B是论域U上的模糊子集，$U=\{u_1,u_2,\cdots,u_n\}$，则$A\bigcirc B$为A和B的内积，$A\otimes B$为A和B的外积。

$$A\bigcirc B=\bigvee_{i=1}^{n}[A(u_i)\wedge A(u_i)] \tag{3-41}$$

$$A\otimes B=\bigwedge_{i=1}^{n}[A(u_i)\vee A(u_i)] \tag{3-42}$$

内积越大，两个模糊集之间的距离越接近；外积越小，两个模糊集之间的距离越接近。也就是说，当内积较大且外积较小时，两个模糊集之间的距离最接近。因此，将内积和外积联合起来建立“格贴近度”可以准确刻画两个模糊集之间的接近程度。

设 A、B 是论域 U 上的模糊子集，则称 $\beta(A,B)$ 为 A 和 B 的格贴近度，

$$\beta(A,B)=\frac{1}{2}[A\bigcirc B+(1-A\otimes B)] \tag{3-43}$$

此外，贴近度还有很多种形式，在实际问题应用中选择合适的贴近度形式可以有效地提高工作效率。下面是一些常用的贴近度计算方法[106,144]。

海明距离：

$$\beta(A,B)=1-\frac{1}{n}\sum_{i=1}^{n}|A(u_i)-B(u_i)| \tag{3-44}$$

欧几里得距离：

$$\beta(A,B)=1-\frac{1}{\sqrt{n}}\left(\sum_{i=1}^{n}[A(u_i)-B(u_i)]^2\right)^{\frac{1}{2}} \tag{3-45}$$

夹角余弦贴近法：

$$\beta(A,B)=\frac{\sum_{i=1}^{n}A(u_i)\times B(u_i)}{\sqrt{\sum_{i=1}^{n}A\ (u_i)^2}\times\sqrt{\sum_{i=1}^{n}B\ (u_i)^2}} \tag{3-46}$$

最大最小贴近度：

$$\beta(A,B)=\frac{\sum_{i=1}^{n}\min[A(u_i),B(u_i)]}{\sum_{i=1}^{n}\max[A(u_i),B(u_i)]} \tag{3-47}$$

算术平均最小贴近度：

$$\beta(A,B)=\frac{2\sum_{i=1}^{n}\min[A(u_i),B(u_i)]}{\sum_{i=1}^{n}[A(u_i)+B(u_i)]} \tag{3-48}$$

上述公式中 A、B 是论域 U 上的模糊子集，论域 $U=\{u_1,u_2,\cdots,u_n\}$，u_i 为 U 中的元素，$\beta(A,B)$ 为 A 和 B 的贴近度。

2. 贴近度的选择与计算

由上述分析可知，模糊数学理论中有多种贴近度类型，根据研究对象的特点选择合理的贴近度非常关键，这将直接影响煤层气靶区优选模糊模式识别结果的精度。

夹角余弦贴近度作为一种最常用的贴近度类型，在反映相同因素影响下，两个个体之间的相似度方面有很好的表现[145]。评价参数矩阵 $\boldsymbol{E}$ 与评价级别矩阵 $\boldsymbol{Y}_e$ 之间的识别过程符合夹角余弦贴近度特征。因此，选择夹角余弦相似度作为贴近度，确定待评价区块的评价级

别。为了提高评价结果的准确性，在选择模糊贴近度时，应综合考虑所涉及的所有评价参数和4种评价级别对靶区优选结果的影响。

首先，将评价参数矩阵 $\boldsymbol{E}$ 和评价级别矩阵 $\boldsymbol{Y}_e$ 分别转换为列向量 $\boldsymbol{M}$ 和 $\boldsymbol{N}$[式(3-49)和式(3-50)]；然后，根据夹角余弦相似度分别计算列向量 $\boldsymbol{M}$ 与4种评价级别列向量 $\boldsymbol{N}$ 之间的模糊贴近度[式(3-51)]，$\beta(M,N)$ 的值越大，说明两个模糊向量之间的距离越近(图3-3)。

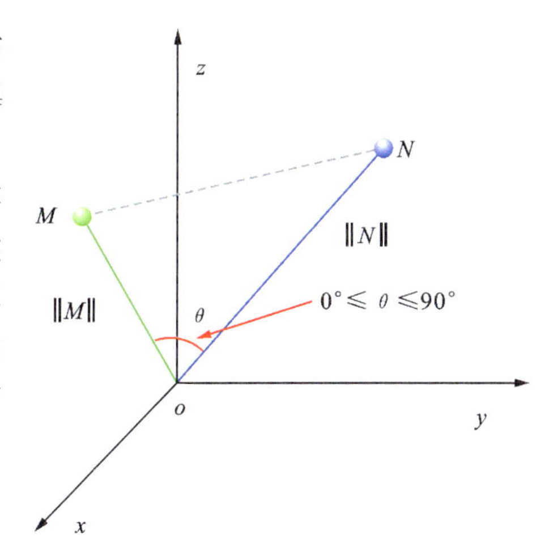

图3-3　夹角余弦贴近度估计模糊贴近度

$$\boldsymbol{M}=[e_{i,j}]_{4n\times 1}=\begin{bmatrix} e_{1,1} \\ \vdots \\ e_{i,1} \\ e_{1,2} \\ \vdots \\ e_{i,2} \\ e_{1,3} \\ \vdots \\ e_{i,3} \\ e_{1,4} \\ \vdots \\ e_{i,4} \end{bmatrix} \tag{3-49}$$

$$\boldsymbol{N}=[y_{i,j}]_{4n\times 1}=\begin{bmatrix} y_{1,1} \\ \vdots \\ y_{i,1} \\ y_{1,2} \\ \vdots \\ y_{i,2} \\ y_{1,3} \\ \vdots \\ y_{i,3} \\ y_{1,4} \\ \vdots \\ y_{i,4} \end{bmatrix} \tag{3-50}$$

$$\beta(\boldsymbol{M},\boldsymbol{N}) = \cos\theta = \frac{\boldsymbol{M} \cdot \boldsymbol{N}}{\|M\|\|N\|} = \frac{\sum_{k=1}^{n\times4} M_k \times N_k}{\sqrt{\sum_{k=1}^{n\times4} M_k^2} \times \sqrt{\sum_{k=1}^{n\times4} N_k^2}} \tag{3-51}$$

式中：$i=1,2,\cdots,n$(n 为评价参数的个数)；$e=$ Ⅰ、Ⅱ、Ⅲ、Ⅳ；k 为列向量元素序号。

最后，通过比较 4 个模糊贴近度 $\beta(\boldsymbol{M},\boldsymbol{N})$ 的值确定待评价区块的评价级别，$\beta(\boldsymbol{M},\boldsymbol{N})$ 的值在 4 个评价级别中哪个评价级别下的值最大，该研究区的最终优选结果就是该级别。需要特别注意的是，如果最终的优选结果有多个研究区均属于同一级别，则再次比较不同研究区同一级别 $\beta(\boldsymbol{M},\boldsymbol{N})$ 的值，从而对多个煤层气有利开发研究区进行排序。根据上述分析，煤层气靶区优选模糊模式识别模型的建立可以总结为图 3-4 所示流程。

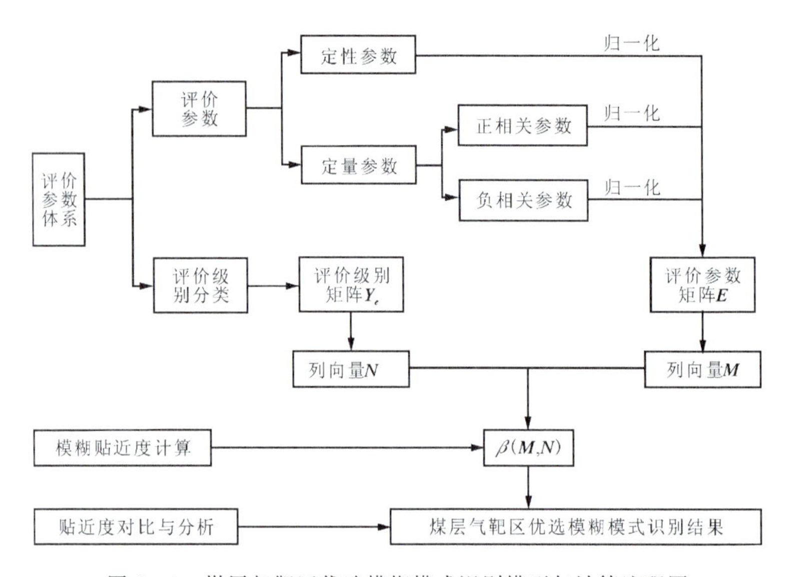

图 3-4　煤层气靶区优选模糊模式识别模型与计算流程图

煤层气靶区优选模糊模式识别验证

沁水盆地南部的樊庄区块和准噶尔盆地南部的阜康矿区分别是我国高煤阶和低煤阶煤层气商业开发的典型示范区。本章以樊庄区块 3# 煤层和阜康矿区西部 $A_2^{\#}$ 煤层为研究对象,开展煤层气靶区优选模糊模式识别,并对靶区优选结果进行分析,以此验证煤层气靶区优选模糊模式识别模型的合理性和有效性。

4.1 沁水盆地南部樊庄区块煤层气靶区优选

4.1.1 沁水盆地地质概况

沁水盆地位于山西省东南部,北纬 35°—38°,东经 111°50′—113°50′之间,总体呈长轴北北东向延伸、中间收缩的椭圆状,其东西宽约 120km,南北长约 330km,总面积约 30 000km²(图 4-1)。沁水盆地在构造上介于太行和吕梁隆起带之间,为一复向斜构造。复式向斜的轴线大致位于榆社—沁县—沁水一线。南北翘起端呈箕状斜坡,东西两翼基本对称,边侧早古生界出露区为倾角较大的单斜。盆地周边被太行山、王屋山、中条山及太岳山等山脉圈限,海拔高程多在 700m 以上,地形起伏大,多为切割显著的黄土地貌。盆地内构造相对比较简单,断层不甚发育。

总体来看,西部以中生代褶皱和新生代正断层相叠加为特征,东北部和南部以中生代东西向、北东向褶皱为主,盆地中部北北东—北东向褶皱发育[57]。区内有沁河、浊漳河、清漳河等水系,全年流量变化大,含沙量高,为较典型的黄土高原河流。本区属温暖带季风型大陆性气候。百余年的基础地质研究史和近几十年的煤田地质和油气勘探工作取得了丰富的成果,积累了大量勘探资料,为在沁水盆地开展煤层气勘探开发工作奠定了良好的基础。沁水盆地以其得天独厚的地理位置和极其丰富的煤炭资源一直被作为国内煤层气勘探开发的重点盆地。

1.地层特征

盆地内地层分布具有向斜盆地的典型特征,盆地边缘出露老地层,盆内出露较新地层。除西北边缘外,早古生界在盆地四周出露地表,向盆地内部依次出露晚古生界、中生界,盆地中部大面积出露三叠系,侏罗系仅在太谷一带出露。上石炭统下部本溪组为黑色、灰黑色铝质泥岩、粉砂岩、细砂岩夹薄层煤及灰岩,底部铝质岩、铝质泥岩,厚 0~75m,北、中部厚,南

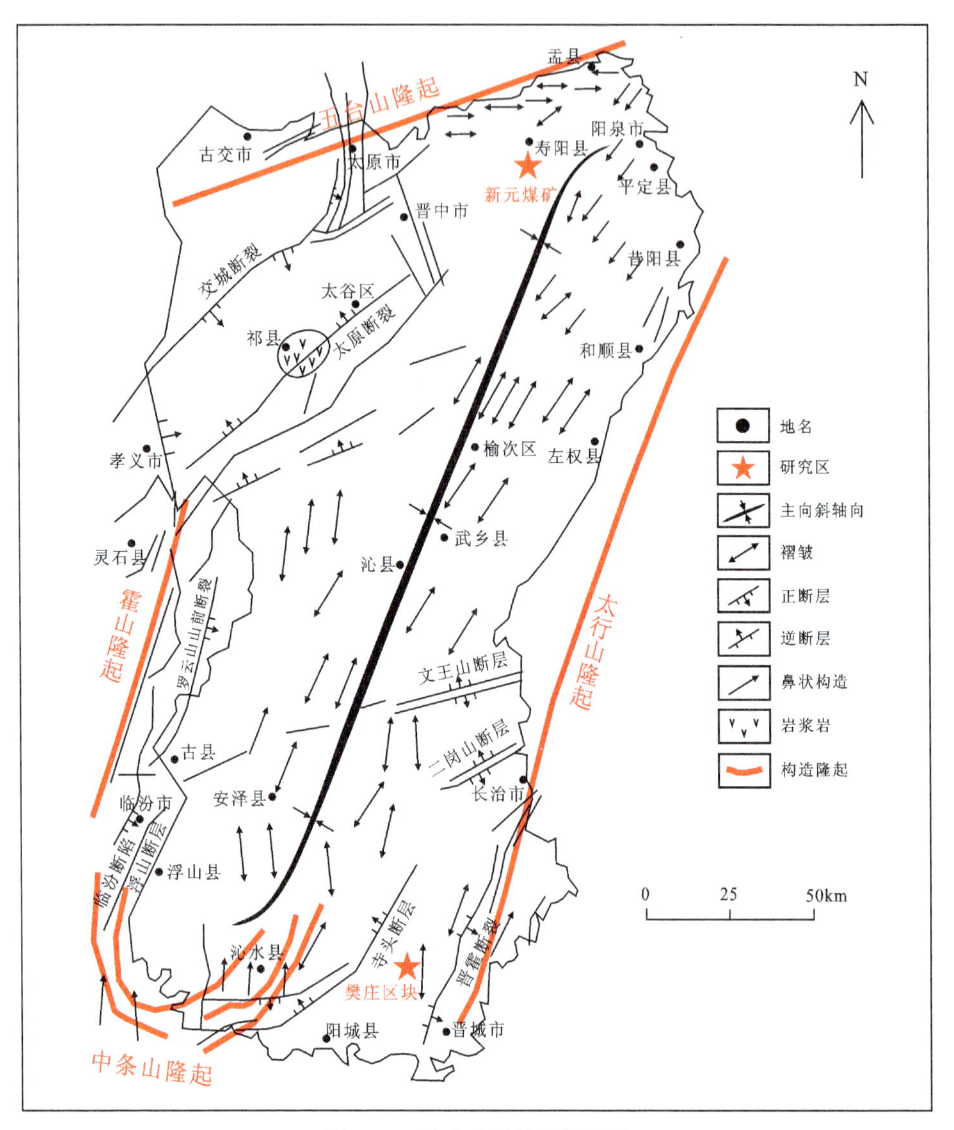

图 4-1　沁水盆地构造纲要图

部薄。上石炭统上部太原组为灰色、灰白色砂岩，灰色、灰黑色粉砂岩，砂质泥岩、泥岩夹煤层及石灰岩，含 5～10 层煤，底部为晋祠砂岩，厚 61～150m，南厚北薄，其下部煤层发育。下二叠统山西组为灰色、灰白色长石石英砂岩、石英砂岩，灰色、灰黑色粉砂岩、砂质泥岩、泥岩夹煤层，中、下部含煤 2～7 层，底部为北岔沟砂岩，厚 50～90m，北厚南薄。下二叠统下石盒子组为黄绿色、黄紫色页岩、砂质页岩夹黄绿色中细长石、石英砂岩及煤线，底部为骆驼脖子砂岩，厚 93～194m。上二叠统上石盒子组、石千峰组，分别厚 326～644m、66～186m，为黄色、黄绿色、紫红杂色长石、石英砂岩及少量泥灰岩、泥质灰岩、燧石层。下三叠统刘家沟组、和尚沟组为灰白色、灰绿色石英、长石砂岩，灰紫色、紫红色砂岩、粉砂岩、砂质页岩及砾岩，厚 505～912m。中三叠统二马营组、纸坊组为白色、黄绿色砂岩、杂色砂岩、紫色砂质泥岩、泥岩，厚 799～1134m。上三叠统延长组为灰黄色、黄绿色砂岩夹杂色泥岩，厚 38～123m。

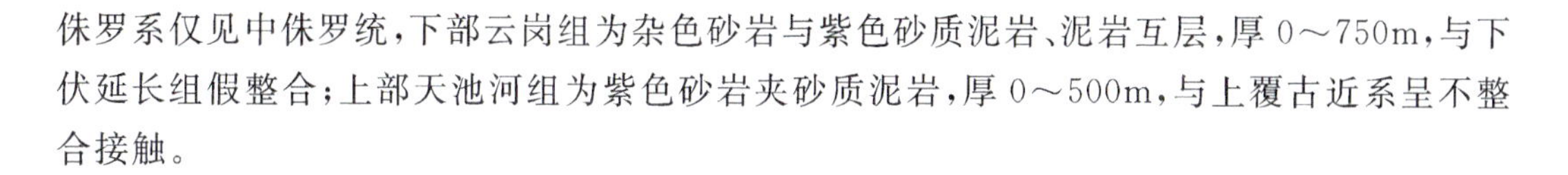

侏罗系仅见中侏罗统，下部云岗组为杂色砂岩与紫色砂质泥岩、泥岩互层，厚0～750m，与下伏延长组假整合；上部天池河组为紫色砂岩夹砂质泥岩，厚0～500m，与上覆古近系呈不整合接触。

2. 沉积环境

沁水盆地含煤岩系沉积环境包括浅海沉积体系、三角洲沉积体系、滨海潮坪沉积体系。太原期沉积环境为浅海沉积体系，包括海湾潟湖、滨海潮坪泥岩、砂岩、泥灰岩沉积，半封闭海湾碳酸盐岩沉积，三角洲水下砂、泥岩和远砂坝沉积，全区发育有泥炭沼泽沉积。山西期沉积环境为有利聚煤的河流、三角洲沉积体系，包括三角洲平原沉积，分流河道、堤岸、决口扇及泛滥盆地沉积，下三角洲平原沉积，水上和水下型分流河道、分流间湾及潟湖海湾沉积，全区发育泥炭沼泽沉积。

本溪期末开始浅海碳酸盐岩沉积后，海水向北退出，太原早期海侵自下而上形成潮坪砂坝(晋祠砂岩)→潟湖→局限海碳酸盐岩(吴家峪灰岩)→淡化潟湖→沼泽、泥炭沼泽沉积组合。吴家峪灰岩沉积之后，华北陆块由南升北降转为北升南降，出现相对平静时期和准平原化，全区沉积了15#煤可采煤层，局部受潮汐和洪水期河流决口扇短期影响煤层分叉，聚煤中心位于阳泉一带。太原期后期，15#煤沉积后海水自南、东南和西北方向侵入，结束了聚煤沉积，形成浅海碳酸盐岩→潮坪泥岩→沼泽、泥炭沼泽沉积，间夹潮坪砂坝、三角洲分流河道、间湾沉积。此期间海侵规模大，北岸线可达大同一带。海水退出后出现滨海泥坪，海水淡化后开始了沼泽、泥炭沼泽沉积。在泥炭沼泽沉积后又发生了一次规模最大的海侵，沉积了厚度较大的斜道灰岩，形成浅海碳酸盐岩—浅海泥岩—滨海泥坪—沼泽、泥炭沼泽沉积，其中间夹有潮坪薄层砂体、三角洲前缘砂体或砂坝沉积。在泥炭沼泽之后又开始正常浅海沉积，形成灰岩、泥灰岩、泥岩-潟湖海湾泥岩沉积组合。

太原期末无聚煤沉积，东大窑灰岩亦较薄，海相泥岩沉积后即是滨海砂岩(北岔沟砂岩)沉积，沉积组合比较稳定。山西期早期承袭了太原期末滨海潮坪和潟湖沉积环境，逐渐递变为三角洲、湖泊、河流沉积体系。在横向上自北而南由上三角洲平原过渡到下三角洲平原，晋东南一带为潟湖海湾沉积。山西期早期为滨海潮坪砂体沉积，间夹两层泥岩，向上为滨海湖泊沉积，后期海水淡化，形成沼泽、泥炭沼泽沉积。山西期中期泥炭沼泽沉积后，形成潟湖海湾泥岩或灰岩，海水淡化后演变为沼泽和泥炭沼泽沉积，形成发育稳定的3#煤层。山西期晚期底部为潟湖、滨海湖泊沉积—三角洲分流河道、分流间湾、洪泛盆地沉积。建设型三角洲使砂体南进，形成范围局限的泥炭沼泽沉积，煤层结构复杂，厚度变化大，末期形成湖相泥岩沉积。山西组沉积岩相上部较下部变化大，总体较太原组沉积岩相变化大。

3. 煤层分布及成煤环境

1)煤层分布

沁水盆地含煤地层主要由上石炭统太原组和下二叠统山西组构成(图4-2)。区内含煤地层平均厚度为145.9m，含煤性较好。太原组含煤5～10层，单层厚度大于0.5m，由下至上依次为16#、15#、14#、13#、11#、9#、8#、7#、6#及5#煤层。其中，分布稳定的煤层为8#、

9#、15#煤层，累计厚 3～10m，盆地北部、东部最厚，累计厚度大于 7m，中部、南部厚 5m 左右。山西组含煤 2～7 层，由下至上依次为 5#、3#、2# 及 1# 煤层，其中分布稳定的煤层为 2#、3# 煤层，厚 2～6m；盆地东南部、北部厚度较大，厚 4～6m。太原组 15# 煤层和山西组 3# 煤层为分布稳定单层厚度最大的可采煤层。太原组 15# 煤层分布在阳泉、潞安、晋城、阳城一带，西山称为 8# 煤层，霍西、汾西称为 10# 煤。山西组 3# 煤层分布在盆地东部，盆地西部称为 2# 煤层。

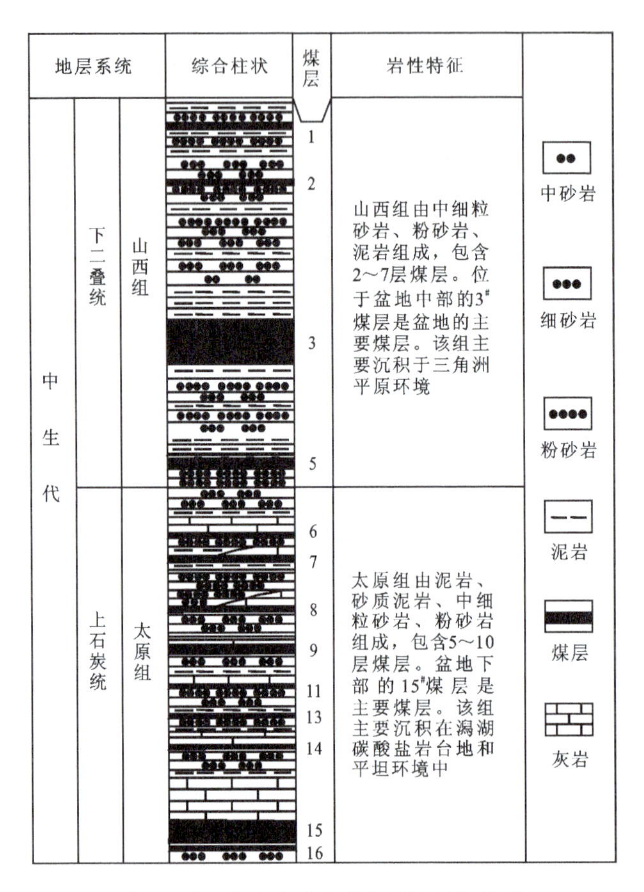

图 4－2　沁水盆地主要含煤地层柱状图

2）主力煤层成煤环境

沁水盆地山西组的 3# 煤层和太原组的 15# 煤层为全区稳定发育的主要煤层，煤层厚度大。它们均发育在高位体系域充填的后期，而且是在海侵体系域垂向间隔时间较长时形成的，最后均被海侵体系域所覆盖。海侵体系域的频繁出现，也是造成煤层变薄的因素之一。

（1）山西组主煤层（3# 煤层）的聚煤特征与岩相古地理：3# 煤层在研究区全区分布，厚度一般为 0.53～7.84m，南厚北薄，主要在盆地东南部三角洲沉积区发育。北部的广大地区是分流河道相分布区，分流河道的侧向迁移、浊蚀影响煤层的稳定聚积，这也是北部煤层较薄的原因之一。南部地区是分流间湾相区，除个别河口砂坝相分布区对煤层发育赋存有影响外，广大地区煤层赋存基础稳定，这也是南部地区分布煤层发育较厚的主要原因之一。3# 煤层成煤后，北部地区仍被分流河道相和泛滥平原所覆盖，其分流河道相对下伏煤体有冲刷作用，常使煤层变薄或缺失。南部地区被分流间湾相所覆盖，对煤层保存较为有利。

(2)太原组主煤层(15#煤层)的聚煤特征与岩相古地理：太原组煤层呈席状分布全区，厚度大，稳定性好，总体上呈南北厚，中部、西部薄，一般厚2.0～6.0m，北部寿阳—阳泉一线可达7m以上。北部和南部煤层结构简单，中部煤层结构复杂，聚煤期聚煤作用先从中部的障壁岛、潟湖和潮坪相分布区开始，沼泽发育不稳定，形成多个煤分层，可由3～4个分层组成。

4. 煤岩煤质特征

沁水盆地各种煤层均由腐殖煤构成，其宏观煤岩组分以亮煤为主，暗煤次之，镜煤和丝煤较少。在煤岩组成上，光亮成分相对富集，多呈条带状、线理状密集分布，具贝壳状或阶梯状断口，内生裂隙发育。暗淡成分含量相对低，且呈宽条带或透镜状分布，具阶梯状或参差状断口，致密均一。煤类比较齐全，从气煤到无烟煤都有，但以变质烟煤和无烟煤为主。

山西组的煤级以贫煤、瘦煤和无烟煤为主，其次还有焦煤、肥煤和气煤；盆地中部主要为贫煤和无烟煤，周边为瘦煤，而盆地南部基本上为无烟煤，盆地西部主要为气煤和焦煤。太原组的煤级分布基本上同山西组，但气煤比山西组分布面积小。从整个盆地煤种平面分布来看，西部以焦煤和气煤为主，东部以瘦煤和贫煤为主，北部以瘦煤、贫煤和无烟煤为主，而南部基本上为无烟煤。

山西组、太原组煤质分析结果表明，煤中的挥发分、灰分都比较低，具体表现为：山西组煤层挥发分在7%～38.92%之间(个别地区较高)，平均值为17.23%；太原组各主要煤层的挥发分一般在8%～21%之间，平均值为14.36%。山西组煤的灰分一般在2.6%～24.15%之间，平均值为11.11%；太原组煤的灰分在4.8%～25.49%之间，平均值为13.26%。各主要可采煤层原煤水分变化平均值在0.83%～2.26%之间。山西组原硫分一般小于1%，为低硫煤；太原组原硫分一般大于1%，为中、高硫煤。有机组分分析结果表明，山西组镜质组含量45%～70%，惰质组含量20%～36%；太原组镜质组含量65%～80%，惰质组含量16%～30%。太原组镜质组含量高于山西组，而惰质组含量低于山西组。

4.1.2 樊庄区块地质特征

1. 研究区概况

樊庄煤田普查区位于山西省晋城市西北85km处。行政区划隶属沁水县端氏、樊庄、胡底、固县，高平市杜寨、野川、原村、马村、东周，晋城市大阳、下村等乡镇。地理坐标为东经112°29′29″—112°46′23″，北纬35°39′59″—35°50′00″。本书称该区为樊庄煤层气勘探开发区，简称樊庄区块。樊庄区块范围：北至北纬线35°50′00″，南至潘庄一号煤矿、成庄备用区及成庄煤矿区的北界，西至寺头正断层及其延长线，东至野川大阳煤矿的西界及712#、702#煤层两钻孔之连线向北的延长线。勘探区南北长18.53～19.96km，东西宽16.37～19.27km，面积约320km^2。

樊庄煤层气区块地貌属剥蚀、侵蚀山地，以低山丘陵为主。西部山顶平缓且有黄土覆盖，固县河（也称五里河）河谷宽广；东部地形复杂，沟谷发育，森林较为繁茂。总体地形为东高西低，最高点位于勘探区东南部的武神山，最低点位于西南角端氏镇西的沁河河床。西侧固县河河漫滩、阶地发育，地势平坦，为主要的农作物生长区。

本区属黄河流域沁河水系。沁河发源于沁源县西北，向南流经安泽、端氏镇，至阳城县润城镇转向东南，穿越太行山入河南省境内，经沁阳、武涉汇入黄河。区内主要河流为固县河，由北北东向南南西流经勘探区的西部，至端氏镇汇入沁河，是沁河的主要支流之一。其他河流均呈树枝状分布，为固县河的支流，纵比降大，流域面窄小。区内除固县河外，其余均属季节性河流。

2. 地质构造和含煤地层

樊庄区块位于沁水复式向斜南部马蹄形斜坡带上，区块内地层宽缓，层序齐全，保存完整，正断层和平行褶皱广泛发育（图 4－3）。樊庄区块煤层分布面积约 320km²，含煤地层范围从底部的古生代到顶部的中生代及新生代，由上石炭统太原组、下二叠统山西组、上二叠统下石盒子组和上石盒子组组成。太原组和山西组是两个主要含煤地层；山西组厚度为 40～110m，由陆相和海岸相砂岩、粉砂岩、泥岩组成，包含 2～7 层煤层；太原组厚度为 50～150m（通常小于 90m），由海陆交替相石灰岩、砂岩、粉砂岩、泥岩组成，包含 5～10 层煤层。其中，3# 和 15# 煤层是整个区域的稳定可采煤层。主采 3# 煤层顶底板相对稳定，岩性为泥岩，煤层与围岩的接触关系较简单，有利于煤层气开发。

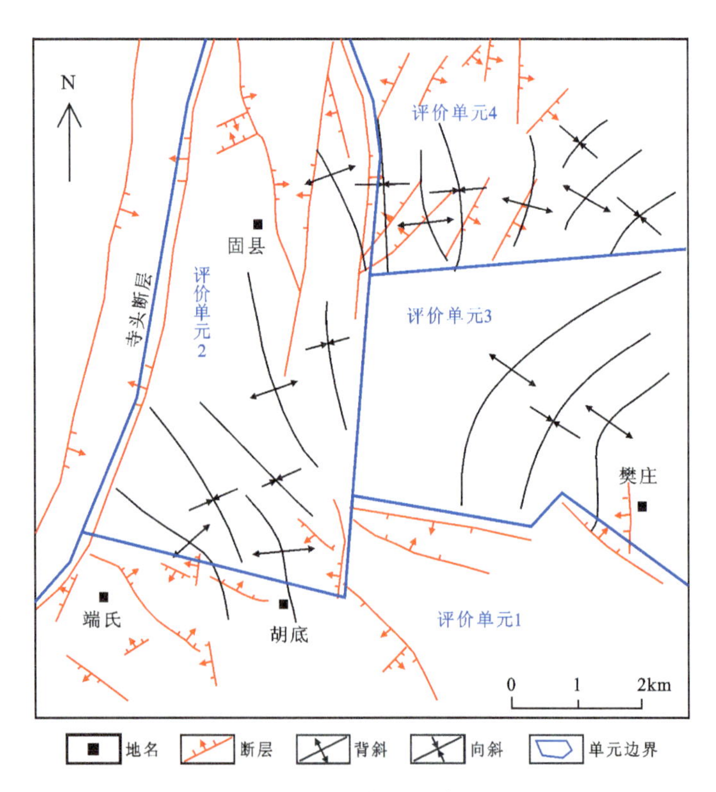

图 4－3　樊庄区块构造及单元划分图

樊庄区块主要存在奥陶系、石炭系—二叠系和第四系3套主要含水层系。受各种水文边界和煤层上、下低渗透性围岩封堵作用的控制，地下水几乎呈封闭状态，故在该区形成了等势面“洼地”滞流地带，地下水径流条件弱，流动缓慢，有利于煤层气的赋存。

樊庄区块煤层分布面积约320km²，受构造运动的影响，不同区域煤层的连续完整性和空间展布会产生差异，从而影响煤层气开发的难易程度，为了便于进行煤层气靶区优选，需要对研究区进行评价单元划分。根据区块内断层、褶皱等构造发育特征及构造边界，将樊庄区块划分为4个评价单元，如图4-3所示。

4.1.3 樊庄区块3#煤储层特征

1.煤岩煤质分析

樊庄区块3#煤层宏观煤岩类型主要为半亮型煤，少数为半暗型煤，块状构造，玻璃光泽，具贝壳状断口，内生裂隙发育。根据煤样显微组分和工业分析结果(表4-1)，3#煤层镜质组含量为71%～88%，平均值为81%；惰质组含量为9%～18%，平均值为14%；最大灰分产率为17.60%，最小灰分产率为9.04%，平均值为13.72%，煤层总体属于中低灰分煤层；镜质组反射率平均值为2.43%，属于高变质程度的无烟煤。固定碳含量较高，为该区煤层气大量生成提供了良好的烃源岩条件。

表4-1 樊庄区块3#煤层显微组分测试及工业分析结果 单位：%

参数		最小值～最大值	平均值
有机组分	镜质组	71～88	81
	惰质组	9～18	14
矿物成分		2～12	5.9
镜质组反射率		1.92～3.24	2.43
工业分析	水分	0.32～1.02	0.69
	灰分	9.04～17.60	13.72
	挥发分	5.17～15.27	11.91
	固定碳	72.55～79.10	77.32

2.煤层厚度和埋深

根据煤层钻探数据，可以得到樊庄区块3#煤层的煤层厚度和埋深等值线图。其中，3#煤层厚度4～8m，平均为5.68m，属于厚煤层。煤层顶底板相对平坦，岩性为泥岩。这是煤层气开发的主要目标煤层，其空间分布表明，煤层厚度从西向东逐渐增加(图4-4)。根据埋深等值线(图4-5)，3#煤层埋深在100～1100m之间，大部分地区小于800m，平均为580m。煤层埋深从东南向西北逐渐增加，由于地形和构造的影响，部分区段出现深浅交替现象。

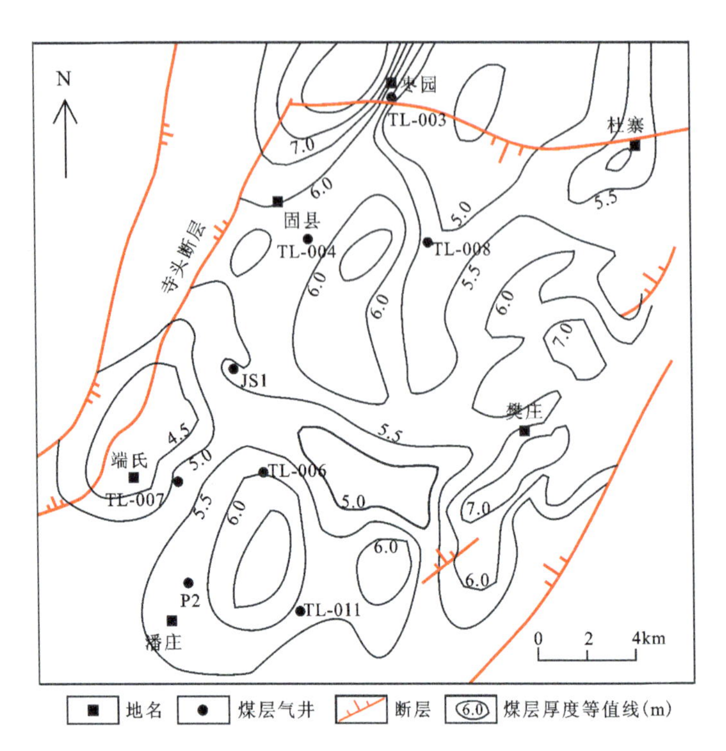

图 4－4　樊庄区块 3# 煤层厚度等值线图

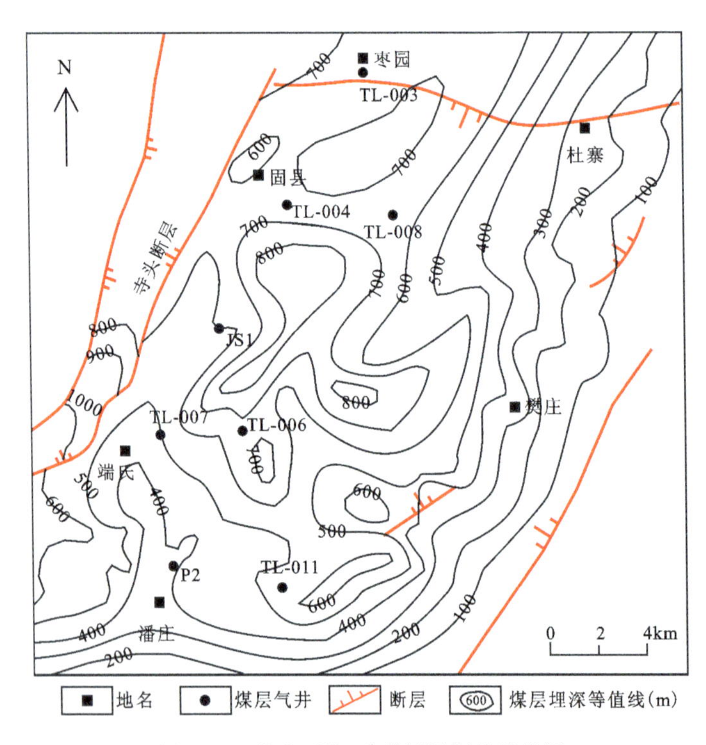

图 4－5　樊庄区块 3# 煤层埋深等值线图

3. 煤层含气性

根据煤层含气量等值图可以看出(图 4-6),樊庄区块 3# 煤层含气量总体表现为从四周到中心逐渐增加,含气量范围在 12.8～28.0m^3/t 之间,平均值为 21.11m^3/t,含气饱和度为 66%～100%,平均值为 90%,属于高饱和煤层气储集层。根据等温吸附实验,樊庄区块 3# 煤层钻孔煤样空气干燥基的朗格缪尔体积分布在 30.95～48.00cm^3/g 之间,主要为 35.00～41.00cm^3/g,平均值为 38.09cm^3/g,煤的吸附能力极高;朗格缪尔压力分布在 1.85～3.22MPa 之间,主要为 2.20～2.70MPa,平均值为 2.47MPa[146]。

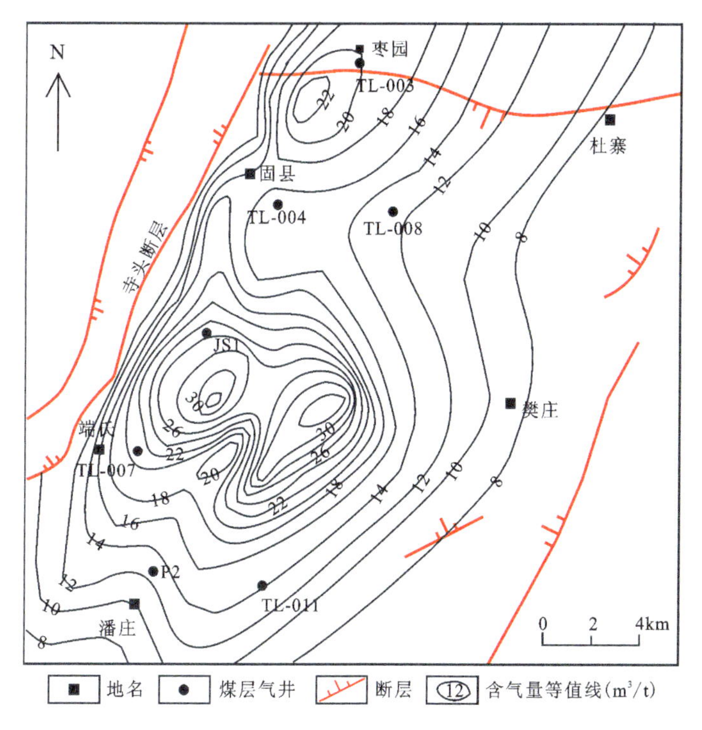

图 4-6　樊庄区块 3# 煤层含气量等值线图

4. 渗透率和储层压力

渗透率、储层压力是影响煤层气可采性的关键参数之一,直接影响煤层气井的采收率和可采资源量。根据现有煤层气试井资料,3# 煤层渗透率为 $0.59\times10^{-3}\mu m^2$,渗透率较差,属于低渗煤层。3# 煤层储层压力为 2.33～4.80MPa,平均压力为 3.49MPa;储层压力梯度为 0.38～1.1MPa/100m,平均压力梯度为 0.69MPa/100m,属于低压储层,且从区块外围向区块中心呈上升趋势。

4.1.4　樊庄区块煤层气靶区优选

根据樊庄区块 3# 煤层地质特征与储集层参数统计,通过以下方式可获取 4 个评价单元的评价参数:①煤层分布面积参数根据各评价单元面积占区块总面积的比例计算获得;②煤层埋深、煤层厚度、含气量等参数由各评价单元等值线的平均值确定;③镜质组、灰分和甲烷含量分别依据各评价单元内相应的钻孔参数获得;④渗透率和储集层压力根据各评价单元内现场注水压降测试获得;⑤临储压力比是临界解吸压力与储集层压力的比值,其与含气饱和度均可通过各评价单元实测含气量、储集层压力以及煤层朗格缪尔体积和朗格缪尔压力计算得到;⑥有效地应力由各评价单元煤层埋深和地应力梯度计算获得;⑦煤体结构类型通过对现场钻探取样进行镜下鉴定确定;⑧地质构造、水文条件、煤层与围岩关系等定性参数,依据各评价单元煤层发育的地质特征确定。4 个评价单元的评价参数结果详见表 4-2。

表 4-2　樊庄区块 3# 煤层评价参数

评价参数	评价单元 1	评价单元 2	评价单元 3	评价单元 4
煤层埋深/m	580	670	420	400
地质构造	构造中等,改造不强烈	构造中等,改造不强烈	构造简单,改造弱	构造中等,改造较强烈
水文条件	复杂滞流区,水质较有利	复杂滞流区,水质较有利	复杂滞流区,水质较有利	复杂滞流区,水质较有利
煤层分布面积/km^2	112.4	87.8	43.4	47.4
煤层厚度/m	5.9	6.3	5.5	5.4
镜质组/%	81.0	88.0	76.0	79.0
灰分/%	13.70	11.24	14.50	13.14
含气量/$m^3 \cdot t^{-1}$	20.1	26.6	12.1	14.3
甲烷含量/%	89.73	92.73	83.52	84.03
含气饱和度/%	84.0	91.4	66.3	72.6
临储压力比	0.68	0.65	0.49	0.55
渗透率/$10^{-3}\mu m^2$	0.59	0.59	0.51	0.54
煤体结构	原生—碎裂	原生—碎裂	原生—碎裂	碎裂
有效地应力/MPa	11.66	13.47	8.82	8.4
煤层与围岩关系	关系较简单,煤层间距较小	关系较简单,煤层间距较小	关系较简单,煤层间距较小	关系较简单,煤层间距较小

模糊模式识别模型计算过程可以分为 5 步:①通过 2.2 节中表 2-2"高煤阶煤层气靶区优选评价参数体系"和 3.3.1 节中式(3-36)、式(3-37)、式(3-38)对樊庄区块 3# 煤层的 4 个评价单元的各类评价参数(表 4-2)进行归一化计算,计算结果见表 4-3;②根据 3.3.2 节中式(3-39)、式(3-40),建立该煤层各个评价单元的评价参数矩阵 $\boldsymbol{E}_i$ 评价级别矩阵 $\boldsymbol{Y}_e$;③根据 3.3.3 节中内容将评价参数矩阵 $\boldsymbol{E}$ 和评价级别矩阵 $\boldsymbol{Y}_e$ 按式(3-49)和式(3-50)分别转换为列向量 $\boldsymbol{M}$ 和 $\boldsymbol{N}$;④根据式(3-51)计算 $\boldsymbol{M}$ 和 $\boldsymbol{N}$ 之间的模糊贴近度 $\beta(\boldsymbol{M},\boldsymbol{N})$;⑤根据

计算结果完成对樊庄区块 3# 煤层各评价单元的评价，结果见表 4-4。

表 4-3 樊庄区块 3# 煤层评价参数归一化结果

评价参数	评价单元 1		评价单元 2		评价单元 3		评价单元 4	
	级别	计算结果	级别	计算结果	级别	计算结果	级别	计算结果
煤层埋深/m	Ⅰ	0.60	Ⅰ	0.47	Ⅰ	0.83	Ⅰ	0.857
地质构造	Ⅱ	1	Ⅱ	1	Ⅰ	1	Ⅲ	1
水文条件	Ⅱ	1	Ⅱ	1	Ⅱ	1	Ⅱ	1
煤层分布面积/km^2	Ⅱ	0.03	Ⅲ	0.86	Ⅲ	0.37	Ⅲ	0.42
煤层厚度/m	Ⅱ	0.94	Ⅰ	1	Ⅱ	0.77	Ⅱ	0.7
镜质组/%	Ⅰ	0.24	Ⅰ	0.52	Ⅰ	0.04	Ⅰ	0.16
灰分/%	Ⅰ	0.09	Ⅰ	0.25	Ⅰ	0.03	Ⅰ	0.12
含气量/$m^3 \cdot t^{-1}$	Ⅰ	1	Ⅰ	1	Ⅱ	0.59	Ⅱ	0.9
甲烷含量/%	Ⅱ	0.95	Ⅰ	0.17	Ⅲ	0.70	Ⅲ	0.81
含气饱和度/%	Ⅰ	1	Ⅰ	1	Ⅱ	0.32	Ⅱ	0.63
临储压力比	Ⅱ	0.60	Ⅱ	0.5	Ⅲ	0.97	Ⅱ	0.17
渗透率/$10^{-3}\mu m^2$	Ⅱ	0.54	Ⅱ	0.54	Ⅱ	0.46	Ⅱ	0.49
煤体结构	Ⅰ	1	Ⅰ	1	Ⅰ	1	Ⅱ	1
有效地应力/MPa	Ⅱ	0.67	Ⅱ	0.31	Ⅰ	0.12	Ⅰ	0.16
煤层与围岩关系	Ⅱ	1	Ⅱ	1	Ⅱ	1	Ⅱ	1

表 4-4 为樊庄区块 3# 煤层各个评价单元的模糊模式识别评价结果，对于评价单元 1 对应的评价级别Ⅱ的模糊贴近度 $\beta_{Ⅱ}$ 的值为 0.569 4，明显大于对应评价级别Ⅰ、Ⅲ、Ⅳ的贴近度，说明樊庄区块 3# 煤层评价单元 1 的模糊模式识别评价级别为Ⅱ，具有煤层气开发中等潜力。同理可知，评价单元 2、3、4 的评价级别分别为Ⅰ、Ⅱ、Ⅱ，分别具有煤层气开发优等、中等、中等潜力。对属于同一评价级别的评价单元，可以通过再次比较模糊贴近度 β 值的大小优选评价单元的开发潜力。

表 4-4 樊庄区块 3# 煤层各个评价单元的模糊模式识别评价结果

评价单元	模糊贴近度				评价级别
	Ⅰ	Ⅱ	Ⅲ	Ⅳ	
单元 1	0.332 5	0.569 4	0	0	Ⅱ
单元 2	0.466 7	0.375 2	0.074 2	0	Ⅰ
单元 3	0.284 2	0.389 6	0.191 9	0	Ⅱ
单元 4	0.121 7	0.551 5	0.208 8	0	Ⅱ

因此，樊庄区块 3# 煤层煤层气开发评价单元开发潜力优选结果为：评价单元 2>评价单元 1>评价单元 4>评价单元 3，如图 4-7 所示。

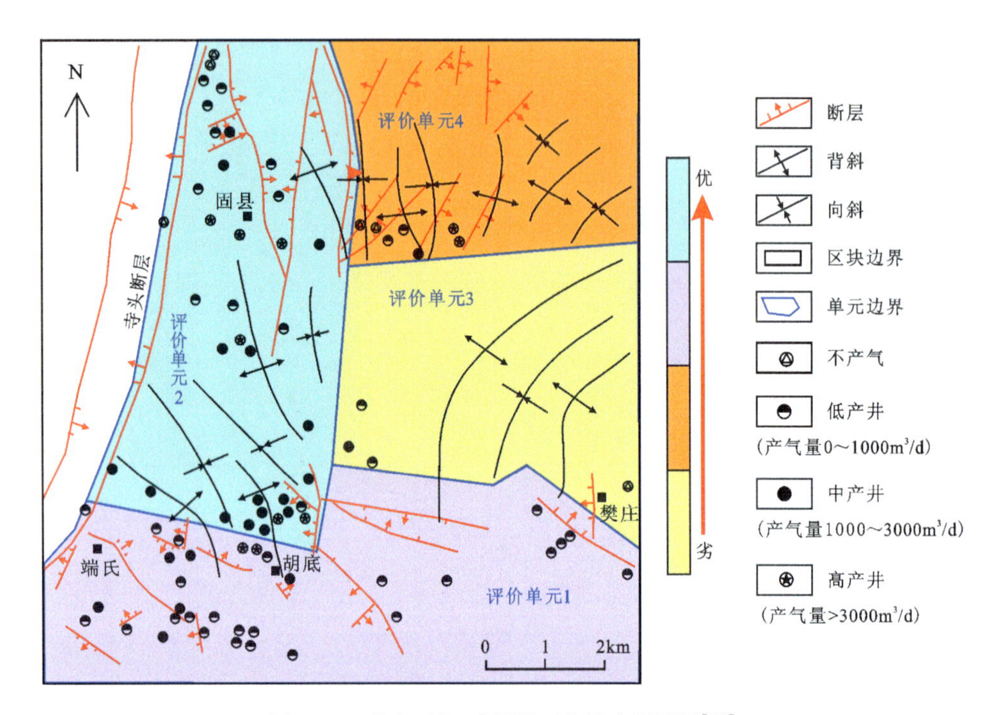

图 4-7 樊庄区块 3# 煤层开发潜力预测图[147]

樊庄区块 3# 煤层各个评价单元的评价参数矩阵 $\boldsymbol{E}_i$ 如下。

$$\boldsymbol{E}_1=\begin{bmatrix}0.6 & 0 & 0 & 0\\ 0 & 1 & 0 & 0\\ 0 & 1 & 0 & 0\\ 0 & 0.03 & 0 & 0\\ 0 & 0.94 & 0 & 0\\ 0.24 & 0 & 0 & 0\\ 0.09 & 0 & 0 & 0\\ 1 & 0 & 0 & 0\\ 0 & 0.95 & 0 & 0\\ 1 & 0 & 0 & 0\\ 0 & 0.6 & 0 & 0\\ 0 & 0.54 & 0 & 0\\ 1 & 0 & 0 & 0\\ 0 & 0.67 & 0 & 0\\ 0 & 1 & 0 & 0\end{bmatrix}\quad \boldsymbol{E}_2=\begin{bmatrix}0.47 & 0 & 0 & 0\\ 0 & 1 & 0 & 0\\ 0 & 1 & 0 & 0\\ 0 & 0 & 0.86 & 0\\ 1 & 0 & 0 & 0\\ 0.52 & 0 & 0 & 0\\ 0.25 & 0 & 0 & 0\\ 1 & 0 & 0 & 0\\ 0.17 & 0 & 0 & 0\\ 1 & 0 & 0 & 0\\ 0 & 0.5 & 0 & 0\\ 0 & 0.54 & 0 & 0\\ 1 & 0 & 0 & 0\\ 0 & 0.31 & 0 & 0\\ 0 & 1 & 0 & 0\end{bmatrix}$$

$$
\boldsymbol{E}_3=\begin{bmatrix}0.83&0&0&0\\1&0&0&0\\0&1&0&0\\0&0&0.37&0\\0&0.77&0&0\\0.04&0&0&0\\0.03&0&0&0\\0&0.59&0&0\\0&0&0.70&0\\0&0.32&0&0\\0&0&0.97&0\\0&0.46&0&0\\1&0&0&0\\0.12&0&0&0\\0&1&0&0\end{bmatrix}\quad
\boldsymbol{E}_4=\begin{bmatrix}0.86&0&0&0\\0&0&1&0\\0&1&0&0\\0&0&0.42&0\\0&0.7&0&0\\0.16&0&0&0\\0.12&0&0&0\\0&0.9&0&0\\0&0&0.81&0\\0&0.63&0&0\\0&0.17&0&0\\0&0.49&0&0\\0&1&0&0\\0.16&0&0&0\\0&1&0&0\end{bmatrix}
$$

4.1.5 樊庄区块煤层气靶区优选结果验证

1. 模糊模式识别评价结果分析

根据表 4－4 中的模糊模式识别评价结果，樊庄区块 3# 煤层评价单元 2 的煤层气靶区优选评价级别为Ⅰ，其他评价单元的评价级别为Ⅱ，表明煤层气开发具有中等以上潜力，这与以往研究结果一致[73,148]。

此外，自 2006 年以来，樊庄区块 3# 煤层共有 760 多口直井和 50 口水平井投产。最高单井日产量约为 16 000m^3/d，单井日产量超过 2000m^3/d 的井数占所有生产井的 33%[149]。Tao 等进一步分析了樊庄区块 3# 煤层 79 口井的产气量，结果显示，10 口井的日产气量超过 3000m^3/d（占 12.66%），24 口井的日产气量在 1000～3000m^3/d 之间（占 30.38%），39 口井的煤层气产量低于 1000m^3/d，6 口井不产气（图 4－7，表 4－5）[149]。其中，评价单元 2 中日产气量超过 3000m^3/d 和日产气量在 1000～3000m^3/d 之间的井分别为 6 口、16 口，在所有评价单元中所占的比例最高，其次为评价单元 1。考虑到中国煤层气井的总体产量较低，通常而言，单井产气量超过 1000m^3/d 的区块就可以进行商业开发，产气量超过 3000m^3/d 或以上的井被定义为高产井[149]。此外，Wu 等[150]在研究煤层有利渗流通道及其对高产区分布的影响中发现，樊庄区块 3# 煤层高产井的分布主要位于本书划分的评价单元 2，其次为评价单元 1 和 4；赵贤正等[151]基于固-流耦合控产模式对沁水盆地樊庄区块煤层气高产区进行了预测，单井平均日产气量大于 3000m^3/d 的高产井主要分布在区块西部，与本书的优选结果基本一致，这进一步验证了模糊模式识别模型优选结果的合理性和可靠性。

表 4-5 樊庄区块 3# 煤层各评价单元不同日产气量煤层气生产井数量统计

评价单元	煤层气井数量				评价结果
	>3000m³/d	1000～3000m³/d	0～1000m³/d	不产气	
1	2	6	24	0	Ⅱ
2	6	16	11	3	Ⅰ
3	0	1	2	1	Ⅱ
4	2	1	2	2	Ⅱ
合计	10	24	39	6	

2.模糊模式识别法与传统评价方法的对比

层次分析法和多层次模糊综合评判法的关键之一是确定煤层气靶区优选系统中每个指标或参数的权重。目前，Saaty1～9 标度法是最广泛的使用方法，通过构建多级判断矩阵来确定每个因素的权重[48-49,152]。分析表明，基于多参数层次加权的层次分析法和多层次模糊综合评判法优缺点并存。其优点是，可以将定性分析与定量分析相结合，以定量形式表达人们的主观判断，科学处理和反映客观因素的不同层次。然而，由于主观意识和知识储备的差异，不同的研究人员对同一评价指标或参数的重要性有不同的理解，这可能会影响指标或参数权重的确定和最终的评价结果[153-155]。因此，在采用层次分析法和多层次模糊综合评判法时，有必要分析参数或指标权重对煤层气靶区优选结果的影响。

由图 2-2 可知，煤层气靶区优选评价参数体系由 3 个层次的多个参数组成，在这些参数中，含气量和渗透率是最关键的参数之一。但在以往的研究中，学者们采用了不同的含气量和渗透率权重进行煤层气靶区优选。在中国沁水盆地南部煤层气开发潜力评价研究中，Cai 等采用了含气量的权重为 0.3[73]；Yao 等采用渗透率和含气量的权重分别为 0.4 和 0.7[47]；Meng 等在中国鄂尔多斯盆地东部柳林地区煤层气生产潜力评价研究中，使用 0.3 和 0.5 作为第 3 级层次的渗透率、含气量权重[34]。

为了研究评价参数权重对靶区优选评价结果的影响，以樊庄区块 3# 煤层评价单元 1 为例，采用表 4-2 中的基础参数，结合表 4-3 的归一化结果，调整渗透率和含气量的权重，分别从 0.1 增加到 0.9，调整间距为 0.1，基于层次分析法和多层次模糊综合评判法计算渗透率和含气量在不同权重组合下的评价结果，分析渗透率和含气量权重变化对靶区优选评价结果的影响。主要计算过程详见如下。

(1)基于 Saaty1-9 比例法(表 3-2)，使用式(3-17)构造区域地质判断矩阵 $\boldsymbol{A}_G$、资源地质判断矩阵 $\boldsymbol{A}_R$、储层可采性判断矩阵 $\boldsymbol{A}_S$ 和储层可改造性判断矩阵 $\boldsymbol{A}_F$。结果如下：

$$\boldsymbol{A}_G=\begin{bmatrix}1 & 1/3 & 1/3\\3 & 1 & 1\\3 & 1 & 1\end{bmatrix}\qquad \boldsymbol{A}_R=\begin{bmatrix}1 & 1/3 & 1 & 1 & 1/5 & 1\\3 & 1 & 3 & 3 & 1/4 & 3\\1 & 1/3 & 1 & 1 & 1/5 & 1\\1 & 1/3 & 1 & 1 & 1/5 & 1\\5 & 4 & 5 & 5 & 1 & 5\\1 & 1/3 & 1 & 1 & 1/5 & 1\end{bmatrix}$$

$$A_S=\begin{bmatrix}1 & 1 & 1/4\\ 1 & 1 & 1/4\\ 4 & 4 & 1\end{bmatrix}\qquad A_F=\begin{bmatrix}1 & 2 & 3\\ 1/2 & 1 & 2\\ 1/3 & 1/2 & 1\end{bmatrix}$$

(2)根据“和法”计算各指标的权重。以“资源地质判断矩阵 $\boldsymbol{A}_R$”为例，具体计算过程如下。

①矩阵 $\boldsymbol{A}_1$ 通过矩阵 $\boldsymbol{A}_R$ 的列求和并归一化得到。

$$\boldsymbol{A}_1=\begin{bmatrix}0.0833 & 0.0526 & 0.0833 & 0.0833 & 0.0976 & 0.0833\\ 0.2500 & 0.1578 & 0.2500 & 0.2500 & 0.1220 & 0.2500\\ 0.0833 & 0.0526 & 0.0833 & 0.0833 & 0.0976 & 0.0833\\ 0.0833 & 0.0526 & 0.0833 & 0.0833 & 0.0976 & 0.0833\\ 0.4167 & 0.6316 & 0.4167 & 0.4167 & 0.4878 & 0.4167\\ 0.0833 & 0.0526 & 0.0833 & 0.0833 & 0.0976 & 0.0833\end{bmatrix}$$

②矩阵 $\boldsymbol{A}_2$ 由矩阵 $\boldsymbol{A}_1$ 按行求和得到。

$$\boldsymbol{A}_2=\begin{bmatrix}0.4835\\ 1.2798\\ 0.4835\\ 0.4835\\ 2.7861\\ 0.4835\end{bmatrix}$$

③矩阵 $\boldsymbol{A}_3$ 通过矩阵 $\boldsymbol{A}_2$ 的列求和并归一化得到。

$$\boldsymbol{A}_3=\begin{bmatrix}0.0806\\ 0.2133\\ 0.0806\\ 0.0806\\ 0.4643\\ 0.0806\end{bmatrix}$$

(3)对区域地质判断矩阵 $\boldsymbol{A}_R$ 的一致性进行测试，测试过程如下所示。

$$\boldsymbol{A}\cdot\boldsymbol{\omega}=\boldsymbol{A}_R\cdot\boldsymbol{A}_3=\begin{bmatrix}1 & 1/3 & 1 & 1 & 1/5 & 1\\ 3 & 1 & 3 & 3 & 1/4 & 3\\ 1 & 1/3 & 1 & 1 & 1/5 & 1\\ 1 & 1/3 & 1 & 1 & 1/5 & 1\\ 5 & 4 & 5 & 5 & 1 & 5\\ 1 & 1/3 & 1 & 1 & 1/5 & 1\end{bmatrix}\cdot\begin{bmatrix}0.0806\\ 0.2133\\ 0.0806\\ 0.0806\\ 0.4643\\ 0.0806\end{bmatrix}=\begin{bmatrix}0.4863\\ 1.2964\\ 0.4863\\ 0.4863\\ 2.9293\\ 0.4863\end{bmatrix}$$

①最大特征值 $\lambda_{\max-R}$ 计算如下。

$$\lambda_{\max-R}=\frac{1}{6}\left(\frac{0.4863}{0.0806}+\frac{1.2964}{0.2133}+\frac{0.4863}{0.0806}+\frac{0.4863}{0.0806}+\frac{2.9293}{0.4643}+\frac{0.4863}{0.0806}\right)=6.0868$$

②根据式(3－19)计算一致性指数 CI_R，n 是判断矩阵的阶数。

$$CI_R=\frac{\lambda_{\max-R}-n}{n-1}=\frac{6.0868-6}{6-1}=0.0174$$

③根据式(3-20)计算一致性比例 CR_R，RI 可以通过查表 3-3 得到。当 CR 小于 0.1 时，判断矩阵的一致性可以接受。

$$CR_R=\frac{CI_R}{IR}=\frac{0.0174}{1.26}=0.0138$$

(4)经过一致性检验后，判断矩阵 $\boldsymbol{A}_R$ 各指标的权重矩阵 $\boldsymbol{\omega}_R$ 为 A_3。

$$\boldsymbol{\omega}_R=A_3=[0.0806\quad 0.2133\quad 0.0806\quad 0.0806\quad 0.4643\quad 0.0806]$$

(5)判断矩阵 $\boldsymbol{A}_G$、$\boldsymbol{A}_S$、$\boldsymbol{A}_F$ 的权重矩阵可以通过上述相同的程序计算。

$$\boldsymbol{\omega}_G=[0.1430\quad 0.4285\quad 0.4285],(CR_G=0<0.1)$$

$$\boldsymbol{\omega}_S=[0.1667\quad 0.1667\quad 0.6666],(CR_S=0<0.1)$$

$$\boldsymbol{\omega}_F=[0.5390\quad 0.2972\quad 0.1638],(CR_F=0.089<0.1)$$

(6)评价体系中亚类包括区域地质、资源地质、储层可采性和储层可改造性，亚类的判断矩阵 $\boldsymbol{A}_E$ 可以构建如下。

$$\boldsymbol{A}_E=\begin{bmatrix}1 & 1/5 & 1/4 & 1/3\\ 5 & 1 & 2 & 3\\ 4 & 1/2 & 1 & 2\\ 3 & 1/3 & 1/2 & 1\end{bmatrix}$$

(7)通过步骤(2)和(3)计算 $\boldsymbol{A}_E$ 的权重矩阵。

$$\boldsymbol{\omega}_E=[0.0736\quad 0.4709\quad 0.2840\quad 0.1715],(CR_E=0.00192<0.1)$$

(8)层次结构的总体一致性检验可根据式(3-20)推导得出。

$$CR=\left(\frac{CI_G\cdot\boldsymbol{\omega}_E+CI_R\cdot\boldsymbol{\omega}_E+CI_S\cdot\boldsymbol{\omega}_E+CI_F\cdot\boldsymbol{\omega}_E}{RI_G\cdot\boldsymbol{\omega}_E+RI_R\cdot\boldsymbol{\omega}_E+RI_S\cdot\boldsymbol{\omega}_E+RI_F\cdot\boldsymbol{\omega}_E}\right)+CR_E=0.0296<0.1$$

(9)因此，各评价参数的权重如表 4-6 所示。

(10)根据表 4-6，调整含气量和渗透率的权重，分别从 0.1 增加到 0.9，调整间距 0.1。以含气量权重 0.1 和渗透率权重 0.1 为例，调整过程如下。

如表 4-6 所示，资源地质 3 级含气量权重为 0.4643，因此资源地质中其他 5 个参数的权重之和为 0.5357，其他 5 个参数包括煤层分布面积、煤层厚度、镜质组、灰分和甲烷含量。储层可采性 3 级渗透率权重为 0.6666，因此储层可采性中其他两个参数的权重之和为 0.3334，其他两个参数包括含气饱和度和临储压力比。

当含气量权重为 0.1 时，资源地质中其他 5 个参数权重之和为 0.9，其他 5 个参数的权重需要重新计算如下。

煤层分布面积权重：

$$w=\frac{0.0806}{1-0.4643}\times(1-0.1)=\frac{0.0806}{0.5357}\times 0.9=0.1354$$

煤层厚度权重：

$$w=\frac{0.2133}{1-0.4643}\times(1-0.1)=\frac{0.2133}{0.5357}\times 0.9=0.3584$$

(12)构造参数归一化矩阵 $\boldsymbol{N}_i$，结果如下。

$$\boldsymbol{N}_G=\begin{bmatrix}0.60 & 0 & 0 & 0\\ 0 & 0 & 1 & 0\\ 0 & 1 & 0 & 0\end{bmatrix}\qquad \boldsymbol{N}_R=\begin{bmatrix}0 & 0.03 & 0 & 0\\ 0 & 0.94 & 0 & 0\\ 0.24 & 0 & 0 & 0\\ 0.09 & 0 & 0 & 0\\ 1 & 0 & 0 & 0\\ 0 & 0.95 & 0 & 0\end{bmatrix}$$

$$\boldsymbol{N}_S=\begin{bmatrix}0 & 1 & 0 & 0\\ 0 & 0.60 & 0 & 0\\ 0 & 0.54 & 0 & 0\end{bmatrix}\qquad \boldsymbol{N}_F=\begin{bmatrix}0 & 1 & 0 & 0\\ 0 & 0.67 & 0 & 0\\ 0 & 1 & 0 & 0\end{bmatrix}$$

(13)根据式(3-32)，樊庄区块 3# 煤层评价单元 1 的最终评价结果 $\boldsymbol{B}_N$ 计算如下。

$$\boldsymbol{B}_N=\boldsymbol{\omega}_E\cdot\begin{bmatrix}\boldsymbol{\omega}_G\cdot\boldsymbol{N}_G\\ \boldsymbol{\omega}_R\cdot\boldsymbol{N}_R\\ \boldsymbol{\omega}_S\cdot\boldsymbol{N}_S\\ \boldsymbol{\omega}_F\cdot\boldsymbol{N}_F\end{bmatrix}=[0.0736\quad 0.4709\quad 0.2840\quad 0.1715]\cdot$$

$$\begin{bmatrix}[0.1430\quad 0.4285\quad 0.4285]\cdot\begin{bmatrix}0.60 & 0 & 0 & 0\\ 0 & 0 & 1 & 0\\ 0 & 1 & 0 & 0\end{bmatrix}\\ [0.0806\quad 0.2133\quad 0.0806\quad 0.0806\quad 0.4643\quad 0.0806]\cdot\begin{bmatrix}0 & 0.03 & 0 & 0\\ 0 & 0.94 & 0 & 0\\ 0.24 & 0 & 0 & 0\\ 0.09 & 0 & 0 & 0\\ 1 & 0 & 0 & 0\\ 0 & 0.95 & 0 & 0\end{bmatrix}\\ [0.1667\quad 0.1667\quad 0.6666]\cdot\begin{bmatrix}0 & 1 & 0 & 0\\ 0 & 0.60 & 0 & 0\\ 0 & 0.54 & 0 & 0\end{bmatrix}\\ [0.5390\quad 0.2972\quad 0.1638]\cdot\begin{bmatrix}0 & 1 & 0 & 0\\ 0 & 0.67 & 0 & 0\\ 0 & 1 & 0 & 0\end{bmatrix}\end{bmatrix}$$

$$=[0.2944\quad 0.4382\quad 0\quad 0]$$

(14)其他含气量和渗透率权重组合的评价结果贴近度计算过程与上述过程一致。

计算得到不同渗透率和含气量权重组合下的贴近度，如图 4-8 和表 4-9 所示。需要说明的是，表 4-3 中评价单元 1 的评价参数均不属于评价级别Ⅲ和级别Ⅳ。因此，评价级别Ⅲ和级别Ⅳ的贴近度为零，故只列出级别Ⅰ和级别Ⅱ的贴近度。

由图 4-8 可知，①评价级别Ⅰ，渗透率权重与贴近度呈负线性相关，含气量权重与贴近度呈正线性相关；②评价级别Ⅱ，渗透率权重与贴近度呈正线性相关，含气量权重与贴近度呈负线性相关;③当含气量权重小于或等于 0.3 时,评价级别Ⅰ的贴近度均小于评价级别Ⅱ的贴近度(图 4-8a);当含气量权重为 0.4~0.5 时,两种评价级别的贴近度曲线发生交叉(图 4-8b);当含气量权重大于或等于 0.6 时,评价级别Ⅰ的贴近度均大于评价级别Ⅱ的贴近度(图 4-8c)。

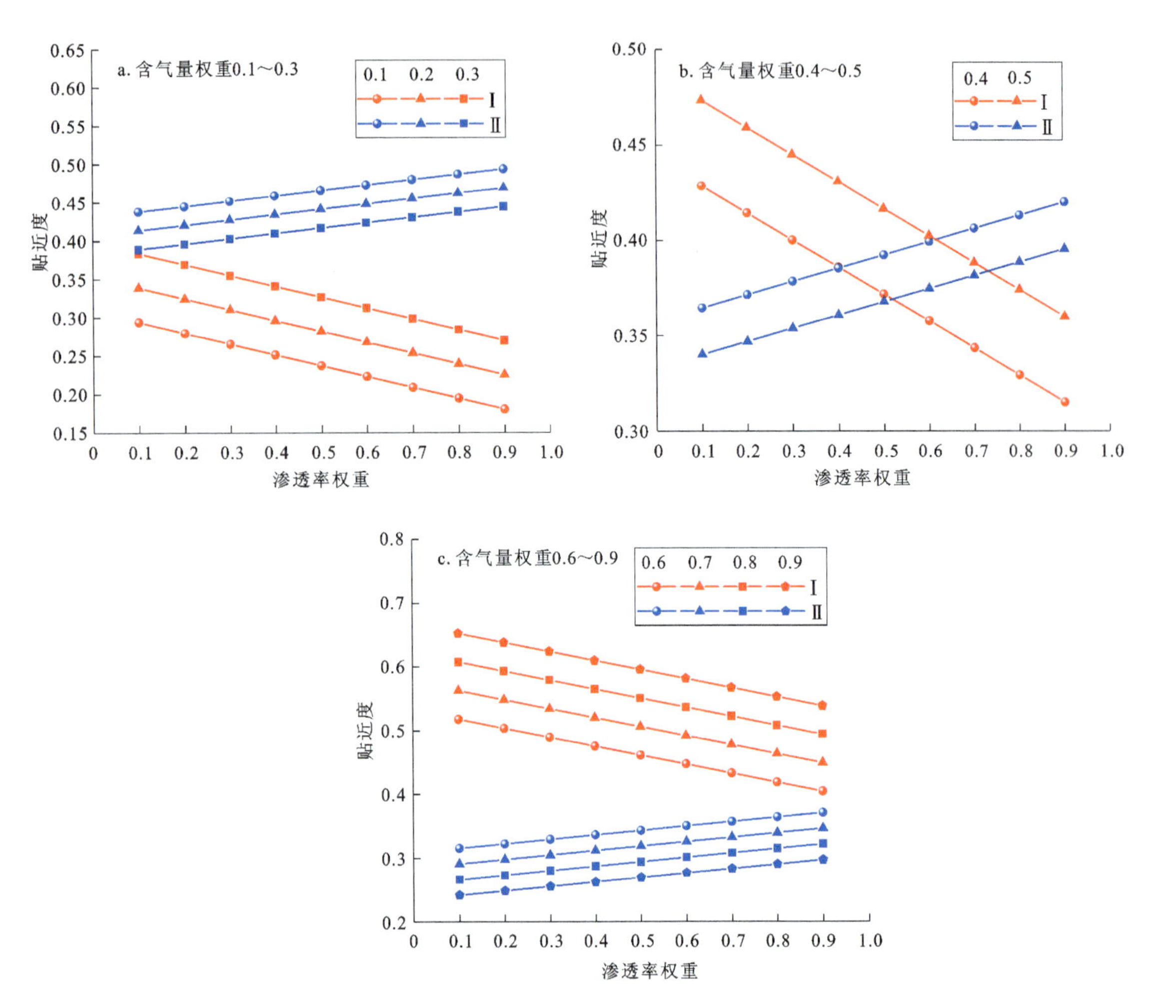

图 4-8 评价单元 1 不同渗透率和含气量权重组合下的贴近度变化

表 4-10 为不同渗透率和含气量权重组合下的评价结果。由表可知,3 种组合条件下结果为:①含气量权重小于或等于 0.3,渗透率权重小于或等于 0.4;②含气量权重小于或等于 0.4,渗透率权重大于 0.4 但小于 0.8;③含气量权重小于或等于 0.5,渗透率权重为 0.8~0.9。因此,最终确定樊庄区块 3# 煤层评价单元 1 的评价级别为Ⅱ;其他渗透率与含气量的权重组合下,评价级别为Ⅰ。这说明含气量和渗透率的权重变化对评价结果有很大影响,会导致评价结果存在很大的不确定性。

表 4-9 不同渗透率和含气量权重组合下的贴近度

渗透率权重	含气量权重									评价级别
	0.1	0.2	0.3	0.4	0.5	0.6	0.7	0.8	0.9	
0.1	0.294 4	0.339 2	0.383 9	0.428 7	0.473 5	0.518 3	0.563 1	0.607 9	0.652 7	Ⅰ
	0.438 2	0.413 7	0.389 2	0.364 6	0.340 1	0.315 5	0.291 0	0.266 4	0.241 9	Ⅱ
0.2	0.280 2	0.325 0	0.369 7	0.414 5	0.459 3	0.504 1	0.548 9	0.593 7	0.638 5	Ⅰ
	0.445 2	0.420 6	0.396 1	0.371 5	0.347 0	0.322 4	0.297 9	0.273 3	0.248 8	Ⅱ
0.3	0.266 0	0.310 8	0.355 5	0.400 3	0.445 1	0.489 9	0.534 7	0.579 5	0.624 3	Ⅰ
	0.452 1	0.427 6	0.403 0	0.378 5	0.353 9	0.329 4	0.304 8	0.280 3	0.255 7	Ⅱ
0.4	0.251 8	0.296 6	0.341 3	0.386 1	0.430 9	0.475 7	0.520 5	0.565 3	0.610 1	Ⅰ
	0.459 0	0.434 5	0.409 9	0.385 4	0.360 8	0.336 3	0.311 8	0.287 2	0.262 7	Ⅱ
0.5	0.237 6	0.282 4	0.327 1	0.371 9	0.416 7	0.461 5	0.506 3	0.551 1	0.595 9	Ⅰ
	0.466 0	0.441 4	0.416 9	0.392 3	0.367 8	0.343 2	0.318 7	0.294 1	0.269 6	Ⅱ
0.6	0.223 4	0.268 2	0.312 9	0.357 7	0.402 5	0.447 3	0.492 1	0.536 9	0.581 7	Ⅰ
	0.472 9	0.448 3	0.423 8	0.399 3	0.374 7	0.350 2	0.325 6	0.301 1	0.276 5	Ⅱ
0.7	0.209 2	0.254 0	0.298 7	0.343 5	0.388 3	0.433 1	0.477 9	0.522 7	0.567 5	Ⅰ
	0.479 8	0.455 3	0.430 7	0.406 2	0.381 6	0.357 1	0.332 5	0.308 0	0.283 4	Ⅱ
0.8	0.195 0	0.239 8	0.284 5	0.329 3	0.374 1	0.418 9	0.463 7	0.508 5	0.553 3	Ⅰ
	0.486 8	0.462 2	0.437 7	0.413 1	0.388 6	0.364 0	0.339 5	0.314 9	0.290 4	Ⅱ
0.9	0.180 8	0.225 6	0.270 3	0.315 1	0.359 9	0.404 7	0.449 5	0.494 3	0.539 1	Ⅰ
	0.493 7	0.469 1	0.444 6	0.420 0	0.395 5	0.370 9	0.346 4	0.321 9	0.297 3	Ⅱ

上述分析中仅调整了同一层次两个参数的权重，而煤层气靶区优选评价参数体系由3个层次多个参数组成，由此可以推断多层次或参数权重的变化，对评价结果的影响更大。因此，科学合理的赋权对使用者是一个巨大的挑战，使用层次分析法和多层次模糊综合评判法进行煤层气靶区优选将存在较大的主观因素带来的误差。同时，层次分析法和多层次模糊综合评判法需要构建多级判断矩阵，其计算复杂度明显高于本书所建立的模糊模式识别模型。

综上所述，煤层气地质靶区优选模糊模式识别模型不涉及参数赋权，改正了传统层次分析法和多层次模糊综合评判法由于参数赋权而导致评价结果不确定性的缺点，同时无须构建多级判断矩阵，计算过程更加简单。应用该模型对沁水盆地南部樊庄区块3# 煤层的4个评价单元进行了评价，评价结果与实际开发效果一致，同时与现有研究成果吻合，验证了模糊模式识别模型的合理性和可靠性。通过实际煤层气区块的评价检验，证实模糊模式识别模型预测结果可靠，可为后续煤层气高效开发提供技术支撑。

表 4-10 不同渗透率和含气量权重组合下的评价结果

渗透率权重	评价级别								
0.1	Ⅱ	Ⅱ	Ⅱ	Ⅰ	Ⅰ	Ⅰ	Ⅰ	Ⅰ	Ⅰ
0.2	Ⅱ	Ⅱ	Ⅱ	Ⅰ	Ⅰ	Ⅰ	Ⅰ	Ⅰ	Ⅰ
0.3	Ⅱ	Ⅱ	Ⅱ	Ⅰ	Ⅰ	Ⅰ	Ⅰ	Ⅰ	Ⅰ
0.4	Ⅱ	Ⅱ	Ⅱ	Ⅰ	Ⅰ	Ⅰ	Ⅰ	Ⅰ	Ⅰ
0.5	Ⅱ	Ⅱ	Ⅱ	Ⅱ	Ⅰ	Ⅰ	Ⅰ	Ⅰ	Ⅰ
0.6	Ⅱ	Ⅱ	Ⅱ	Ⅱ	Ⅰ	Ⅰ	Ⅰ	Ⅰ	Ⅰ
0.7	Ⅱ	Ⅱ	Ⅱ	Ⅱ	Ⅰ	Ⅰ	Ⅰ	Ⅰ	Ⅰ
0.8	Ⅱ	Ⅱ	Ⅱ	Ⅱ	Ⅱ	Ⅰ	Ⅰ	Ⅰ	Ⅰ
0.9	Ⅱ	Ⅱ	Ⅱ	Ⅱ	Ⅱ	Ⅰ	Ⅰ	Ⅰ	Ⅰ
含气量权重	0.1	0.2	0.3	0.4	0.5	0.6	0.7	0.8	0.9

4.2 准噶尔盆地南缘阜康矿区西部煤层气靶区优选

4.2.1 准噶尔盆地地质概况

4.2.1.1 区域构造背景

准噶尔盆地位于新疆维吾尔自治区北部，是新疆境内三大盆地之一。盆地呈三角形状，四周被界山所环绕，西界为扎伊尔山及哈拉阿拉特山，东北界为阿尔泰山、青格里底山及克拉美丽山，南面为伊林黑比尔根山及博格达山，盆地腹部大部分地区被古尔班通古特沙漠覆盖。盆地面积达 $13\times10^4\,km^2$，盆地自晚石炭世形成以来，经历了海西期、印支期、燕山期及喜马拉雅期构造运动的改造，成为一个拥有石油资源量 $85.6\times10^8\,t$、天然气资源量 $2.1\times10^{12}\,m^3$ 的典型大型复合叠加含气盆地。其中，海西期的构造格局表现为东西分异，一级构造单元有车拐隆起和昌吉凹陷，二叠纪的沉积沉降中心位于南缘东段博格达山前，最大厚度达 2000m，岩性以泥岩为主，形成南缘常规油气的第一套主力烃源岩；印支期—燕山期的凹陷范围扩大，构造格局过渡为南北分异，一级构造单元为车拐隆起、四棵树凹陷和昌吉凹陷；喜马拉雅期因北天山的强烈挤压而表现为前陆冲断的构造特征。

准噶尔盆地南缘发育有大小近百条断层，主要为呈近东西方向展布的逆冲断层，同时还存在近南北方向的调节断层，按其规律可分为 3 级，其中一级断裂为博尔通沟-齐古大断裂。受近东西方向断裂系统控制，南缘的基本构造格局表现为南北方向呈排带展布，东西方向为向东散开、向西收敛的特征。受博尔通沟-齐古一级断裂的控制，南缘南北方向上可分为两个二级构造带，即山前冲断带（托斯台-齐古构造带）及前缘褶皱背斜带。前缘褶皱背斜带因构造应力的差异及南北调节断层的影响而在东西方向上又可分为东西两个弧形逆冲断块，南北方向则因受独山子、安集海、霍玛吐等二级断裂的控制及构造变形强弱的不同而可分为不同次级的构造带。其中，西逆冲断块可分为高泉东-独山子背斜带和高泉北-西湖背斜带两个次级构造带；东逆冲块可分为东湾背斜带、霍玛吐背斜带和安集海-呼图壁背斜带 3 个次级构造带。各次级构造带和构造变形特征及构造样式都存在着较大的差异[57]。

4.2.1.2 地层及煤层发育特征

准噶尔盆地由于受造山期强烈的构造运动影响，在区域性南北方向碰撞挤压下发育了石炭系、二叠系、三叠系、侏罗系、白垩系、古近系和新近系等套地层。这些地层多以向斜形式出露，即边缘出露地层较老，而越向南出露地层越新。局部地区则以背斜形式出露，但多为剥蚀后残留的复背斜构造。准噶尔盆地含煤地层广泛发育，煤层较多且厚度大，煤资源量巨大。盆地内蕴藏有丰富的煤层气资源，在石油、天然气勘探的同时，煤层气资源的评价、勘探工作日益受到重视，是西部大开发能源战略的重要组成部分。准噶尔盆地区浅部煤田地质资料、深部地震资料和专门地质研究资料丰富，为研究盆地煤层气地质背景奠定了良好的基础。该区煤层主要发育在侏罗系八道湾组和西山窑组地层中。

1.八道湾组

八道湾组总厚 760m，主要岩性为砾岩、砂岩、泥岩和煤层，具有明显的回旋性，是一套典型的陆相含煤沉积体系。八道湾组煤层分布特征表现为，煤层组厚度为 0～50m。煤层厚度超过 20m 的厚煤带式厚煤区有 4 个：①南缘厚煤区，以乌鲁木齐西的喀 1 井为中心，最大煤厚度超过 70m，总体呈东西向展布；②西缘厚煤带，位于克拉玛依—乌尔禾一线以东，最大煤厚达 50 余米，大拐附近的南部聚煤中心厚度最大，中部聚煤中心位于参 1 井附近，北部聚煤中心位于夏 13 井附近，煤组最大厚度都在 30m 以上，厚煤带呈北东-南西向展布；③东缘厚煤区，位于彩南地区，以沙南 1 井为中心，最大煤组厚度近 40m，总体延展为北东-南西向；④中西部厚煤带，位于陆南 1 井—陆 3 井一线，最大煤厚 30m 左右，聚煤中心位于两端，厚煤带形态呈马鞍形，延展方向为北东-南西向。盆地北缘发育无煤带，盆内大部分地区煤组厚度小于 10m，盆地中心煤组厚度不足 5m。八道湾组煤组厚度变化规律与煤层累厚变化规律基本一致。八道湾组 2#、4# 煤层发育比较连续，煤层厚度相对较大，是盆地发育的主力煤储层。

2# 煤层厚度为 0～14m，主要分布于盆地东南缘、中东部和南缘，东北缘有小面积分布，煤层厚度较小，西部及西北部广大地区该煤层不发育。煤层厚度大小 5m 的厚煤区有 2 个：一个位于阜康和彩南之间，范围较大，煤层厚度也最大，阜康附近煤层厚度达 14m，煤体形态呈朵状，东厚西薄；另一个位于南缘清 1 井以南地区，厚煤区范围相对较大，煤层厚度达 5m 以上，煤体形态呈宽扇形。

4# 煤层是盆内分布最广的层煤，煤层厚度为 0～12m。厚煤带基本分布于盆缘，厚度大于 4m 的厚煤带有 3 个：①盆地东缘厚煤带，包括南、北两个聚煤中心，南部聚煤中心位于阜 1 井附近，最大煤厚达 12m，煤体形态呈向四周变薄的不规则透镜状，北部聚煤中心位于彩 2

井附近，最大煤厚超过7m，煤体形态呈舌形。②盆地西缘厚煤带，包括南、中、北3个聚煤中心，聚煤规模由南向北变小，南部聚煤中心位于克76井周围，最大煤厚在10m以上；中部聚煤中心位于玛2井周围，最大煤层厚度超过6m；北部聚煤中心位于旗2井周围，最大煤层厚度达4m以上，每个聚煤中心的煤体形态都呈中厚边薄的长透镜状。③中西部厚煤带，呈狭长条带状，有东、西两个小的聚煤中心，一个位于陆南1井北侧，另一个位于陆1井附近，最大煤层厚度均达6m以上。在盆地南缘发育一个厚煤区，位于乌鲁木齐以西，最大煤层厚度达10m以上，煤体呈东西向延展的长透镜状。盆地北缘和盆地中部发育无煤区，盆内的其他地区煤层厚度都在4m以下。

2.西山窑组

西山窑组煤层沿盆地南缘北东-南西向呈有规律带状分布，地层总厚度为765m。西山窑组煤层分布特征表现为，煤层组厚度在0～40m之间。厚度大于20m的厚煤带有两个：①盆地南缘厚煤带，主聚煤中心位于其西部，清1井南部，煤组最大厚度超过40m，次聚煤中心位于乌鲁木齐西部郝家沟附近，煤组最大厚度为20m，聚煤中心的延展方向与聚煤带的延展方向一致；②盆地东缘厚煤带，由阜康和彩南两个聚煤中心组成，阜康聚煤中心煤组厚度全盆地最大，最大煤组厚度近50m，展布方向呈东西向，彩南聚煤中心在彩2井—阜1井一线附近，最大煤组厚度达20m以上。还有3个厚度大于20m的厚煤区：东北缘厚煤区以伦参1井为中心，煤组厚度最大达24m；西缘厚煤区位于克拉玛依东大拐附近，煤组厚度最大达25m；中西部厚煤区以陆3井为中心，最大煤组厚度在20m以上。盆内广大地区最大煤组厚度一般不超过10m，盆地中心、盆地北缘及西南缘煤层厚度最小，甚至缺失，西山窑组6#煤层为该区主力煤层，但分布较局限。

4.2.1.3 煤岩煤质特征

八道湾组煤层盆地南部煤层特征为条带状结构。宏观煤岩类型以光亮型为主，半亮型次之；宏观煤岩组成以亮煤为主，夹镜煤及丝炭透镜体和少许暗煤条带，矿物质少见。显微组成中镜质组含量38.8%～100%，平均值为77.2%；惰质组含量0～55%，平均值为9.8%；稳定组含量0～40%，平均值为8.7%。原煤灰分含量6.00%～25.00%，全硫含量0.30%～0.58%，挥发分含量15.86%～49.78%，属低—中灰、低硫煤。煤级从长焰煤到肥煤，镜质组反射率为0.5%～1.0%；由西向东煤级呈升高趋势，四棵树和昌吉之间为长焰煤，昌吉和乌鲁木齐之间为气煤和长焰煤，乌鲁木齐至白杨河为气煤、肥煤。盆地东部煤层具线理状、条带状及透镜状结构。宏观煤岩类为光亮型和半亮型，煤岩显微组分以镜质组为主，含量变化范围在57%～100%之间，平均值为79.5%；稳定组次之，介于0～47%之间，平均值为16.6%，其中含一定量的腐泥组分；惰性组含量较低，变化范围0～6%，平均值为3.8%。由盆缘向盆内，镜质组含量降低，稳定组含量升高。煤的灰分含量4.36%～33.82%，全硫含量0.19%～0.39%，挥发分含量48.07%～54.50%，总体上属中—低灰煤。煤的热演化阶段多属老褐煤—长焰煤，深部为气煤，镜质组反射率为0.45%～0.68%，向盆内反射率呈增大趋势。盆地西—西北部煤层具条带状或线理状结构。宏观煤岩类型呈光亮型，宏观煤岩组分以镜煤和亮煤为主。煤岩显微组分中，镜质组含量73%～100%，平均值为82.7%；稳定组含量0～7%，平均值为4.3%，但在夏6井煤样中稳定组合量高达63%，孢子体和角质体成层分布；惰性组含量0～21%，平均值为13%。原煤灰分含量11.58%～23.90%，全硫含量1.08%，挥发分含量51.98%～59.49%，属中灰、低硫、高挥发分煤。镜质组反射率0.4%～0.68%，平均值为0.54%，煤级为褐煤—气煤，以长焰煤为主，由盆缘至盆内煤级呈增高趋势。盆地腹部仅有石油钻井少量煤芯样品煤岩资料。煤层显微组分中，镜质组含量64%～100%，平均值为81.3%；稳定组含量0～23%，平均值为14.3%；惰质组含量0～13%，平均值为4.3%。镜质组反射率0.66%～0.73%，平均值为0.69%，煤级属气煤—肥煤；靠近盆地南缘，煤层镜质组反射率可达1.3%。

西山窑组煤层盆地南部煤层显条带状及均一结构，极少数为粒状结构。宏观煤岩类型以光亮型、半亮型为主，半暗型煤次之。煤岩显微组分中，镜质组含量20%～100%，平均值为75.2%；稳定组含量0～85%，平均值为6.7%，仅少数煤层富稳定组，部分煤层含腐泥组分；惰性组含量0～55%，平均值为15.5%。区域上煤层显微组分分异明显，煤层灰分一般含量6%～15%，低的仅为3%左右，高者达27%；硫分含量0.12%～1.0%，少数高达1.01%～1.68%；挥发分含量一般为30%～40%，低者不足20%，最高达50%左右，属低灰、低硫、高挥发分烟煤。镜质组反射率0.47%～1.0%，平均值为0.68%，煤以长焰煤为主，其次为气煤，部分为肥煤，由西向东，由浅入深，煤级升高。盆地东部煤层具线理状、条带状结构。宏观煤岩类型以暗淡煤至半暗煤为主，半亮煤次之，光亮煤较少。煤岩显微组分中，镜质组含量30%～70%，平均值为46.3%；惰质组含量0～55%，平均值为23.3%；稳定组含量0～70%，平均值为30.5%；显微组分组成以高稳定组、惰质组、低镜质组为特征。煤层灰分含量6.12%～13.59%，全硫含量0.13%～0.78%，挥发分含量28.72%～38.09%，属低灰、低硫、中挥发分低煤级烟煤。镜质组反射率0.48%～0.65%，平均值为0.57%，以长焰煤为主，少量褐煤、气煤。盆地西—西北部煤层显微组分：镜质组含量50%～95%，平均值为77.8%；惰质组含量0～42%，平均值为9.6%；稳定组含量5%～21%，平均值为12.6%。镜质组反射率0.53%～0.59%，平均值为0.56%，煤级属长焰煤。盆地腹部煤岩显微组分中，镜质组含量73%～95%，平均值为87.2%；稳定组含量3%～24%，平均值为10.6%；惰质组含量0～6%，平均值为2.2%。镜质组反射率0.5%～0.95%，以气煤为主，部分为肥煤和长焰煤。

4.2.2 阜康矿区西部地质特征

4.2.2.1 地质构造特征

阜康矿区西部在地理位置上位于新疆乌鲁木齐市东北方向60km，在区域构造上位于准噶尔盆地南缘，东天山以北，属于新疆二级构造单元北天山优地槽褶皱带北部中央地带，先后经历了海西期、印支期、燕山期、喜马拉雅期构造运动。受南部博拉达推覆运动，区内发育一系列走向近为东西向及北东东向展布的复杂褶皱和断层，主要有阜康逆断层(F1)、白杨河逆断层(F2)、妖魔山逆断层(F3)、八道湾向斜(M1)、阜康背斜(M2)、阜康向斜(M3)和丁家湾向斜(M6)等。这些褶皱和断层相间排列,走向北东东,共同控制研究区块的整体构造特征。其中,阜康逆断层和妖魔山逆断层控制研究区块的南北边界,阜康向斜位于两断层中间(图 4-9)。褶皱形态多为紧密的背斜和向斜,两翼倾角变化较大,轴部常受到破坏而形成一系列高角度逆断层及小型的平移断层。

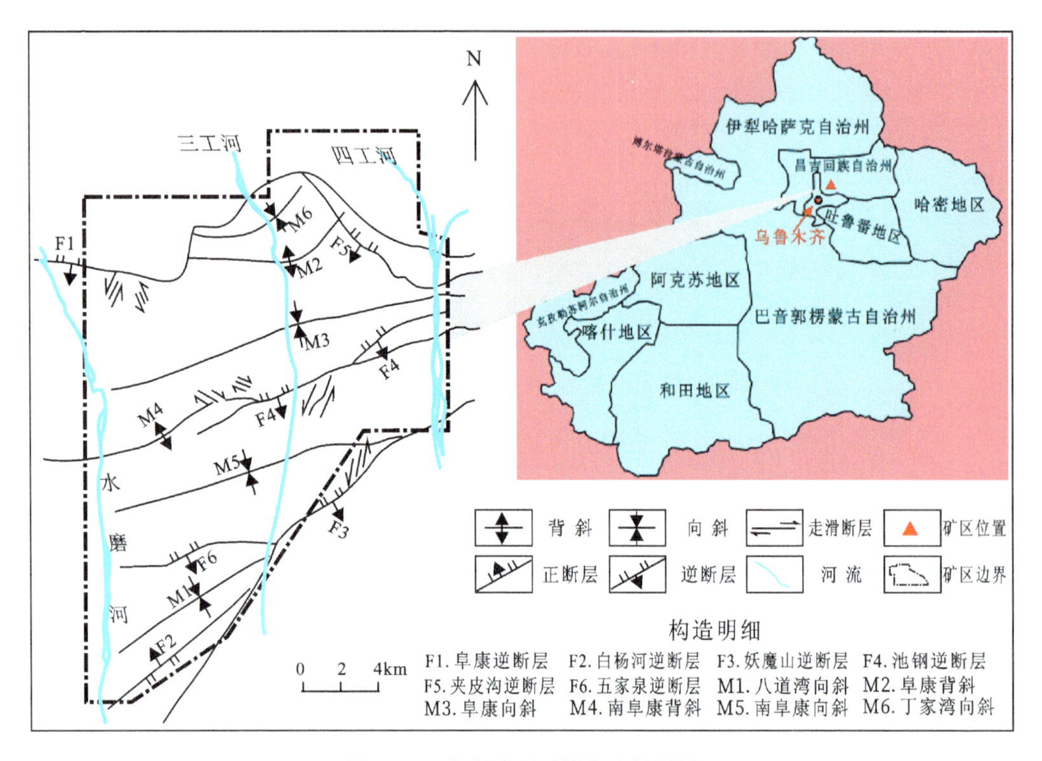

图 4-9 阜康矿区西部构造纲要图

1. 断层

主要断层有 F1、F2、F3、F4、F5、F6 分述如下。

(1)阜康逆断层(F1):分布于矿区北部一带,向东、西分别延伸于区外,为三级构造单元内的次一级构造,区内走向长约 57km,断面南倾,具犁式构造特征。地表倾角较大,45°~55°,深部渐缓,18°~40°,走向总体近东西,具波状起伏,其地表出露点仅见于甘沟附近,构造角砾岩、破碎带分布于断层两侧,宽约 10m。上盘出露的地层有侏罗系、白垩系、古近系和新近系;下盘出露白垩系东沟组、古近系、新近系及第四系,该断层对八道湾组及西山窑组煤层均有严重的破坏作用。

(2)白杨河逆断层(F2):为妖魔山逆断层的分支构造,断层从红沟向东经泉水沟、白杨河、西沟、黄山河延伸到东碱沟西消失。断层走向 85°~105°,为一断面南倾,倾角 70°的逆断层,由西向东断距逐渐减少。

(3)妖魔山逆断层(F3):位于本区南部一带,属博格多复背斜北界断层,向东、西分别延伸于区外,区内走向长约62km,走向约55°,断面南倾,倾角65°,断距由西向东逐渐增大。上盘为二叠系,下盘为三叠系、侏罗系及第四系砾石层。该断裂在水磨河至四工河一带出露明显,对侏罗系煤层有破坏作用,该断层为矿区范围的南界。

(4)池钢逆断层(F4):分布于矿区西部一带,长约10km,走向约北东东70°,断层北倾,较陡,落差243m。上、下两盘均为侏罗系八道组、三工河组及西山窑组地层,该断层严重破坏侏罗系煤层。

(5)夹皮沟逆断层(F5):位于区内西北部丁家湾与夹皮沟一带,走向由东南向逐渐转为近东西向,向南呈弧形,东部与五工沟断层相交。断层面南倾,倾角28°,上、下两盘均为八道湾组,造成其上部地层重复出现,落差450m。该断层在地表出露明显。

(6)五家泉逆断层(F6):位于五家泉及魏家泉北部一带,走向近于东西,长约11.5km,东与F3断层相交,断面南倾,陡立,落差由西向东从230m增大至520m。上盘地层为八道湾组、三工河组、西山窑组、头屯河组及齐古组,下盘为头屯河组及齐古组地层。该断层位于第四系地层覆盖之下,切割侏罗系煤层,地表有多处泉水发育。

2. 褶皱

主要断层有M1、M2、M3、M4、M5、M6,分述如下。

(1)八道湾向斜(M1):位于区内南部,东部被F3断层切割,西部延伸于区外,轴向北东东60°,轴面南倾。核部由西山窑组及三工河组地层构成,两翼为八道湾组地层,南翼地层陡(62°~80°),北翼缓(30°~65°)。南翼受F2断层切割,八道湾组部分地层重复,其东部受F3断层破坏,八道湾组、三工河组及西山窑组地层缺失。向斜轴自西向东逐渐仰起,再向东则迅速向下倾伏,在白杨河至水磨河之间出露明显。

(2)阜康背斜(M2):位于区内丁家湾及水磨河牧场一带,属宽缓型,走向北东东,轴面北倾。西部背斜自然消失,东部被F5切割。包含有侏罗系各组地层,南翼地层保留完好,北翼仅有少部分地层保留,其余均被F1断层切割而消失。南翼稍陡,倾角在30°~62°之间,轴部地层变缓至10°左右;北翼地层平缓,一般倾角18°~55°。该背斜在地表出露明显,其深部有多个钻孔控制,基本查明。

(3)阜康向斜(M3):西起大草滩,向东延伸至四工河一带,西部宽缓而东部紧闭。轴面南倾,轴脊由西向东逐渐仰起。该向斜两翼地层包括侏罗系、白垩系、古近系和新近系。两翼不对称,南翼地层陡(60°~74°),北翼缓(40°~60°)。东部由26个钻孔控制,在甘沟至四工河一带出露十分明显。

(4)南阜康背斜(M4):起于水磨河西侧,轴向北东东60°,轴面南倾,其轴脊由西向东逐渐抬起。背斜由侏罗纪及白垩纪地层组成,核部发育F4断层,断层对褶皱破坏严重。两翼分布着许多小型的逆断层及平移断层,对该背斜也有一定的破坏作用。两翼地层对称,倾角较大,一般在60°~80°之间。该背斜出露明显,在甘沟及四工河一带均可见其轴部,两翼及核部有多个钻孔控制,基本探明。

(5)南阜康向斜(M5):位于矿区西南部,轴向北东60°,轴面南倾。由白垩系及侏罗系地层组成,南翼陡北翼缓,其东部受 F3 断层切割而消失,在水磨河及三工河一带出露明显,北翼有多个钻孔控制。

(6)丁家湾向斜(M6):位于矿区北部的三工河一带,轴向北东东向,向南形成弓弧形。地层北翼倾角为 39°,南翼倾角为 73°,轴面南倾。受阜康逆断层切割,丁家湾向斜分成东、西两部分,西段走向长 2km,东段走向长 4km。西段向斜由白垩系东沟组地层构成,东段由八道湾组和三工河组地层构成。向斜西北部受 F1 断层切割,东部受 F1 和 F5 断层破坏,导致八道湾组部分地层缺失。该向斜地表出露比较明显。

4.2.2.2 水文地质特征

阜康矿区位于博格多山北麓中低山丘陵地带。地势南高北低,东高西低。博格达山北麓海拔 3600m 以上现代山岳冰川发育,降水较多,气候寒湿,终年积雪,冰雪融水构成区域内地表径流的主要补给源,是地下水的间接补给源。区域内多条河流顺山势而下,大致垂直山脉与地层走向,由南流向北,沿河切割山脉,横穿煤系地层,流经矿区。自西向东主要有水磨河、三工河、四工河 3 条常年河流及数条洪沟,均发育于博格多山北坡,补给源为融雪水、雨洪水和泉水。

1.含水层发育特征

矿井内含水层主要有新生界第四系冲洪积松散岩类孔隙透水含水层、烧变岩裂隙潜水含水层以及侏罗系含煤岩系含水层。其中,第四系河流堆积物分布于河流发育的河漫滩中,孔隙含水层主要靠冰雪融水补给;侏罗系煤系地层含水层,分布范围广,含水层与隔水层交替出现,主要补给来源为上覆松散岩类孔隙潜水,同时接受大气降水、冰雪融水及同层含水层的侧向径流补给,为矿区主要含水层。此外,尚有裸露地表部位接受大气降水的渗入补给。一般顺层由上而下或由压力水头(形成承压水时)高向压力水头低的方向径流,该类地下水的排泄基本为煤矿的矿坑排水。

2.地表水与地下含水层的水力联系

水磨河、三工河、四工河是煤矿区地下水的主要补给源,这些河流在径流过程中切割地层,甚至部分切割已经自燃的煤层露头区域,顺地层侧向补给地下。同时,覆盖于煤岩层之上河床两岸的孔隙潜水含水层亦渗透补给地下,亦可通过地表风化、构造裂隙侧向渗漏补给煤矿区地下水,从而形成承压水。两者之间存在一定的水力联系。应该注意到,区域内地层倾角普遍较大,煤系地层地面受水面积较小,所以地面河流补给煤系地层水严重不足。

由各含水层在空间上分布的特征,基岩裂隙孔隙地下水均来自上覆松散层潜水的下渗补给。区内基岩含水层与隔水层及弱含水层互层出现,同时由于存在较厚的多层泥质岩类隔水层,因此含水层相互之间基本没有水力联系。通常其上部地下水的水力性质为潜水,随着下渗深度的增加和隔水顶板的作用而成为承压水。

3.地下水水化学特征

矿区地下水可分解为3类，即松散岩类孔隙潜水、基岩(侏罗系沉积碎屑岩)孔隙裂隙水、煤矿床层间裂隙水。3类地下水由于补给来源、赋存空间及运移特征的不同而水质亦有所不同。

由水质分析结果可知，松散岩类地下水的水化学类型为$HCO_3 \cdot SO_4 - Ca \cdot Na$型，pH为7.5，溶解性总固体含量(TDS)为0.7g/L，总硬度为295.2mg/L，总碱度为215.2mg/L，为中性淡水。这说明由于此类地下水基本为大气降水及河流地表水的补给，径流迅速，循环交替快。与河水比较，河水的水化学类型也为$HCO_3 \cdot SO_4 - Ca \cdot Na$型，pH为8.0，TDS含量为0.5g/L，二者水质近于一致，反过来也说明了河水与地下水之间存在密切的水力联系。基岩裂隙孔隙水的水化学类型为$SO \cdot HCO_3 \cdot Cl - Na$型，pH为7.4，TDS含量为1.1g/L，较之上部松散层潜水水型差，含盐量有所增加。这说明该类地下水循环交替缓慢，在下渗径流过程溶解了岩石中的易溶盐类。煤矿床层间裂隙水的水化学类型为$Cl \cdot SO \cdot HCO_3 - Na$型，pH为7.9，TDS含量为3.49g/L。

地下水的水化学类型变化不大，但前者TDS含量高达2～4g/L。分析原因可能与长期煤矿开采排水有关，同时也说明工作区水化学特征不但在空间分布上有所差异，随时间变化也有所变化。

4.2.2.3 地层及煤层发育特征

阜康矿区地层发育范围广泛且保存完整，从下到上依次有上古生界的石炭系、二叠系，中生界的三叠系、侏罗系、白垩系以及新生界的古近系、新近系和第四系。其中，侏罗系以下各地层之间呈整合接触关系，侏罗系以上各地层之间受构造运动的影响呈不整合接触关系。

矿区内煤层主要发育在中侏罗统西山窑组地层和侏罗系下统八道湾组地层中(图4-10)。西山窑组在煤矿中呈带状分布，主要位于在八道湾向斜和阜康向斜的两翼。该组地层共发育45层煤层，厚度大于0.3m的有18层，从上到下依次编号为28#～45#。其中，主采煤层有4层，局部可采煤层仅1层。西山窑组地层平均厚度为486.51m，煤层平均厚度为44.31m，含煤系数为9.58%，岩性以湖泊相、河流相以及泥炭沼泽相沉积的灰白色、灰黑色、黄色砂岩、粉砂岩、泥岩互层为主，内部夹煤层和煤线且含有丰富的动植物化石，与下伏地层呈整合接触。八道湾组含煤地层主要为湖泊—沼泽相沉积，岩性主要为含泥质粉砂岩、细粒砂岩、粉砂岩、煤，含少量中、粗粒砂岩和砾岩。八道湾组上部煤层较薄下部煤层较厚，煤层厚度大于0.3m的有45层。其中，全区和大部分可采煤层有7层，局部可采煤层有6层。整组地层总厚度为480～1 379.42m，平均厚度为940.5m，煤层平均厚度为68.5m，含煤系数为7.3%。

阜康矿区煤层编号尚未完全统一，由于构造地形的影响，东部西山窑组煤层埋深较浅，受风化剥蚀严重，煤层气开发的主要目标煤层为八道湾组39#、41#、42#、44#煤层，矿区西部煤层气开发的目标煤层为西山窑组41#、43#、45#煤层和八道湾组$A_2^{\#}$～$A_5^{\#}$煤层。本次主要对矿区西部八道湾组$A_2^{\#}$煤层开展煤层气模糊模式识别研究。

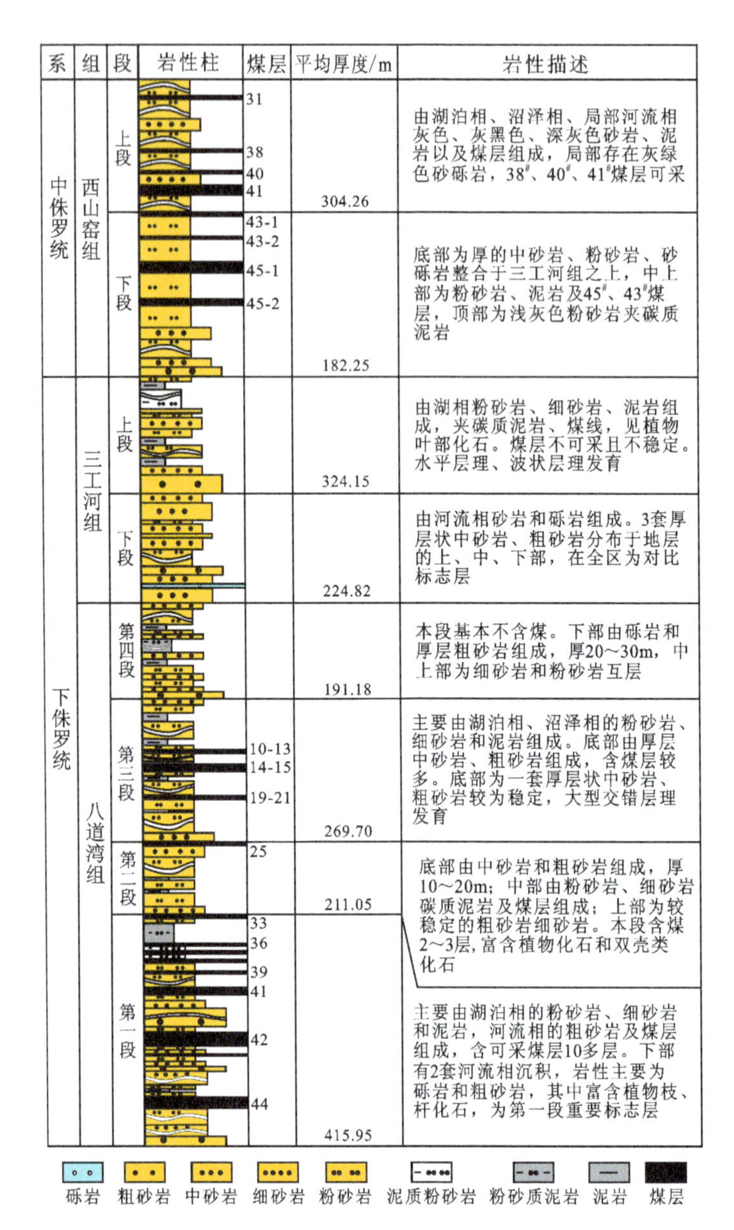

图 4-10　阜康矿区地层柱状图[156]

4.2.3　阜康矿区西部 $A_2^{\#}$ 煤储层特征

1.煤岩煤质分析

阜康矿区西部八道湾组主采煤层为 $A_2^{\#}$ 煤层，该煤层的宏观煤岩类型主要为光亮型和半光亮型，主要呈带状；颜色和条痕色为黑色，光泽为沥青光泽或弱玻璃光泽，块状结构，质地较硬，具有参差状断口，局部呈贝壳状断口；内生裂隙及面割理比较发育，矿物充填以碳酸盐矿物为主。

将采集的煤样仔细包装后运回实验室进行实验，在实验前需要对所有煤样进行处理，以满足实验要求。分别对煤样进行煤岩显微组分测定、工业分析、镜质组反射率测定等，分析测试结果见表 4－11。

表 4－11　$A_2^{\#}$ 煤层显微组分和工业分析测试结果　　单位：%

组分	镜质组反射率	镜质组	惰质组	壳质组	水分	灰分	挥发分	固定碳
含量	0.54～0.70	85.1～95.2	2.4～14.7	1.5～2.4	0.94～5.45	3.6～7.9	40.6～45.5	47.4～53.2

由表 4－11 可知，$A_2^{\#}$ 煤层最大镜质组反射率 $R_{o,max}$ 为 0.70%，平均值为 0.65%左右，煤体变质程度均属于低变质程度的烟煤。但是，分属同一煤层的不同区域，其工业分析和显微组分测试结果却存在显著差异。该煤层的原煤水分含量相对变化较大，平均值为 3.85%；最大灰分产率为 7.9%，最小灰分产率为 3.6%，平均值为 5.9%，煤层总体属于低灰分煤层；固定碳含量为 47.4%～53.2%，平均值为 50.1%。镜质组含量最高为 85.1%～95.2%，平均值为 89.6%，占煤中有机组分的 90.15%；惰质组含量为 2.4%～14.7%，平均值为 9.3%；壳质组含量最少；无机组分主要为黏土。该煤层碳元素(C)含量变化不大，平均值在 80.66%～84.80%之间，氢元素(H)含量平均值在 4.78%～6.03%之间，氮元素(N)含量平均值在 1.51%～1.94%之间，氧加硫元素(O+S)平均值在 8.69%～11.68%之间。

2. 煤层埋深与厚度

由上述分析可知，阜康矿区西部煤储层的地质条件复杂，煤层埋深范围变化大，煤层倾角大，基本保持在 50°左右，煤层出露较多。风氧化带位于埋深 500m，风氧化带之上埋深较浅的部位受风氧化严重，煤层气发生逸散难以保存，煤层气含量低，不具有开采价值；2000m 以深渗透率极小，开采难度大，所以该区煤层气开采主要在 500～2000m 之间。根据钻井资料，对阜康矿区煤层气井埋深数据进行了统计，其中各井具体埋深值如表 4－12 所示。

阜康矿区地质条件复杂，褶皱、断层发育。西山窑组主要分布在阜康矿区西部位于三工河附近的阜康向斜段，以 45－2# 煤层为主厚煤层，该煤层厚度大，分布稳定。由于上覆的西山窑组保存比较完整，且受阜康向斜的影响，从北东向南西八道湾组主厚煤层埋深逐渐增大，所以此处的八道湾组主厚煤层埋深在阜康向斜轴部最深可达 2000m 左右[157]。

阜康矿区侏罗系含煤地层形成于湖泊、三角洲和沼泽相沉积，受沉积环境和构造运动的影响，煤层厚度变化大。根据已有的勘探钻孔及生产井获得的煤层厚度资料统计发现(表 4－13)：主采 $A_2^{\#}$ 煤层全区可采，厚度一般为 4.5～44.3m，平均值为 16.5m，大部分区域属于厚—特厚煤层，这是煤层气开发的主要目标煤层之一。煤层结构分布也相对简单，含少量夹矸，煤层顶底板以深灰色—灰黑色粉砂岩和细砂岩为主。煤层厚度由浅到深逐渐变厚，由东到西相对稳定，南部明显大于北部。

表 4-12 阜康矿区西部 $A_2^{\#}$ 煤层埋深统计表

井号	埋深/m	井号	埋深/m	井号	埋深/m
CSD01	750.0～769.8	CS13-向1	1 063.8～1 081.6	CS16-向5	1 631.5～1 654.9
CSD02	926.7～953.7	CS13-向2	840.5～859.0	CS16-向6	1 651.1～1 634.5
CSD03	887.7～909.7	CS13-向3	875.3～896.1	CS5-向1	1 157.0～1 160.6
CSD04	937.3～963.7	CS15-向1	1 332.4～1 351.6	CS5-向2	929.0～931.5
CSD05	784.5～804.7	CS15-向2	1 146.0～1 164.4	CS5-向3	871.8～879.3
CS11-向1	729.0～744.4	CS15-向3	1 125.3～1 150.8	CS5-向4	998.3～1 006.5
CS11-向2	628.8～624.3	CS15-向4	1 357.5～1 376.6	CS8-向1	921.4～938.5
CSP-1	844.5～861.0	CS16-向1	1 356.6～1 383.5	CS8-向2	772.0～775.5
CSP06-1V	699.1～715.1	CS16-向2	1 541.4～1 568.8	CS8-向3	958.8～991.4
CS13-1	1 020.1～1 038.0	CS16-向4	1 925.8～1 947.5	CS8-向4	1 161.8～1 178.0

表 4-13 阜康矿区西部 $A_2^{\#}$ 煤层厚度统计表

井号	煤厚/m	井号	煤厚/m	井号	煤厚/m
CSD01	19.8	CS13-向1	17.8	CS16-向5	23.4
CSD02	27.0	CS13-向2	18.5	CS16-向6	19.4
CSD03	22.0	CS13-向3	20.8	CS5-向1	3.6
CSD04	26.4	CS15-向1	19.2	CS5-向2	2.5
CSD05	20.2	CS15-向2	18.4	CS5-向3	7.5
CS11-向1	15.4	CS15-向3	25.5	CS5-向4	8.2
CS11-向2	13.5	CS15-向4	19.1	CS8-向1	17.1
CSP-1	16.5	CS16-向1	26.9	CS8-向2	3.5
CSP06-1V	16.0	CS16-向2	27.4	CS8-向3	32.6
CS13-1	17.9	CS16-向4	25.8	CS8-向4	16.2

3.煤层含气性

含气量是决定煤层气勘探开发的先决条件，在一定程度上反映了煤储层的储藏能力，可通过直接方法和间接方法获得。为了解阜康矿区西部煤层气含量的分布规律，根据已有的勘探钻孔及生产井获得的煤层含气量资料统计发现，$A_2^{\#}$ 煤层含气量一般在 4.5～15.3m^3/t 之间，平均值为 12.27m^3/t，大部分区域煤层气含量超过了 10m^3/t（表 4-14）。

表 4-14 阜康矿区西部 $A_2^{\#}$ 煤层含气量统计表

单位：m^3/t

井号	含气量均值	井号	含气量均值	井号	含气量均值	井号	含气量均值
CSD01	12.35	CS13-1	12.35	CS16-向5	14.10	CS5-向3	13.55
CSD03	13.56	CS15-向1	15.07	CS16-向6	14.22	CS5-向4	17.28
CS11-向1	15.20	CS16-向1	13.20	CS5-向1	12.77	CS8-向1	14.82
CS11-向2	15.99	CS16-向4	15.97	CS5-向2	14.51	CS8-向2	12.98

根据上述测试结果并结合区内构造特征，对该区煤层含气量分布进行综合预测，其分布规律如图 4-11 所示。由于埋深及破坏性断层的影响，导致该区域的北部和西南部煤层气含量低于中心部位，含气量总体表现为从南北两部向中心部位呈增加的趋势。

通过容积法计算可以得到，研究区内埋深 2000m 以浅各评价单元可采煤层气地质资源量及资源丰度。其中，地质资源量为 $11.18\times10^8\sim90.81\times10^8m^3$，平均值为 $54.19\times10^8m^3$；地质资源丰度为 $0.59\times10^8\sim3.50\times10^8m^3/km^2$，平均值为 $2.83\times10^8m^3/km^2$。据最新一轮全国煤层气资源评价结果，全国埋深小于 2000m 的煤层气地质资源丰度为 $0.98\times10^8m^3/km^2$，对比可见，研究区煤层气资源条件优越，远远高于全国平均水平，具有良好的开发前景。

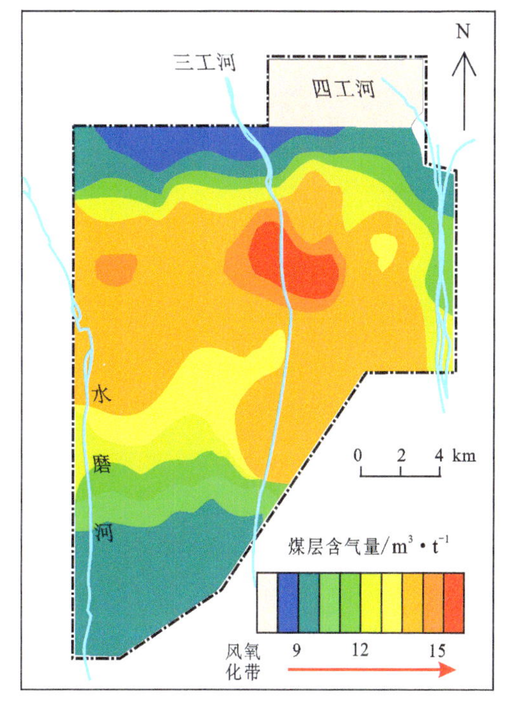

图 4-11 阜康矿区西部 $A_2^{\#}$ 煤层含气量等值线预测图

为详细了解不同区域气体的组成成分，提取了阜康矿区西部八道湾组主厚煤层主采 $A_2^{\#}$ 煤层进行了气样测试，采用气相色谱分析仪对其成分进行了分析。分析结果显示，在阜康矿区八道湾组 $A_2^{\#}$ 煤层的气含量以甲烷为主，也含有少量的氮气、二氧化碳以及重烃。其中，甲烷占含气量比例介于 88.42%～94.23% 之间，平均达到 93.02%，二氧化碳（CO_2）、氮气（N_2）和重烃（C_{2+}）含量较少，二氧化碳所占比例介于 0.18%～6.91% 之间，平均占比为 3.06%，氮气所占比例介于 0.01%～7.23% 之间，平均占比为 1.8%，重烃所占比例介于 0～6.57% 之间，平均占比为 2.14%。

煤层吸附解吸特征是影响煤层气勘探开发的重要因素之一，含气饱和度越高，越有利于煤层气解吸。通过钻孔取样，在实验室对阜康矿区西部八道湾组 $A_2^{\#}$ 煤层进行等温吸附实验。在低压阶段，煤样吸附甲烷的速度较快；随着压力的增大，煤样对甲烷的吸附量逐渐趋于平衡。朗格缪尔体积和朗格缪尔压力分别反映了煤层的极限吸附量、发生解吸时的难易程度。根据等温吸附实验结果，阜康矿区西部八道湾组 $A_2^{\#}$ 煤层朗格缪尔体积在 15.34～25.10m^3/t 之间，平均值为 21.68m^3/t，储集能力中等；朗格缪尔压力在 2.95～3.49MPa 之间，平均值为 3.26MPa，压力较大，表明煤层气极易解吸。综合来看，$A_2^{\#}$ 煤层气具有较好的煤层气开发潜力。

4. 储层压力和渗透性

煤层气主要以物理吸附存在煤表面、储层压力可以控制煤的吸附容量，较高的储层压力意味着煤储层具有较高的吸附能力和含气量。根据煤层气试井资料，该区煤层压力梯度范围为 0.41～0.79MPa/100m，属于低压储层。此外，根据钻井测试结果，阜康矿区西部煤储层压力与埋深之间存在正相关关系（图 4－12），表现为：埋深越大，煤层所受的储层压力越大；上覆储层的封盖能力越强，越有利于煤层气的保存。

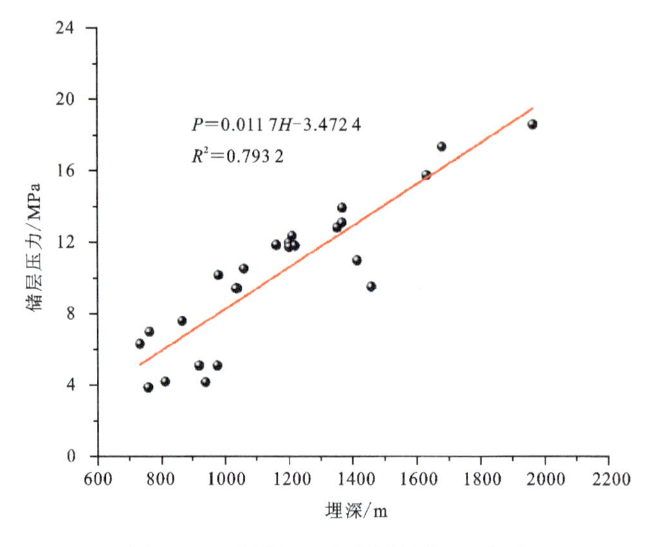

图 4－12　埋深（H）与储层压力（P）关系

临界解吸压力是吸附于煤基质表面的气体开始解吸时对应的压力，依据煤层气吸附朗格缪尔方程以及实际含气量可以求得，计算结果为 3.22～11.88MPa。一般来说，煤层实际含气量越高，临界解吸压力就越大。临界解吸压力与储层压力之间的比值称为临储比，临储比越接近 1，气体的解吸就越容易，越有利于煤层气的开发。

煤储层渗透率直接决定煤层气的产出速率。较高的渗透率往往会产生更大的压降范围，从而导致煤层产气量较大。根据现有煤层气试井资料，阜康矿区西部八道湾组 $A_2^{\#}$ 煤层渗透率为 2.8×10^{-3}～$8.2\times10^{-3}\,\mu m^2$，所有评价单元煤储层渗透率均大于 $1\times10^{-3}\,\mu m^2$，属于高渗—超高渗储层。

4.2.4　阜康矿区煤层气靶区优选

1. 靶区优选评价单元划分

阜康矿区西部水平分布面积约 125.74km²，受构造运动的影响，不同区域煤层气开发难易程度会产生差异，为了便于进行煤层气靶区优选，需要对研究区进行评价单元划分。根据该区域断层、褶皱、河流等构造的发育特征及矿区边界，将阜康矿区西部八道湾组主采 $A_2^{\#}$ 煤层划分为 6 个单元，具体划分如图 4－13 所示。

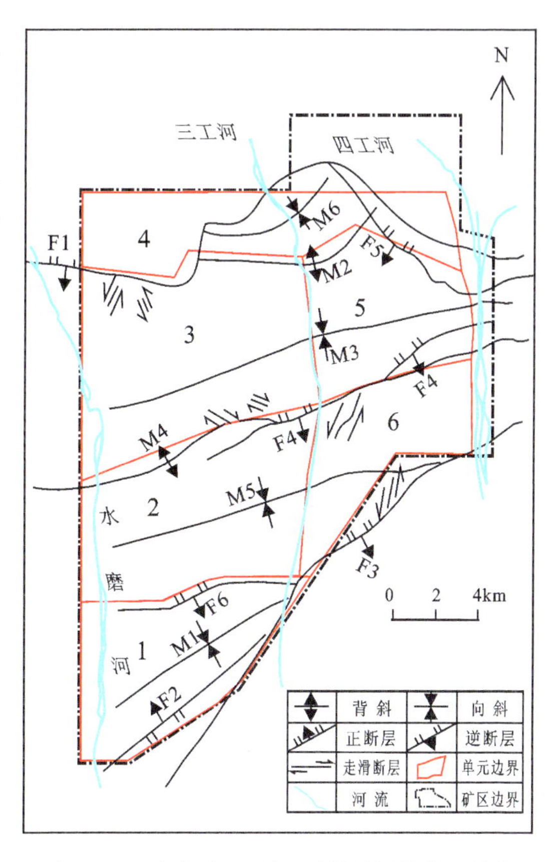

图 4－13 阜康矿区西部 $A_2^{\#}$ 煤层评价单元划分

评价单元 1：该单元位于阜康矿区西南角，北以 F6 五家泉逆断层为界，东南以 F3 妖魔山逆断层为界，西、南至矿区边界。该单元为水磨河煤矿详查区，区内发育 F2 白杨河逆断层、M1 八道湾向斜。区内主要受逆断层控制有利于煤层气赋存，且此区域煤层埋藏深，煤层气含量大，故将此区域单独划分为一个单元。

评价单元 2：该单元位于阜康矿区西部，在评价单元 1 北部，南以 F6 五家泉逆断层为分界线，北以 M4 南阜康背斜为界，西至矿区边界，东至三工河。该单元地质构造较为简单，无断层，主要由 M5 南阜康向斜控制，是煤层气赋存较为有利地区。

评价单元 3：该单元位于矿区西部的西边界，南部评价单元 2 以 M4 南阜康背斜为分界线，东至三工河，南以 F1 阜康逆断层和 M2 阜康背斜为边界，西至矿区边界。该单元内还发育 M3 阜康向斜。地质构造与评价单元 2 相似，煤层埋深相对较大。单元内曾建有 4 座矿井，分别为广源煤矿、新世纪煤矿、甘沟煤矿、磨盘沟煤矿。

评价单元 4：该单元南以 F1 阜康逆断层、M2 阜康背斜、火烧岩和风氧化带为边界，西、北至矿区边界，东至四工河。区内地质情况较为复杂，主要受控于 F1 阜康逆断层、F5 夹皮沟逆断层、M2 阜康背斜、M6 丁家湾向斜。一方面该区域煤层埋深较浅，部分边界火烧严重，不利于煤层气赋存；另一方面水文地质上受三工河、四工河影响，有利于水对煤层气封存。单元内建有气煤二井、丁家湾煤矿两座矿井。此单元处于向斜的仰起端和背斜轴部附近，上部西山窑组被抬升剥蚀，八道湾组主厚煤层的厚度相对较薄。

评价单元 5：该单元位于三工河与四工河之间，西北与评价单元 4 以 M2 阜康背斜为分界线，东北至气煤一井火烧岩处，西与评价单元 3 以三工河为分界，南以 F4 池钢逆断层及风氧化带为界。此单元发育有阜康向斜，在向斜轴部附近，区内的大平摊煤矿、六运煤矿八道湾组埋藏较深；向斜两翼的仰起端气煤一井和三工建江煤矿上部西山窑组被剥蚀，八道湾组埋藏深度相对向斜轴部附近浅。由于阜康向斜两翼不对称，北翼较缓，倾角一般在 18°～55°，南翼相对陡峭，倾角一般在 30°～62°。在风氧化带以下向斜和逆断层聚气作用明显，且三工河、四工河对此区域煤层也有很好的水封作用，所以此区域作为一个评价单元。

评价单元6：该单元分别以三工河、四工河为西部和东部边界，北边与评价单元5被F4池钢逆断层及风氧化带隔开，南边至矿区边界。区内地质构造简单、无断层，主要由评价单元2延伸而来的M5南阜康向斜控制，建有天池三矿。该单元受三工河、四工河水文地质影响，具有很好的水力封气条件。

2. 靶区优选过程和结果

根据上述分析，可以得到阜康矿区西部八道湾组$A_2^{\#}$煤层各评价单元评价参数，见表4－15。

表4－15　阜康矿区西部八道湾组$A_2^{\#}$煤层各评价单元评价参数

评价参数	评价单元1	评价单元2	评价单元3	评价单元4	评价单元5	评价单元6
煤层埋深/m	1 364.0	1 544.1	1 833.3	816.7	860.0	1 100.0
地质构造	构造中等，改造较强烈	构造中等，改造不强烈	构造简单，改造弱	构造中等，改造较强烈	构造简单，改造弱	构造中等，改造不强烈
水文条件	弱径流区，水质较不利	复杂滞流区，水质较有利	复杂滞流区，水质较有利	弱径流区，水质较不利	简单滞流区，水质有利	复杂滞流区，水质较有利
煤层分布面积/km^2	18.9	23.7	28.8	19.1	11.8	13.1
煤层厚度/m	26.7	20	18.2	5.6	17.5	20
镜质组/%	89.6	87.7	91.4	86.2	94.9	93.2
灰分/%	5.92	5.63	4.37	7.86	3.62	4.25
含气量/$m^3 \cdot t^{-1}$	10.0	13.0	14.0	9.5	14.3	14.0
甲烷含量/%	88.4	90.5	91.7	89.4	93.2	89.8
含气饱和度/%	60.0	75.0	81.2	58.6	84.6	80.7
临储压力比	0.55	0.7	0.75	0.65	0.84	0.75
渗透率/$10^{-3}\mu m^2$	2.8	4.0	4.5	4.8	7.5	6.8
煤体结构	碎裂	碎裂	碎裂	碎裂—碎粒	原生—碎裂	碎裂
有效地应力/MPa	26.2	22.8	20.7	14.4	14.9	17.6
煤层与围岩关系	关系较简单，煤层间距较小	关系较简单，煤层间距较小	关系较简单，煤层间距较小	关系较简单，煤层间距较小	关系较简单，煤层间距较小	关系较简单，煤层间距较小

按照与4.1.4节同样的方法，首先，以2.2节中表2－3“低煤阶煤层气靶区优选评价参数体系”为标准，对表4－15中的各项参数进行归一化处理，结果见表4－16；其次，建立各个评价单元的评价参数矩阵$\boldsymbol{E}_i$，对评价参数矩阵和评价级别矩阵进行转换，计算模糊贴近度$\beta(\boldsymbol{M},\boldsymbol{N})$，确定各评价单元的评价级别；最后，通过对比各评价单元的模糊贴近度β，完成对阜康矿区西部$A_2^{\#}$煤层各评价单元的评价，结果见表4－17。

表 4－16　阜康矿区西部 $A_2^{\#}$ 煤层参数归一化结果

评价参数	评价单元 1		评价单元 2		评价单元 3		评价单元 4		评价单元 5		评价单元 6	
	级别	计算结果	级别	计算结果	级别	计算结果	级别	计算结果	级别	计算结果	级别	计算结果
煤层埋深/m	Ⅱ	0.272	Ⅲ	0.912	Ⅲ	0.333	Ⅰ	0.367	Ⅰ	0.28	Ⅱ	0.8
地质构造	Ⅲ	1	Ⅱ	1	Ⅰ	1	Ⅲ	1	Ⅰ	1	Ⅱ	1
水文条件	Ⅲ	1	Ⅱ	1	Ⅱ	1	Ⅲ	1	Ⅰ	1	Ⅱ	1
煤层分布面积/km^2	Ⅲ	0.098	Ⅲ	0.152	Ⅲ	0.209	Ⅲ	0.101	Ⅲ	0.02	Ⅲ	0.034
煤层厚度/m	Ⅱ	0.835	Ⅱ	0.5	Ⅱ	0.41	Ⅲ	0.12	Ⅱ	0.375	Ⅱ	0.5
镜质组/%	Ⅰ	1	Ⅰ	1	Ⅰ	1	Ⅰ	1	Ⅰ	1	Ⅰ	1
灰分/%	Ⅰ	0.605	Ⅰ	0.625	Ⅰ	0.709	Ⅰ	0.476	Ⅰ	0.759	Ⅰ	0.717
含气量/$m^3 \cdot t^{-1}$	Ⅰ	1	Ⅰ	1	Ⅰ	1	Ⅰ	1	Ⅰ	1	Ⅰ	1
甲烷含量/%	Ⅱ	0.84	Ⅰ	1	Ⅰ	1	Ⅱ	0.94	Ⅰ	1	Ⅱ	0.98
含气饱和度/%	Ⅲ	1	Ⅱ	0.75	Ⅰ	1	Ⅲ	0.93	Ⅰ	1	Ⅰ	1
临储压力比	Ⅱ	0.167	Ⅱ	0.667	Ⅱ	0.833	Ⅱ	0.5	Ⅰ	1	Ⅱ	0.833
渗透率/$10^{-3}\mu m^2$	Ⅱ	0.926	Ⅰ	1	Ⅰ	1	Ⅰ	1	Ⅰ	1	Ⅰ	1
煤体结构	Ⅱ	1	Ⅱ	1	Ⅱ	1	Ⅲ	1	Ⅰ	1	Ⅱ	1
有效地应力/MPa	Ⅳ	0	Ⅳ	0	Ⅳ	0	Ⅱ	0.12	Ⅱ	0.02	Ⅲ	0.48
煤层与围岩关系	Ⅱ	1	Ⅱ	1	Ⅱ	1	Ⅱ	1	Ⅱ	1	Ⅱ	1

表 4－17　阜康矿区西部 $A_2^{\#}$ 煤层模糊贴近度计算结果

评价单元	模糊贴近度				评价级别
	Ⅰ	Ⅱ	Ⅲ	Ⅳ	
1	0.215 5	0.417 0	0.256 3	0	Ⅱ
2	0.368 5	0.471 4	0.084 8	0	Ⅱ
3	0.534 1	0.337 8	0.043 1	0	Ⅰ
4	0.323 7	0.215 6	0.349 6	0	Ⅲ
5	0.788 9	0.109 6	0.001 6	0	Ⅰ
6	0.362 5	0.546 6	0.039 5	0	Ⅱ

确定阜康矿区西部 $A_2^{\#}$ 煤层6 个评价单元煤层气靶区优选评价级别依次为：Ⅱ、Ⅱ、Ⅰ、Ⅲ、Ⅰ、Ⅱ；煤层气开发潜力评价结果为：评价单元 5＞评价单元 3＞评价单元 6＞评价单元 2＞评价单元 1＞评价单元 4，如图 4－14 所示。

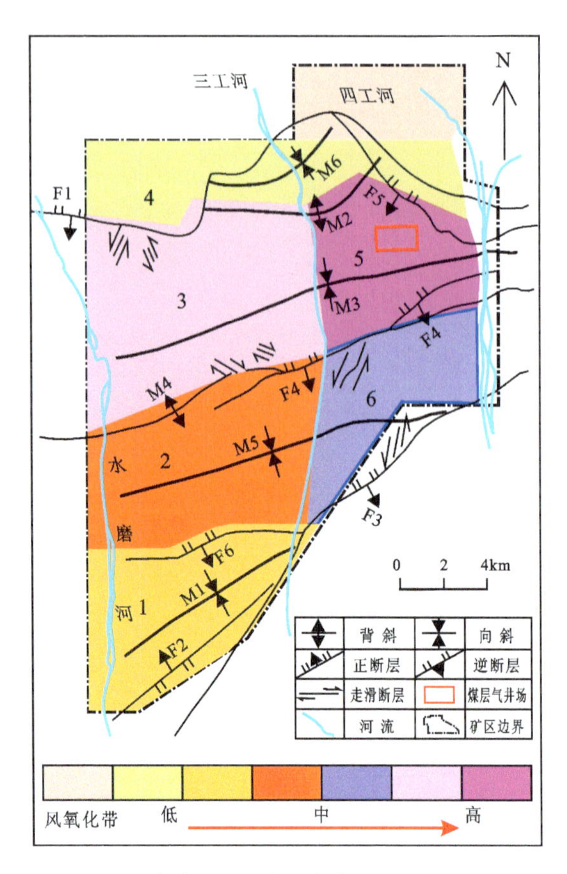

图 4－14　阜康矿区西部 $A_2^{\#}$ 煤层开发潜力预测图

阜康矿区西部 $A_2^{\#}$ 煤层各个评价单元的评价参数矩阵 $\boldsymbol{E}_i$ 如下。

$$
\boldsymbol{E}_1=\begin{bmatrix}
0 & 0.272 & 0 & 0\\
0 & 0 & 1 & 0\\
0 & 0 & 1 & 0\\
0 & 0 & 0.098 & 0\\
0 & 0.835 & 0 & 0\\
1 & 0 & 0 & 0\\
0.605 & 0 & 0 & 0\\
1 & 0 & 0 & 0\\
0 & 0.84 & 0 & 0\\
0 & 0 & 1 & 0\\
0 & 0.167 & 0 & 0\\
0 & 0.926 & 0 & 0\\
0 & 1 & 0 & 0\\
0 & 0 & 0 & 0\\
0 & 1 & 0 & 0
\end{bmatrix}
\boldsymbol{E}_2=\begin{bmatrix}
0 & 0 & 0.912 & 0\\
0 & 1 & 0 & 0\\
0 & 1 & 0 & 0\\
0 & 0 & 0.152 & 0\\
0 & 0.5 & 0 & 0\\
1 & 0 & 0 & 0\\
0.625 & 0 & 0 & 0\\
1 & 0 & 0 & 0\\
1 & 0 & 0 & 0\\
0 & 0.75 & 0 & 0\\
0 & 0.667 & 0 & 0\\
1 & 0 & 0 & 0\\
0 & 1 & 0 & 0\\
0 & 0 & 0 & 0\\
0 & 1 & 0 & 0
\end{bmatrix}
\boldsymbol{E}_3=\begin{bmatrix}
0 & 0 & 0.333 & 0\\
1 & 0 & 0 & 0\\
0 & 1 & 0 & 0\\
0 & 0 & 0.209 & 0\\
0 & 0.41 & 0 & 0\\
1 & 0 & 0 & 0\\
0.709 & 0 & 0 & 0\\
1 & 0 & 0 & 0\\
1 & 0 & 0 & 0\\
1 & 0 & 0 & 0\\
0 & 0.833 & 0 & 0\\
1 & 0 & 0 & 0\\
0 & 1 & 0 & 0\\
0 & 0 & 0 & 0\\
0 & 1 & 0 & 0
\end{bmatrix}
$$

$$
E_4=\begin{bmatrix}
0.367 & 0 & 0 & 0\\
0 & 0 & 1 & 0\\
0 & 0 & 1 & 0\\
0 & 0 & 0.101 & 0\\
0 & 0 & 0.12 & 0\\
1 & 0 & 0 & 0\\
0.476 & 0 & 0 & 0\\
1 & 0 & 0 & 0\\
0 & 0.94 & 0 & 0\\
0 & 0 & 0.93 & 0\\
0 & 0.5 & 0 & 0\\
1 & 0 & 0 & 0\\
0 & 0 & 1 & 0\\
0 & 0.12 & 0 & 0\\
0 & 1 & 0 & 0
\end{bmatrix}
E_5=\begin{bmatrix}
0.28 & 0 & 0 & 0\\
1 & 0 & 0 & 0\\
1 & 0 & 0 & 0\\
0 & 0 & 0.02 & 0\\
0 & 0.375 & 0 & 0\\
1 & 0 & 0 & 0\\
0.759 & 0 & 0 & 0\\
1 & 0 & 0 & 0\\
1 & 0 & 0 & 0\\
1 & 0 & 0 & 0\\
1 & 0 & 0 & 0\\
1 & 0 & 0 & 0\\
1 & 0 & 0 & 0\\
0 & 0.02 & 0 & 0\\
0 & 1 & 0 & 0
\end{bmatrix}
E_6=\begin{bmatrix}
0 & 0.8 & 0 & 0\\
0 & 1 & 0 & 0\\
0 & 1 & 0 & 0\\
0 & 0 & 0.034 & 0\\
0 & 0.5 & 0 & 0\\
1 & 0 & 0 & 0\\
0.717 & 0 & 0 & 0\\
1 & 0 & 0 & 0\\
0 & 0.98 & 0 & 0\\
1 & 0 & 0 & 0\\
0 & 0.833 & 0 & 0\\
1 & 0 & 0 & 0\\
0 & 1 & 0 & 0\\
0 & 0 & 0.48 & 0\\
0 & 1 & 0 & 0
\end{bmatrix}
$$

4.2.5 阜康矿区煤层气靶区优选结果验证

根据模糊模式识别评价结果(表4-17),阜康矿区西部八道湾组$A_2^{\#}$煤层评价单元5的评价级别为Ⅰ,表明煤层气开发具有优等潜力,是该煤层最有利的开发区域,其次为评价级别为Ⅱ的评价单元6、3、2、1。煤层气高产区主要集中在阜康向斜,这与以往研究结果一致[158-159]。

2012年新疆科林思德能源有限责任公司和河南理工大学在阜康矿区确定的第一口煤层气先导性试验井CSD-01就位于八道湾组$A_2^{\#}$煤层评价单元5(图4-14)。该井于2012年底完井,并完成压裂增产改造;2013年初开始排采,日产气量达到并维持在2300m^3/d,2014年5月30日达到产气峰值17 125m^3/d,刷新了阜康乃至新疆煤层气开发历史日产气量的纪录(图4-15);在同一井场的第二口高产井CS11-向2经过排采,日产气达到了27 896m^3/d,第二次刷新了中国煤层气直井日产气量纪录(图4-16)[157]。

经过先导试验的研究,新疆科林思德能源有限责任公司联合北京奥瑞安能源技术开发有限公司在该区块的八道湾组$A_2^{\#}$煤层评价单元5,设计施工了新疆第一口煤层气水平井CSD-H。该井于2015年1月1日开始排采,经过20个月的排采,累计产气量1 142.1万m^3,平均产气量18 784.5m^3/d,且长期保持稳定;到2016年2月25日排采的第421天达到产气峰值35 794m^3/d;累计产水量3840m^3,最高产水量为49.3m^3/d,平均产水量6.32m^3/d,如图4-17所示[160]。

因此,上述数据表明,阜康矿区西部八道湾组$A_2^{\#}$煤层已达到煤层气商业开发状态,这与模糊模式识别评价结果一致,进一步验证了煤层气靶区优选模糊模式识别模型的合理性和可靠性。

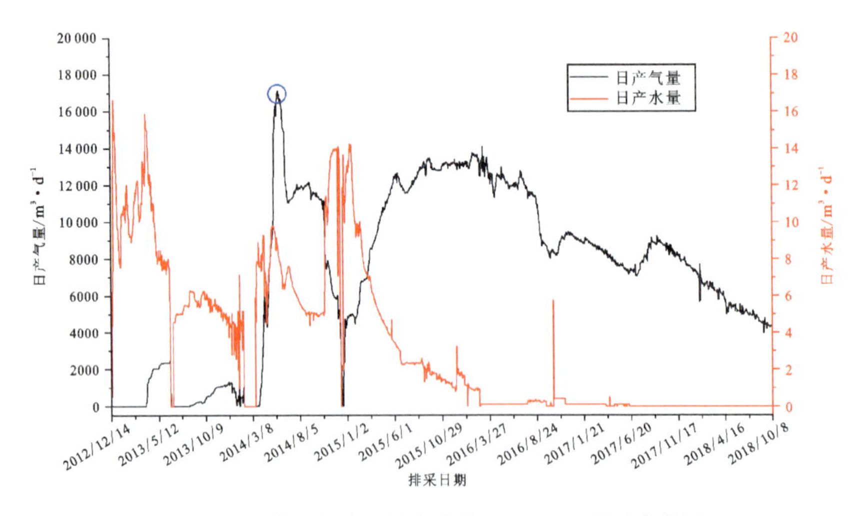

图 4-15　煤层气先导性实验井(CSD-01)排采曲线图

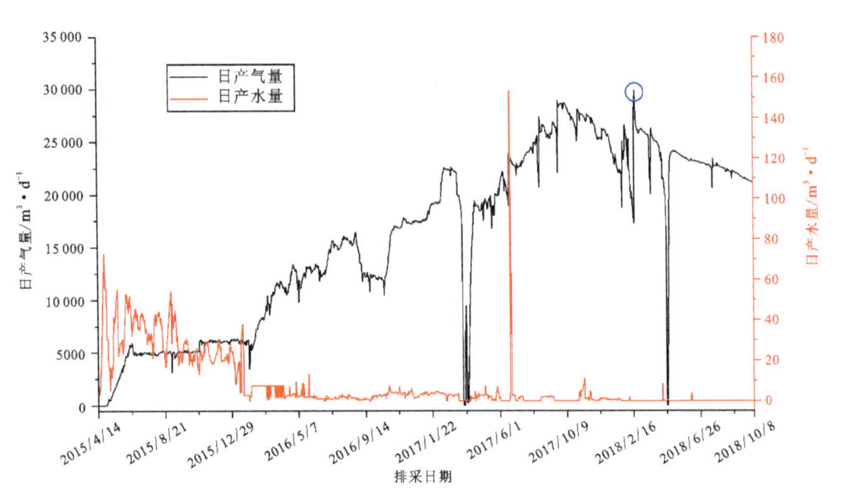

图 4-16　煤层气先导性实验井(CS11-向 2)排采曲线图

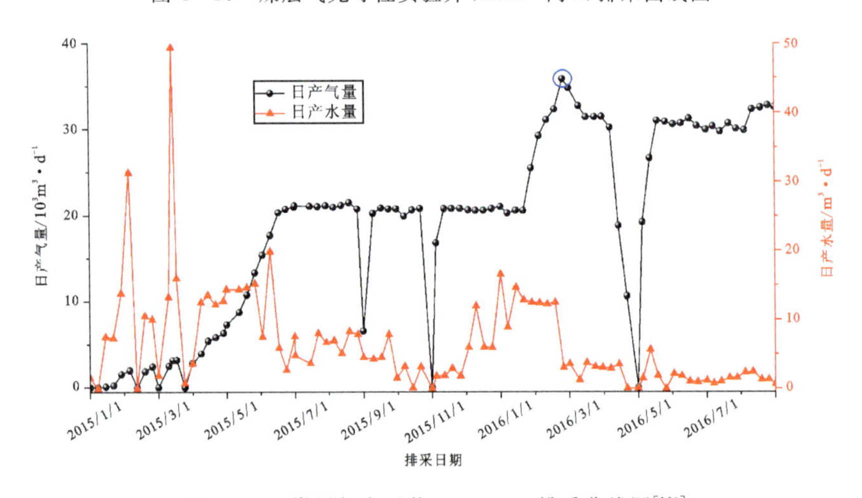

图 4-17　煤层气水平井(CSD-H)排采曲线图[160]

煤层气靶区优选模糊模式识别应用

5.1 沁水盆地北部新元煤矿煤层气靶区优选

新元煤矿是沁水盆地北部阳泉矿区非常重要的煤炭和煤层气赋存区之一，煤炭、煤层气资源储量分别高达 13.6 亿 t、150 亿 m^3，具有光明的开发前景。但随着开采深度的增加，煤层的瓦斯含量逐渐增大，瓦斯灾害已对新元煤矿安全生产构成了严重威胁，成为矿井实现质量、效益协调发展的瓶颈。因此，为了确保该区煤炭资源的高效开采，需要从根本上治理煤与瓦斯突出事故，实现煤层气资源的科学开发及商业价值，就必须对该区煤层气开发地质条件进行科学评价和全面分析，从而优选出最佳的开采单元。

5.1.1 新元煤矿地质特征

5.1.1.1 地质构造及分布特征

沁水盆地是我国的主要含煤盆地之一，盆地东、西、南、北分别与太行山隆起、霍山隆起、中条山隆起、五台山隆起相邻。在晚古生代—中生代分别受南北向和北西-南东向的强烈挤压作用，致使盆地内煤层发生变形，从而形成了不同类型和结构的煤层[161]。

新元煤矿位于沁水盆地北部的阳泉矿区，地理位置位于晋中市寿阳县西北部，是阳煤集团现生产的主力矿井之一。主要煤层的开采标高为＋50～＋1200m，煤矿东西最长 15.82km，南北最宽达 9.89km，煤矿面积约 136.77km^2。该煤矿的主采煤层有 3#、9# 和 15#。

受区域构造演化的控制，基本形态为走向近东西、向南倾斜的单斜构造，倾角一般小于 10°。在此单斜构造的基础上次级宽缓褶皱较发育，较大的有位于矿区西北部近似平行展布的大南沟背斜和蔡庄向斜，东部的草沟背斜以及东北部的龙门河向斜等（表 5－1）。

表 5－1 新元煤矿褶皱地质构造发育表

褶皱名称	位置	轴向	两翼倾角	备注
大南沟背斜	煤矿中西部	由北西西转近南北	北翼 3°～5°，南翼 3°～6°	由 6、11、16、40、46 钻孔控制
蔡庄向斜	煤矿西北部	北西西	北翼 2°～3°，南翼 4°～6°	由 33、45 钻孔控制
草沟背斜	煤矿东部	近南北	东翼 2°～5°，西翼 3°～8°	由 58、21 钻孔控制
龙门河向斜	煤矿东北部	北北东	东翼 3°～5°，西翼 4°～6°	由 23、33 钻孔控制

受褶皱的影响，局部地区地层产状发生显著变化，呈现波状起伏状。区内断层及陷落柱发育稀少，没有受到岩浆岩侵入的影响，总体构造发育特征属于简单—中等类型(图 5-1)。

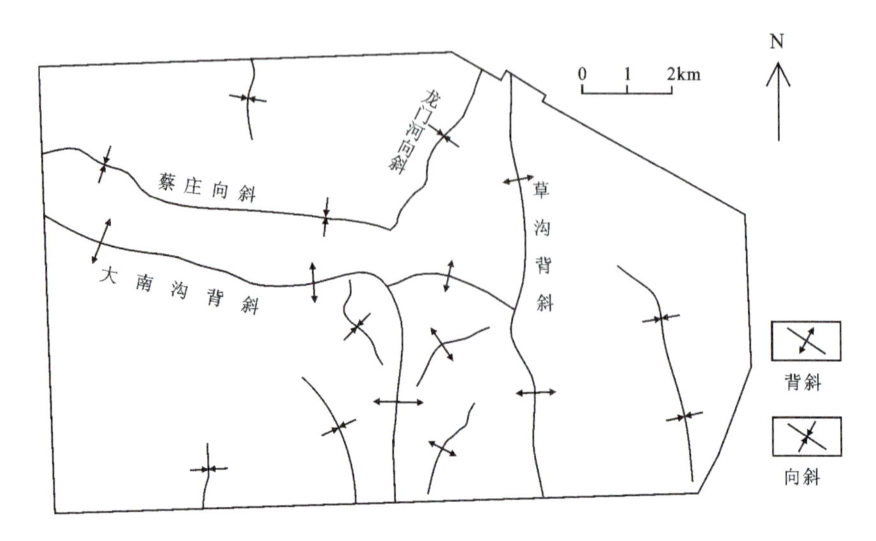

图 5-1 新元煤矿位置及构造纲要图

5.1.1.2 地层演化及煤层分布特征

1. 地层分布特征

新元煤矿地层发育完整，由老到新依次为寒武系、奥陶系、石炭系、二叠系、三叠系、古近系和第四系等地层，地层由老到新简述如下。

(1)寒武系(∈)：上寒武统凤山组为薄层灰岩夹竹叶状灰岩，夹紫色薄层竹叶状灰岩夹致密灰岩。该层厚度为 93～319m。

(2)奥陶系(O)：中奥陶统下马家沟组为深灰色含石膏角砾灰岩，黑灰色、灰黄色泥灰岩。该层厚度为 101.00～345.00m，平均厚度为 177.00m。由于该组埋深较大，裂隙及岩溶不发育。

(3)石炭系(C)：上石炭统太原组包含有砂岩、砂质泥岩、石灰岩以及 11 层煤层。石灰岩一般为 4 层，自上而下为 K_4、K_3、K_2 及 K_2 下。全组厚度为 100.92～150.78m，平均厚度为 123m。沉积厚度总体趋势是南厚北薄，东西厚中部薄，东西相对而言东部稍厚西部稍薄。

(4)二叠系(P)：包括下二叠统山西组、下石盒子组，上二叠统上石盒子组和石千峰组。

下二叠统山西组：由灰色—灰白色中细粒砂岩及深灰色、灰黑色砂质泥岩、泥岩及煤层组成。层厚为 31.53～78.20m，沉积厚度总的趋势为南厚北薄、中间厚、东西薄。

下二叠统下石盒子组：在下伏山西组上部连续沉积，厚度为 114.09～147.90m，平均厚度为 133.18m。K_{10} 砂岩的底部为下石盒子组的顶部边界，K_9 砂岩将其划分为两部分。下段由黄绿色、灰黑色砂质泥岩、灰黄色中、细粒长石石英砂岩组成。中部发育铝质泥岩。该段属三角洲环境沉积。厚度为 40.92～105.02m，平均厚度为 67.29m。上段主要由灰黄色、黄绿色中、粗粒长石石英砂岩、砂质泥岩组成，有较稳定的铝质泥岩，并且存在明显的斑状紫色杂陈其间。该段属河湖环境沉积，厚度为 38.43～88.47m，平均厚度为 65.89m。

上石盒子组：K_{13}砂岩底部为上石盒子组顶部边界，厚度为 353.80～438.45m，平均厚度为 368.24m。K_{12}砂岩将本组划分为上、中两部分。下段范围为 K_{10}砂岩底部边界到 K_{12}底部边界，厚度为 145.20～187.88m，平均厚度为 170.02m，下部主要由黄绿色、灰绿色细粒砂岩夹黄褐、紫褐色泥岩组成。上部以灰绿色、暗紫色砂质泥岩为主。中、上段以 K_{12}砂岩为底部边界，厚度为 160.00～258.00m，平均厚度为 198.22m，由黄绿色、暗紫色中、细粒砂岩与暗紫色、黄褐色、紫灰色砂质泥岩层组成。

上二叠统石千峰组：下部为黄绿色、暗紫色长石石英砂岩与暗紫色砂质泥岩互层；底部为暗紫色厚层状含砾中粗粒长石砂岩，厚度为 3.80～11.00m，平均厚度为 8.70m，泥质胶结，结构疏松；中部以暗紫色长石石英砂岩为主，间夹紫红色砂质泥岩；上部为紫红色砂质泥岩与紫色、紫灰色中细粒长石石英砂岩互层，砂质泥岩中含大量淡水灰岩结核，顶部常发育一层似层状淡水灰岩层，厚 1m 左右，可作为辅助标志与上覆地层分界。

(5)下三叠统刘家沟组(T_1l)：主要由砖红色细粒长石砂岩组成，局部含有少量砂质泥岩及粉砂岩。砂岩水平层理发育，板状构造，层面常有泥裂、波痕构造，该组地层经风化剥失，出露不全，仅残存 150m 左右。

(6)新近系上新统(N_2)：组成包含鲜红色、暗紫色黏土、紫红色细砂层、浅灰色砾石；层厚度为 3.00～25.00m，平均厚度为 13.69m。

(7)第四系(Q)：由红褐色、土黄色黏土、亚黏土及浅灰色砂砾石、砂等组成；层厚为 27.6～85.10m，平均厚度为 51.99m。

2.煤层分布特征

上石炭统太原组和下二叠统山西组构成了新元煤矿内最主要的含煤地层，聚煤环境的差异，造成岩性组合和岩相特征在形成时出现差异，同时含煤性也会出现不同程度的差异性。

太原组由海陆交替相石灰岩、砂岩、粉砂岩、泥岩组成，包含 5～10 层煤层，自上而下依次编号为 5#～9#、11#～16#。其中，9#、15#煤层为稳定大部分可采煤层，主要沉积在潟湖碳酸盐岩台地和平坦的环境中。太原组平均地层厚度为 129m，煤层平均厚度为 11.40m，地层含煤系数为 8.8%。

与太原组相比，山西组主要由陆相和海岸相砂岩、粉砂岩、泥岩组成，包含 2～7 个煤层。该组地层平均厚度为 62.36m，煤层平均厚度为 4.5m，含煤系数 7.2%。主采 3#煤层位于山西组的中部，煤层厚度大，煤体结构简单，顶板主要为砂质泥岩、泥岩，局部为中、细砂岩，底板为砂质泥岩，局部为粉砂岩，是整个区域的稳定可采煤层。

5.1.1.3 水文地质特征

新元煤矿经过长时间的风氧化和侵蚀剥离，地形地貌各式各样，交叉纵横，甚是复杂。历史上没有发生过泥石流和滑坡等地质运动灾害。矿区整体地势特征为东部低西部高，南部高北部低，燕子山是本煤矿地势最高的位置，海拔 1 265.50m，白马河是本煤矿地势最低的位置，海拔 1 020.20m，地理海拔相差 243.30m。煤矿内沟谷和河流相对比较发育，沟谷展布在白马河、黄门街河、大照河的两边区域，空间形态基本上处于平行状分布。河流属黄河流域汾河水系，流经煤矿的主要河流为白马河，常年有水，流量较小，一般为 1400m^3/h，洪水位标高为 1023～1085m，其自西向东流至煤矿东部边界附近的荣家堖村、寨沟村与寿阳县城之间后，由东北向西南沿煤矿东部边界流出矿区，最终在芦家庄村汇入潇河。

新元煤矿整体走向表现为近东、倾向近南的单斜构造，在这个单斜构造的基础上又衍生出一些次级褶曲和断层。郭家沟断层、东山背斜等地质构造影响着煤矿范围内地下水的运动。大南沟背斜、蔡庄向斜和草沟背斜是煤矿内比较大型的宽缓褶曲。根据水文地质钻孔资料可知，褶曲轴部的富水性都比较好，因此是矿区范围内良好的汇水或导水通道。该矿区处于娘子关泉域奥陶系灰岩的岩溶水深循环弱径流区，区内从下到上共发育 5 个含水层组。

1. 中奥陶统石灰岩岩溶水含水层组

煤矿内奥陶系灰岩的埋藏深度介于 700～900m。上、下马家沟组和峰峰组构成了中奥陶统。上马家沟组的岩溶发育程度和富水性都比较好。据煤矿范围内 SG－1 号孔勘探资料，奥陶系灰岩的埋藏深度为 608.02m。

据煤矿内 45、22、25 号钻孔资料，峰峰组揭露厚度为 50～149.91m，主要岩性为石灰岩和白云质灰岩、白云岩，其次是角砾状泥灰岩、泥岩等。根据 SG－1 号孔峰峰组抽水试验资料，含水层的厚度为 14.96m，单位涌水量为 0.008 61L/(s·m)，渗透系数 0.065m/d，水位标高为 704.20m。水化学类型属 HCO_3－Na 型，TDS 含量为 1.1g/L，硬度为 61.05mg/L。

2. 上石炭统太原组石灰岩溶隙及砂岩裂隙含水层组

太原组含水层岩性组成主要为石灰岩，该含水层在煤矿中并没有延伸出地表，埋深基本上都超过了 500m。

地面钻孔取样结果表明，石灰岩岩溶与裂隙的发育程度普遍较低，可以观察到其中存在很少量的溶隙，裂隙的充填物质基本上都是方解石。根据钻孔抽水试验可知，46 号孔单位涌水量仅为 0.000 14L/(s·m)，渗透系数 0.001 7m/d，水位标高为 978.91m。根据 46、P34 号钻孔抽水试验资料，HCO_3－Na 型是该组主要的水化学类型，46 号孔 TDS 含量为 1.4g/L，P34 号孔 TDS 含量为 2.27g/L，46 号孔与 P34 号孔的硬度范围为 32.31～79.43mg/L。

3. 下二叠统山西组砂岩裂隙含水层组

山西组含水层岩性组成主要为底砂岩与砂岩，山西组仅在煤矿外以北和以西方向 9～19km 范围内有少许出露，在煤矿内部并没有发现出露的情况，埋藏深度基本上都处于 450～750m 范围之间，砂岩裂隙发育程度普遍较低。

4. 二叠系石盒子组、石千峰组，三叠系刘家沟组砂岩裂隙含水层组

下石盒子组含水层岩性为中粒、细粒砂岩，含水层厚度变化幅度较大，厚度总体上较大，在煤矿内部并没有发现出露的情况，裂隙发育程度普遍较低。通过 11 号孔对本组与山西组上部混合抽水试验可知，本组单位涌水量为 2.65L/(s·m)，渗透系数为 4.93m/d，水位标高为 834.11m。总体上含水层表现为弱富水性，同时存在个别区域裂隙比较发育，富水性较好。11 号孔水化学类型为 HCO_3 - Na 型，TDS 含量为 0.55g/L，硬度为 22.49mg/L。上石盒子组含水层由中粒、细粒砂岩构成，该含水层的厚度变化幅度较大，厚度总体上较大，裂隙发育程度普遍较低。

5. 第四系砂砾石层含水层组

该含水层分布在较大沟谷中，由分选磨圆较差的砂、砾、卵石等组成，厚 0～30m，含孔隙潜水。本层埋藏浅，富水性强，单位涌水量为 0.507～3.855L/(s·m)。但由于埋藏浅，易受污染。其中，石炭系、二叠系含水层间均夹有较厚的泥质岩层，具有较好的隔水性能。大气降水是矿区内地下水的主要补给水源。

5.1.2 新元煤矿煤储层特征

5.1.2.1 煤岩煤质特征

1. 物理性质

新元煤矿煤储层煤的颜色呈现为黑色、灰黑色。光泽表现为玻璃和强玻璃，内生裂隙整体较发育，参差状、棱角状、条带状、线理状及粒状结构是煤断口的主要表现形式，煤的构造主要表现为层次、块状。煤的容重为 1.34～1.51g/cm³，比重为 1.48～1.66g/cm³。3#、9#和 15#煤层煤样实拍如图 5-2 所示，3 层煤层的视密度、真密度统计值范围分别为 1.36～1.56g/cm³ 和 1.45～1.71g/cm³，如表 5-2 所示。

图 5-2 新元煤矿 3#(a)、9#(b)和 15#(c)煤层煤样实拍图

表 5-2 新元煤矿 3#、9# 和 15# 煤层视密度和真密度

单位:g/cm³

煤层	3#	9#	15#
视密度	1.31～1.53(1.40)	1.36～1.79(1.54)	1.35～1.73(1.45)
真密度	0.66～1.79(1.47)	1.40～1.91(1.59)	1.44～1.84(1.54)

注:( )内数值表示平均值。

2. 宏观煤岩类型

因受到地质沉积作用影响,植物在漫长的成煤过程中出现了一些矿物杂质。目前大多数地区煤矿所开采的煤炭基本上都属于腐殖煤。

为了更好地描述煤的宏观煤岩类型,重点围绕煤的物理性质开展进一步讨论分析。光泽度、密度和断口类型等煤的物理性质对煤岩的客观描述起到了很关键的作用。宏观煤岩类型描述是研究煤层气资源量、煤质评价等相关工作的最基本内容,同时也为后期研究煤在储层中展布趋势和相关规律的工作提供了科学的基础资料。

肉眼观察是进行宏观煤岩分析采用的较为普遍的方法,并在此基础上开展分级分类,宏观煤体组分主要包括镜煤、亮煤、丝炭与暗煤。新元煤矿主要煤层与宏观煤岩的特征较为接近,亮煤占比最大,镜煤占比仅次于亮煤,暗煤占比最少,一般观测不到丝炭。在宏观煤岩类型中光亮和半光亮型煤所占的比例最大,暗淡与半暗型煤相比,亮煤和半光亮型煤所占比例就要少得多;大部分煤为条带状和线理状结构,均一状结构次之;层状构造是煤体的主要构造,局部分布有块状构造。

3. 显微煤岩特征

显微组分实质上是指能够在显微镜下观察辨识出来的有机组分,成煤物质、地质成因过程等因素的不同使煤中显微组分存在较大差异,根据我国《显微煤岩类型分类》(GB/T 15589—2013),显微组分可分为镜质组、壳质组和惰质组。通过以往地勘钻孔采样化验,对3#、9# 和 15# 煤层进行了显微煤岩鉴定,鉴定结果如表 5-3 所示。

3#、9# 和 15# 煤层显微煤岩组分特征如下。

(1)3# 煤层:显微组分以镜质组为主,偶见惰质组,矿物多见黏土矿物,呈颗粒状、条带状填充于孔隙中。无机组分大部分为黏土物质,并且占比很低,结构形态一般为分散状、浸染状等。

(2)9# 和 15# 煤层:以镜质组为主,结构形态主要表现为团块状和碎屑状。惰质组整体占比较低,煤体结构基本上都是氧化丝质体,极少数表现为火焚丝质体。无机组分通常占比较低,大部分为黏土颗粒物质,结构形态一般表现为分散状、条带状以及透镜状,有个别的黄铁矿结核。

煤层气生气的主要源岩来源于煤的镜质组和壳质组,且贯穿于整个成煤地质演化历史时期。尽管镜质组的生烃能力要弱于壳质组,但大多数矿山所开采的煤炭结构类型都属于腐殖煤,腐殖煤的显微组分中主要是镜质组,壳质组含量占比非常低,因此镜质组是煤层气生气的真正来源。

表 5-3 新元煤矿煤岩显微组分分布表

煤层		3#	9#	15#
有机组分/%	镜质组	73.5～90.4(82.8)	58.6～90.4(81.7)	70.6～90.3(82.3)
	半镜质组	1.3～4.4(2.5)	0.5～32.0(5.0)	1.2～6.0(2.6)
	惰质组	9.4～24.1(15.3)	6.6～37.0(15.8)	8.8～23.4(15.8)
无机组分/%	黏土类	4.1～21.6(11.6)	10.7～35.6(20.4)	4.2～33.1(11.5)
	硫化铁类	0.1～0.4(0.2)	0.2～0.8(0.5)	0.3～3.4(1.3)
	碳酸盐类	0.2～0.7(0.4)	0.1～0.9(0.5)	0.1～0.9(0.3)
	氧化物类	0.2～0.6(0.4)	(0.2)	(0.8)
	小计	4.1～22.2(11.7)	11.2～35.7(20.9)	4.8～35.5(12.3)
反射率 $R_{o,max}$/%		2.0～2.3(2.1)	2.0～2.4(2.2)	2.1～2.4(2.2)

注:( )内数值表示平均值。

4.煤变质程度分布特征

镜质组反射率实验煤样取自新元煤矿 3#、9# 和 15# 煤层,实验结果如表 5-4 所示。由实验测试结果可知,3#、9# 和 15# 煤层镜质组反射率分别为 2.00%～2.30%、2.00%～2.40%、2.10%～2.40%,由此可判断出 3 层煤层的煤变质情况,煤体变质程度均属于中高变质程度的贫瘦煤—无烟煤。

表 5-4 新元煤矿煤样镜质组反射率实验结果 单位:%

煤层编号	3#			9#			15#		
煤样编号	XY001	XY002	XY003	XY004	XY005	XY006	XY007	XY008	XY009
镜质组反射率/%	2.00	2.30	2.15	2.00	2.30	2.40	2.10	2.40	2.10
煤质情况	无烟煤、贫煤和贫瘦煤			无烟煤、贫煤和贫瘦煤			无烟煤、贫煤		

5.煤质工业分析

煤质工业分析实质上就是通过现场钻孔取样并在实验室化验分析从而得到煤的水分、灰分、挥发分和固定碳 4 个煤质参数结果。空气干燥法、氮气干燥法和甲苯蒸馏法是测定煤水分最常用的实验室方法。灰分的测定方法主要是借助缓慢或快速的灰化方法来得到结果。间接加减法不但可以测出来煤的挥发分,同时也能将固定碳的数值测出来。新元煤矿煤样工业分析测试结果如表 5-5 所示。

根据表 5-5,新元煤矿 3# 煤层全硫(St,d)为 0.33%～0.39%,平均值为 0.36%;9# 煤层全硫(St,d)为 0.25%～5.40%,平均值为 0.65%;15# 煤层全硫(St,d)为 0.28%～6.56%,平均值为 2.49%。通过对 3 层主采煤层测试数据可知,新元煤矿内 3# 煤层为中灰、特低硫的贫煤(PM),9# 煤层为中灰、特低硫的贫煤(PM),15# 煤层为中灰、中硫的无烟煤(WY_3)和贫煤(PM)。

表 5-5 新元煤矿煤样工业分析测试不同组分含量结果

单位:%

煤层编号	3#	9#	15#
水分	0.43～4.68(1.24)	0.55～3.45(1.99)	0.48～2.40(1.10)
灰分	6.20～30.92(13.44)	6.08～29.30(11.26)	8.40～41.32(15.14)
挥发分	8.57～12.00(10.86)	9.26～13.50(11.23)	8.44～16.36(9.96)
固定碳	81.24～86.16(84)	73.56～84.28(78.92)	68.98～78.88(73.93)
全硫	0.33～0.39(0.36)	0.25～5.40(0.65)	0.28～6.56(2.49)

注:( )内数值表示平均值。

同一煤层的不同区域和同一区域的不同煤层,在水分、灰分以及挥发分方面都存在一定的差异性。根据新元煤矿 3#、9# 和 15# 煤层工业分析对比结果可知;3 层主采煤层水分含量、挥发分和固定碳含量相差并不明显,9# 煤层的灰分含量小于 3# 和 15# 煤层。煤的割理、裂隙中矿物充填越发育,其灰分含量就会越高,充填物越多就会在一定程度上使孔裂隙堵塞,进一步间接使煤层渗透性降低,所以灰分含量在一定程度上影响着煤的渗透性。

5.1.2.2 煤储层孔裂隙发育特征

煤储层是由孔、裂隙组成的双重结构系统,其中孔隙是煤层气赋存的主要场所,孔隙发育程度直接关系到煤层气容纳气体的能力和吸附能力。裂隙是煤层气在煤储层中运移的主要通道,其发育特征直接影响到煤储层渗透性的大小和气体在煤层中的流向。由于这一特性,才使得煤储层具有储气能力和允许煤层气“扩散—渗流—运移”的能力。在煤化作用过程中会生成大量挥发性物质以吸附态赋存在煤的孔隙中,气体的产出须先从煤体内表面解吸,通过微孔扩散,流入裂隙系统,最终汇入井筒[162-163]。因此,煤中孔、裂隙的发育对提高基质渗透率具有控制作用,定量表征煤中孔、裂隙发育的特征对于客观合理进行煤层气评价十分重要。通常可以借助高压压汞实验和场发射扫描电子显微镜进行更深入的研究。采用孔隙的十进制分类方法,将煤样内部孔隙分为微孔(＜10nm)、过渡孔(10～100nm)、中孔(100～1000nm)、大孔(＞1000nm)。

对于煤孔隙结构的研究测定大多数采用的是压汞法。压汞法测试煤样孔隙主要利用汞对煤表面具有非浸润性,非浸润流体仅在施加压力时方可进入孔隙内,并且进汞体积为外加压力的函数,压汞仪通过记录加压过程中压力与注入样品孔中汞体积的变化关系,得到压汞曲线,通过分析该曲线求得孔体积、孔比表面积及孔径分布。压汞法测定孔隙是基于圆柱形毛细孔模型,对于圆柱形毛细孔,注入压力与孔径满足 Washburn 方程。

图 5-3～图 5-5 为新元煤矿煤样压汞曲线,从中可以看出煤样进退汞曲线之间存在明显的滞后环,说明煤中存在较多的开放孔隙,在一定程度上显示出煤层内部孔隙的连通性较好。通过退汞曲线的走势可以发现曲线形状表现为下凹状,这说明半封闭孔在孔隙中占有

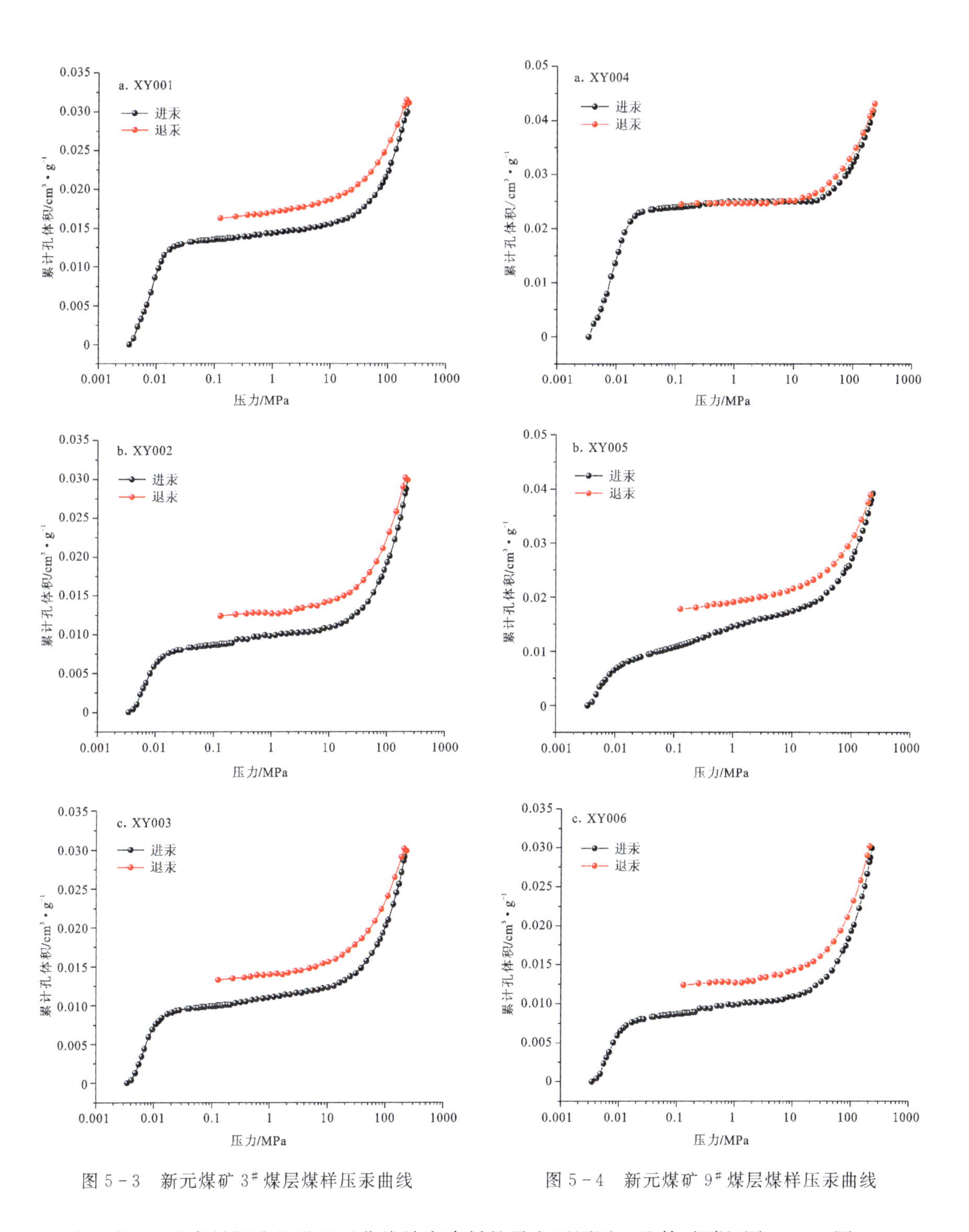

图 5-3 新元煤矿 3# 煤层煤样压汞曲线

图 5-4 新元煤矿 9# 煤层煤样压汞曲线

一定比例,这些半封闭孔是进退汞曲线效率降低的最主要原因。此外,根据(图 5-6～图 5-8,表 5-6、表 5-7)可以看出新元煤矿的孔隙结构特征,可具体表述为:孔隙中微孔、过渡孔、大孔占比较大,在煤中发育程度较好,中孔占比较小;微孔和过渡孔的比表面积在煤中占比均大于99.5%，表明新元煤矿煤的孔裂隙可供煤层气附着的面积较大，进而为煤层气的富集提供了良好的赋存空间。同时，孔裂隙之间的连通性较好，为煤层中的瓦斯运移创造了有利条件，也有助于地面煤层气井中煤层气的顺利产出。

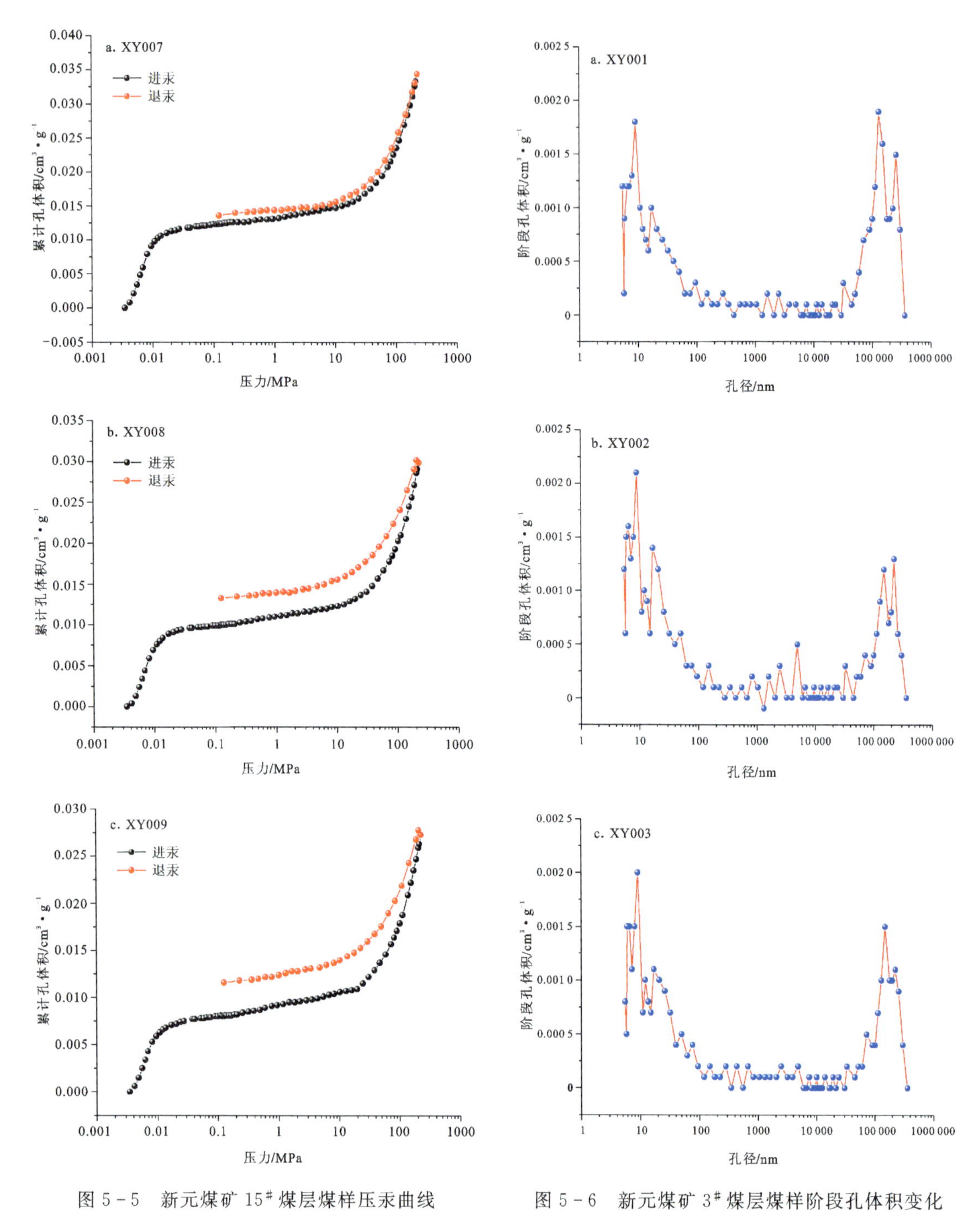

图5-5　新元煤矿15#煤层煤样压汞曲线　　图5-6　新元煤矿3#煤层煤样阶段孔体积变化

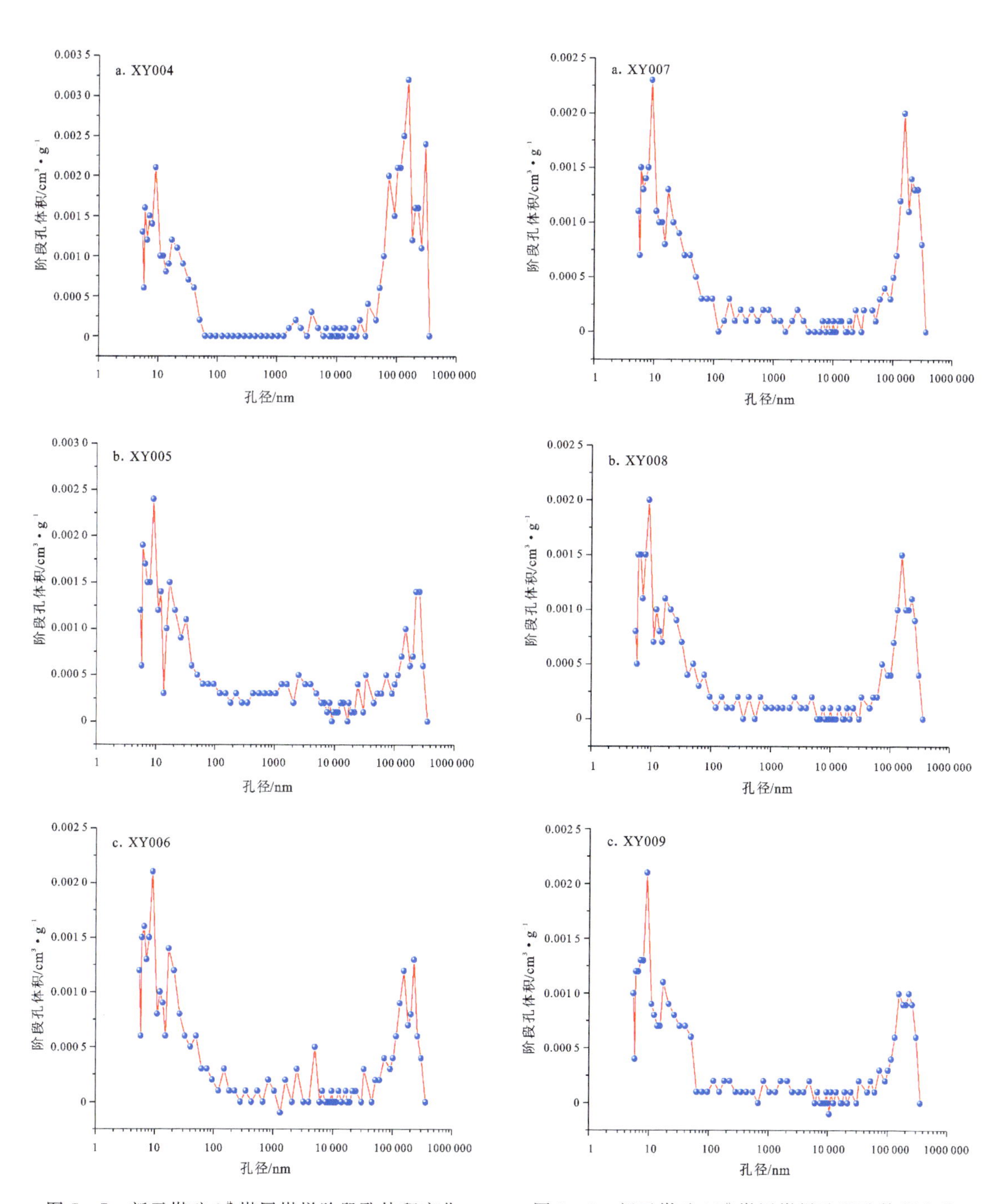

图 5-7　新元煤矿 9# 煤层煤样阶段孔体积变化　　图 5-8　新元煤矿 15# 煤层煤样阶段孔体积变化

利用场发射扫描电子显微镜(FESEM)观察新元煤矿 3#、9#、15# 煤层煤样表面的微观孔裂隙特征(图 5-9～图 5-11)。

表 5-6 煤样阶段孔体积及占比

煤层编号		3#			9#			15#		
煤样编号		XY001	XY002	XY003	XY004	XY005	XY006	XY007	XY008	XY009
阶段孔体积/$cm^3 \cdot g^{-1}$	微孔	0.007 8	0.008 9	0.009 8	0.009 7	0.010 8	0.009 8	0.009 8	0.008 9	0.008 5
	过渡孔	0.007 8	0.008 7	0.009 2	0.008 4	0.010 9	0.009 2	0.009 9	0.008 7	0.008 2
	中孔	0.001 1	0.001 2	0.001 0	0	0.002 7	0.001	0.001 5	0.001 2	0.001 3
	大孔	0.014 4	0.011 1	0.009 9	0.025 0	0.014 7	0.009 9	0.013 2	0.011 1	0.009 3
总孔体积/$cm^3 \cdot g^{-1}$		0.031 1	0.029 9	0.029 9	0.043 1	0.039 1	0.029 9	0.034 4	0.029 9	0.027 3
阶段孔体积占比/%	微孔	25.1	29.8	32.8	22.5	27.6	32.8	28.5	29.8	31.1
	过渡孔	25.1	29.1	30.8	19.5	27.9	30.8	28.8	29.1	30.0
	中孔	3.5	4.0	3.3	0.0	6.9	3.3	4.4	4.0	4.8
	大孔	46.3	37.1	33.1	58.0	37.6	33.1	38.4	37.1	34.1

注:微孔 $d<10$nm;过渡孔 10nm$<d<$100nm;中孔 100nm$<d<$1000nm;大孔 $d>$1000nm。

表 5-7 煤样阶段孔比表面积及占比

煤层编号		3#			9#			15#		
煤样编号		XY001	XY002	XY003	XY004	XY005	XY006	XY007	XY008	XY009
阶段孔比表面积/$m^2 \cdot g^{-1}$	微孔	4.208	4.837	5.339	5.325	5.856	5.339	5.270	4.837	4.548
	过渡孔	1.523	1.643	1.780	1.803	2.074	1.780	1.958	1.643	1.618
	中孔	0.001 7	0.016	0.017	0.000	0.038	0.017	0.019	0.016	0.020
	大孔	0.002	0.002	0.002	0.002	0.006	0.002	0.002	0.002	0.002
总孔比表面积/$m^2 \cdot g^{-1}$		5.750	6.498	7.138	7.130	7.974	7.138	7.249	6.498	6.188
阶段孔体积占比/%	微孔	73.18	74.44	74.80	74.68	73.44	74.80	72.70	74.44	73.50
	过渡孔	26.49	25.28	24.94	25.29	26.01	24.94	27.01	25.28	26.15
	中孔	0.03	0.25	0.24	0.00	0.48	0.24	0.26	0.25	0.32
	大孔	0.03	0.03	0.03	0.03	0.08	0.03	0.03	0.03	0.03

3# 煤层所采煤样表面孔隙较发育且较集中,表面“镶嵌”有黏土质矿物和硅酸盐矿物,呈颗粒状、条带状填充于孔隙中;张裂隙较发育,被矿物填充孔。断口参差不齐(图 5-9)。9# 煤层所采煤样表面分布有圆形或者椭圆形的孔隙结构,以气孔和不规则孔为主。这些孔隙结构相对比较发育并且基本上都存在于基质表面,这样有利于煤层气的生气和储气。孔隙和裂隙周围附有矿物质。表面具有发育的张裂隙,并把煤体分割成块状,裂隙中间充填物较少。煤岩组分界线明显,断口呈阶梯状或参差状(图 5-10)。

15# 煤层煤样发育有气孔但孔隙之间没有明显的连通关系。有较发育的微裂隙和张裂隙,裂隙内有矿物充填和闭合现象,断口形态呈阶梯状、参差状(图 5-11)。

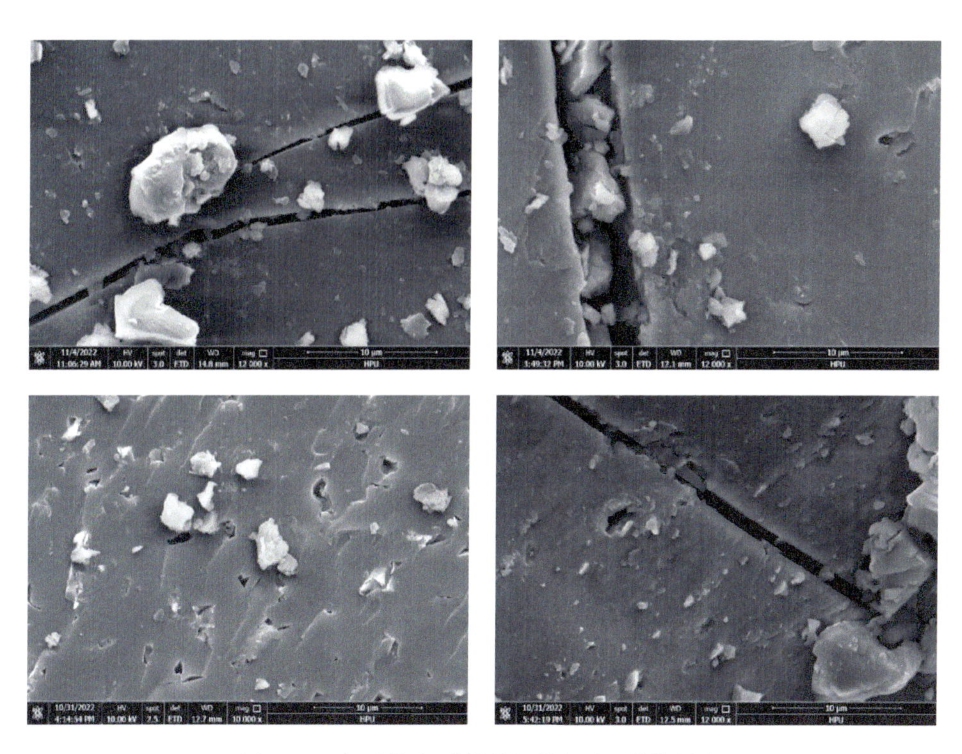

图 5-9　新元煤矿 3# 煤层扫描电子显微镜图片

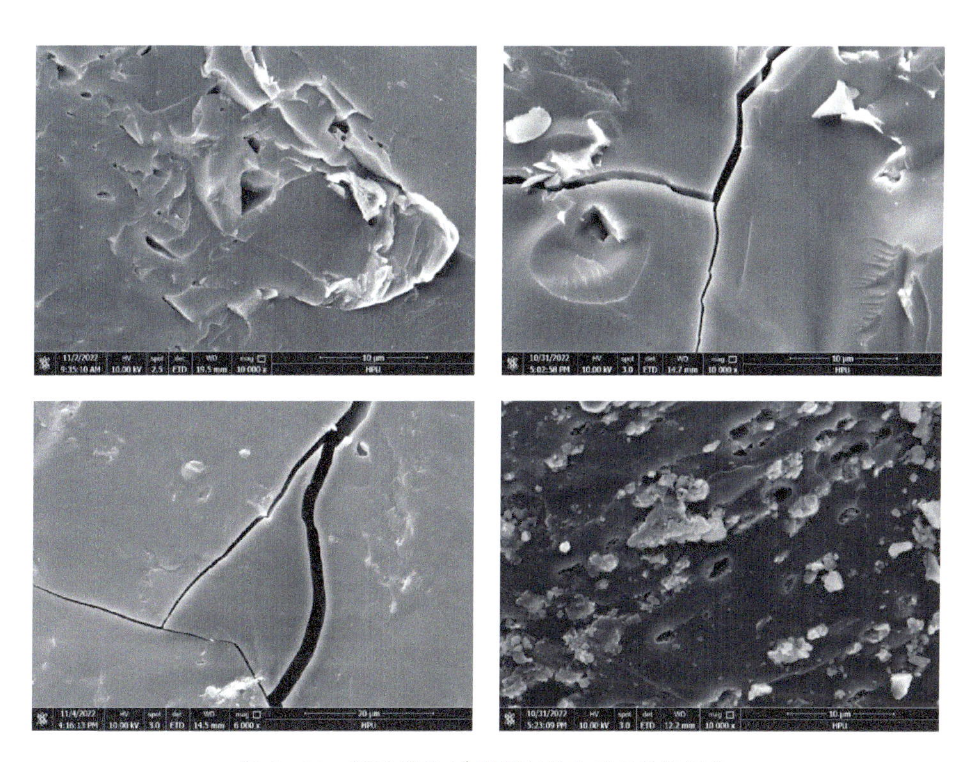

图 5-10　新元煤矿 9# 煤层扫描电子显微镜图片

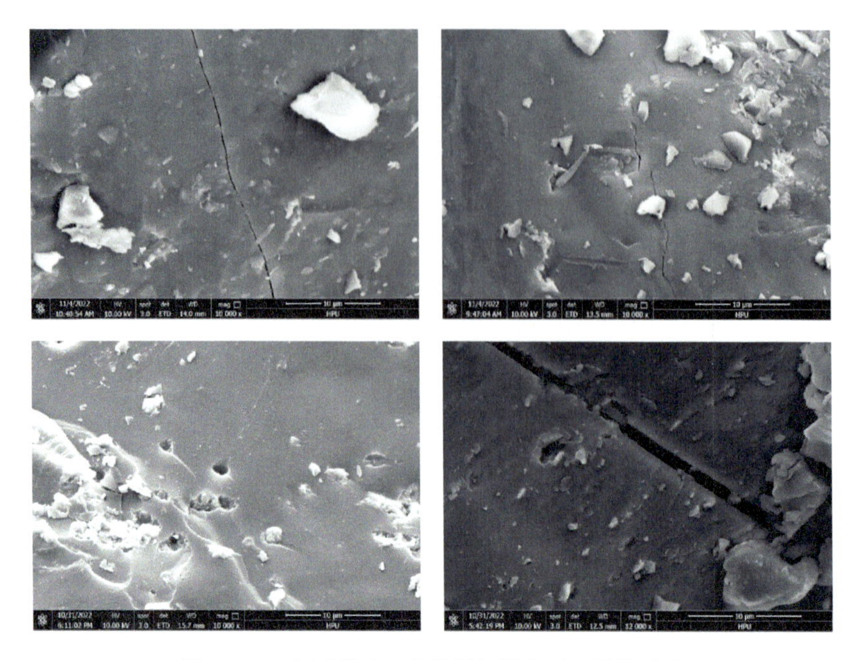

图 5-11　新元煤矿 15# 煤层扫描电子显微镜图片

新元煤矿煤样整体表现为表面孔隙密集发育，有大量矿物呈颗粒状或条带状镶嵌之上。煤样微裂隙更为发育，部分被矿物填充，断口参差不齐。孔裂隙的发育为煤层气的运移产出提供了良好的通道。

5.1.2.3　煤层埋深与厚度

1. 煤层埋深

煤层埋深是煤层气勘探开发非常重要的一个地质参数，通过影响煤的变质程度、储层压力、渗透率、含气量等对煤层气勘探开发产生影响。埋深较浅的煤层受氧化严重，不利于煤层气保存。通常煤层埋深越深，煤层受到的压力越大，上覆岩层为煤储层提供的封盖条件可以有效地避免煤层气的逸散。

从新元煤矿煤层赋存条件来看，煤层的埋藏深度为 400～900m。通过对新元煤矿地面勘探钻孔埋深数据统计分析，绘制了新元煤矿煤层气含量与埋深的等值线图，并通过对埋深和含气量数据统计分析，发现新元煤矿煤层气含量与埋深之间具有一定线性关系。

由新元煤矿 3# 煤层埋深等值线可知，煤层埋深在 300～720m 之间，平均埋深为 580m；煤层埋深布局整体表现为南深北浅，走向趋势为由南向北整体发生抬升，埋深最大区域在煤层中南部两侧（图 5-12）。由新元煤矿 9# 煤层埋深等值线可知，煤层埋深在 300～875m 之间，平均埋深为 590m；煤层埋深布局为南深北浅，走向趋势与 3# 煤层类似，由南向北整体发生抬升，最高值区位于煤层南部（图 5-13）。由新元煤矿 15# 煤层的埋深等值线图可知，煤层埋深在 450～970m 之间，平均埋深为 730m；煤层大体走势是由南向北整体抬升，最高值区位于煤层南部，煤层走向趋于平缓（图 5-14）。

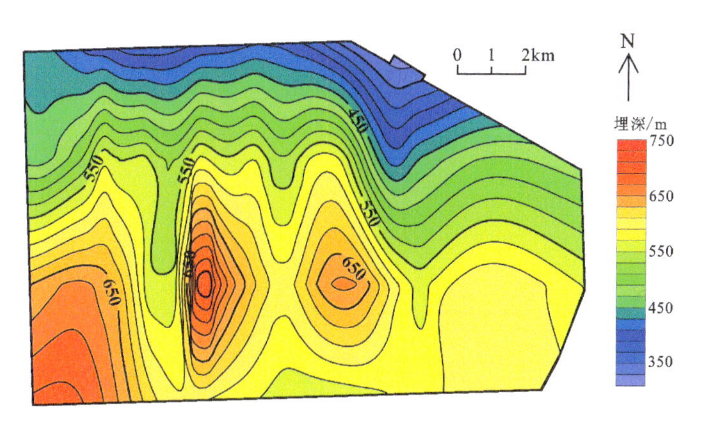

图 5-12 新元煤矿 3# 煤层埋深等值线图

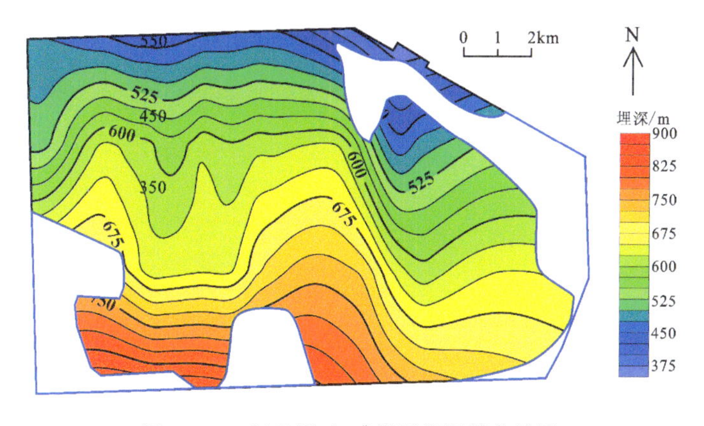

图 5-13 新元煤矿 9# 煤层埋深等值线图

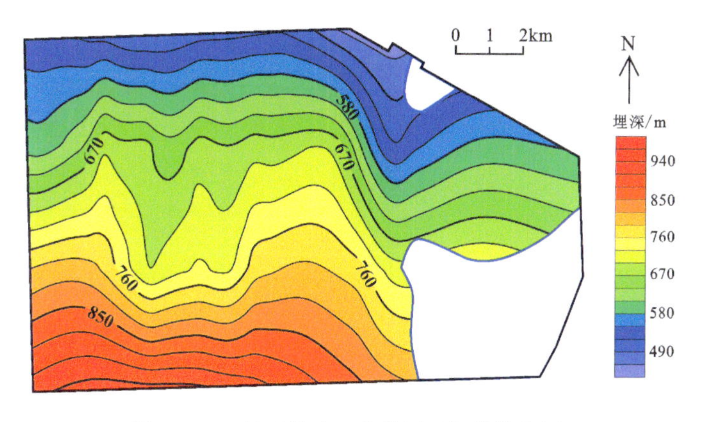

图 5-14 新元煤矿 15# 煤层埋深等值线图

2.煤层厚度

煤层既是生气层又是储气层，一定厚度的煤层有利于煤层气在中间分层中的富集，从而减弱向四周扩散的能力。因此，煤层厚度是煤层气富集和保存的重要条件之一。

根据已有的勘探钻孔及生产井获得的煤厚资料统计发现：3# 煤层的厚度在 0.8～3.6m

之间，平均厚度为 2.5m，属于中厚—厚煤层；煤层结构简单，顶底板相对平坦，岩性为泥岩。9$^{\#}$煤层厚度在 0.5～3.8m 之间，平均厚度为 2.15m；15$^{\#}$煤层厚度在 0～5.1m 之间，平均厚度为 2.59m。根据新元煤矿勘探测试数据进行分析统计，并绘制 3$^{\#}$、9$^{\#}$和 15$^{\#}$煤层厚度等值线图，如图 5－15～图 5－17 所示。

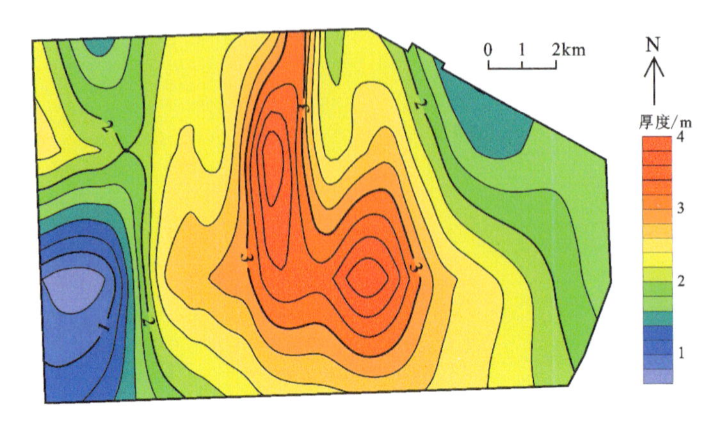

图 5－15　新元煤矿 3$^{\#}$煤层厚度等值线图

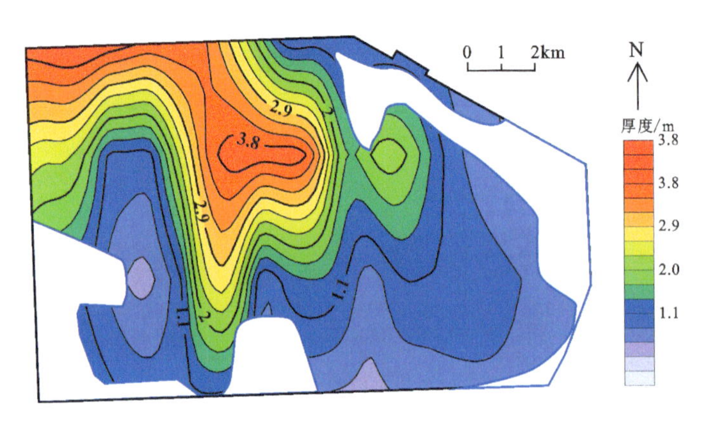

图 5－16　新元煤矿 9$^{\#}$煤层厚度等值线图

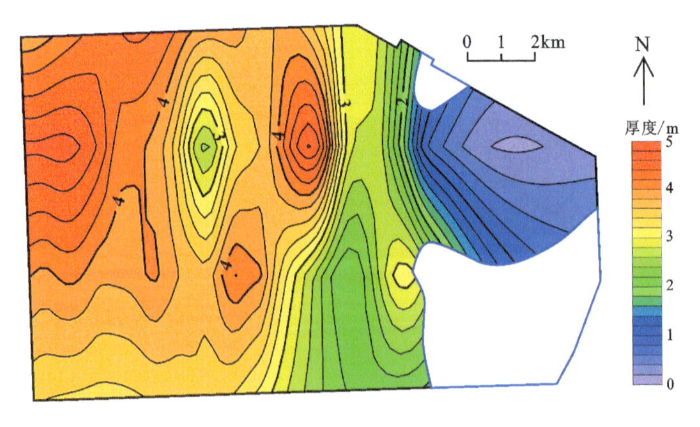

图 5－17　新元煤矿 15$^{\#}$煤层厚度等值线图

由新元煤矿 3# 煤层煤厚等值线图可知，煤层厚度整体走势为由煤矿中部向东西两侧逐渐变薄，在矿区的西南部达到最小值，高值区位于煤矿中部，因此在中部煤层气资源量相对较多，为煤层气开采奠定基础(图 5-15)。由新元煤矿 9# 煤层煤厚等值线图可知，煤层厚度整体走势为由煤矿北部向南部外延逐渐变薄，高值区位于煤矿中北部，因此在中北部煤层气赋存较多，根据埋深等值线，该高值区埋深相对较浅，有利于煤层气开发(图 5-16)。由新元煤矿 15# 煤层煤厚等值线图可知，煤层中西部地区是煤层厚度的高值区，煤层气资源量较大，整体煤厚走势为东薄西厚(图 5-17)。

5.1.2.4 煤层含气性及吸附解吸特征

1. 含气量

含气量是确定煤层气资源和评价煤层气开采的重要参数。通过收集勘探钻孔煤样进行煤层含气量测试计算得出，3# 煤层的含气量在 3.8～25.0m^3/t 之间，平均值为 14.1m^3/t；9# 煤层含气量在 6～22.0m^3/t 之间，平均值为 13m^3/t；15# 煤层含气量在 7.8～23.0m^3/t 之间，平均值为 12.6m^3/t。根据新元煤矿勘探测试数据进行分析统计，并绘制 3#、9# 和 15# 煤层含气量等值线图，如图 5-18～图 5-20 所示。

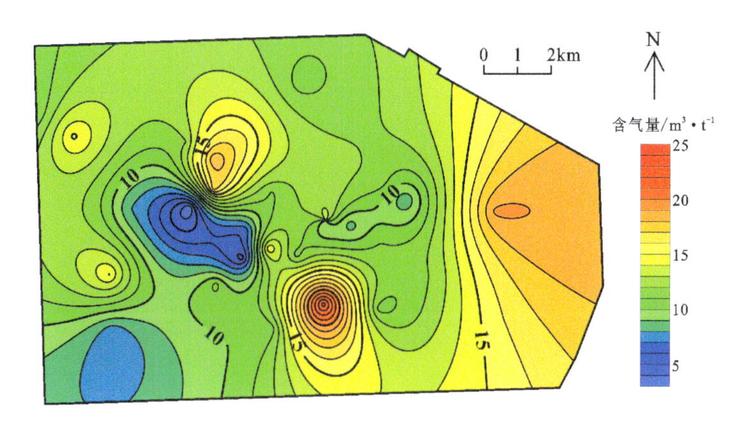

图 5-18 新元煤矿 3# 煤层含气量等值线图

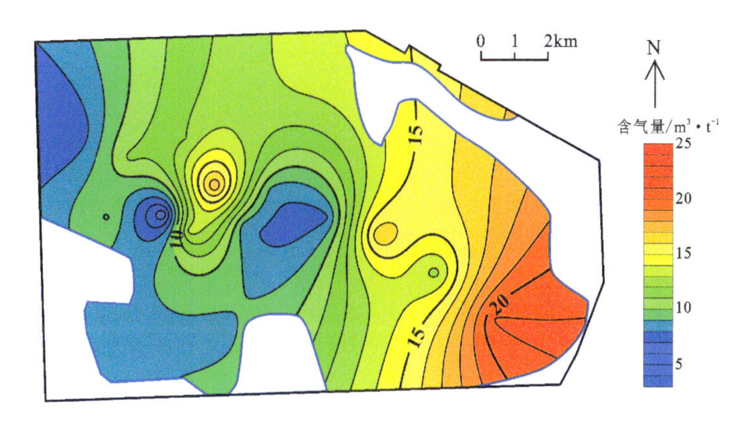

图 5-19 新元煤矿 9# 煤层含气量等值线图

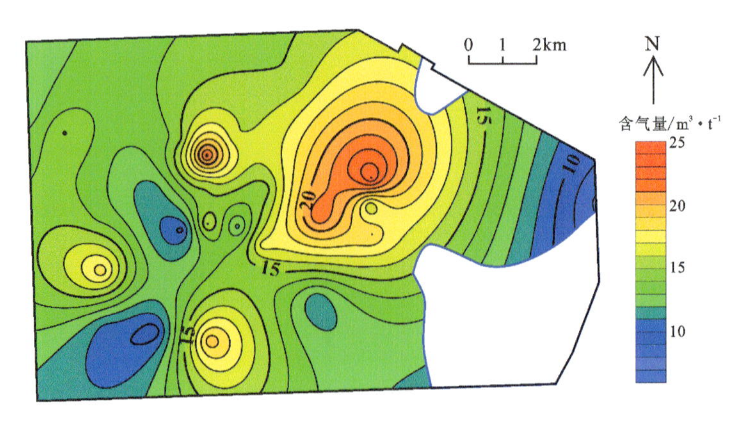

图 5-20 新元煤矿 15# 煤层含气量等值线图

由新元煤矿 3# 煤层含气量等值线图可知，煤层含气量最高的区域在矿井的中南部，最低的区域在中西部；总体表现为从中心部位向西部逐渐减小，向东部逐渐增大的趋势（图 5-18）。由新元煤矿 9# 煤层气含气量等值线图可知，煤层的含气量高值区主要分布在东南部，整体趋势为由东南向西北方向逐渐降低，但在中北部有一块区域是煤层气含气量高值区（图 5-19）。由新元煤矿 15# 煤层气含量等值线图可知，煤层气含量主要分布于中部大部分区域，含气量整体走势为由中部向四周逐渐降低（图 5-20）。

2. 吸附解吸特征

煤层气在煤层中的赋存形式基本上是以吸附态存在的，主要吸附区域集中在煤储层孔-裂隙系统中，吸附-解吸特性是煤储层含气性和煤层气井产能非常重要的关键参数。通过钻孔取样，并在实验室进行等温吸附试验对新元煤矿主厚煤层的吸附性开展研究。基于干燥无灰基样品，在 30℃下对 3#、9# 和 15# 煤层进行等温吸附试验，实验结果见图 5-21～图 5-23。

由新元煤矿煤样等温吸附曲线可知，3# 煤层煤样朗格缪尔体积为 24.30～34.69cm^3/g，平均值为 29.49cm^3/g，煤层气储集能力较好；朗格缪尔压力为 0.63～1.01MPa，平均值为 0.82MPa，表明煤层气解吸能力中等，整体而言具有中等煤层气开发潜力。9# 煤层朗格缪尔体积平均值为 29.8m^3/t，对甲烷的吸附力较佳；朗格缪尔压力平均值为 1.43MPa，具有较好的开发潜力。15# 煤层朗格缪尔体积平均值为 29.3m^3/t，储集能力较好，朗格缪尔压力均值为 1.17MPa，具备较好的煤层气开发潜力。

临界解吸压力可以反映煤层降压解吸的难易程度，其大小可以根据实测含气量、朗格缪尔体积和朗格缪尔压力求得，结果见表 5-8。由表 5-8 可知，3# 煤层临界解吸压力介于 0.612～0.768MPa 之间，平均值为 0.689MPa；9# 煤层临界解吸压力介于 0.747～0.898MPa 之间，平均值为 0.823MPa；15# 煤层临界解吸压力介于 0.844～0.925MPa 之间，平均值为 0.884MPa。因此，可初步判断新元煤矿煤层气排采降压的难易程度为 15#＞9#＞3#。

5.1.2.5 煤层渗透率和储层压力

根据煤层气试井资料及渗透率实验可知，3# 煤层渗透率在 0.09×10^{-3}～0.25×10^{-3} μm^2

之间，平均值为 $0.16\times10^{-3}\mu m^2$；$9^{\#}$煤层渗透率在 $0.11\times10^{-3}\sim0.32\times10^{-3}\mu m^2$ 之间，平均值为 $0.21\times10^{-3}\mu m^2$；$15^{\#}$煤层渗透率在 $0.06\times10^{-3}\sim0.20\times10^{-3}\mu m^2$ 之间，平均值为 $0.13\times10^{-3}\mu m^2$。由此可知，新元煤矿主采煤层属于低渗煤层。

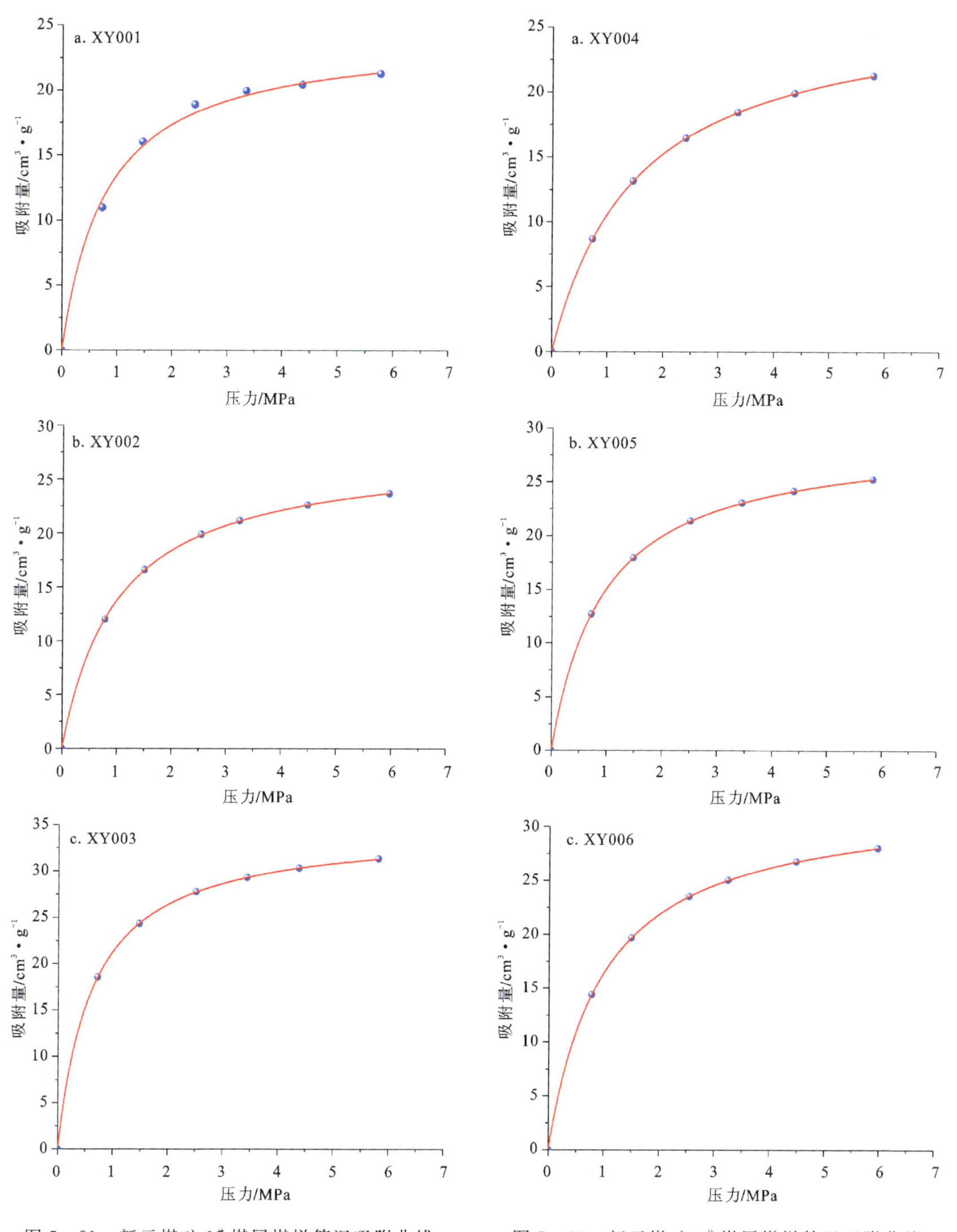

图 5-21　新元煤矿 $3^{\#}$煤层煤样等温吸附曲线　　图 5-22　新元煤矿 $9^{\#}$煤层煤样等温吸附曲线

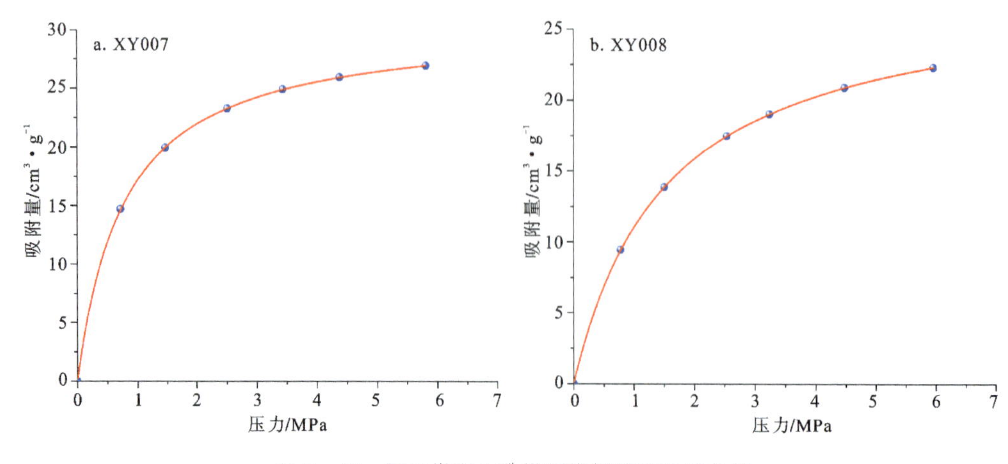

图 5-23 新元煤矿 15# 煤层煤样等温吸附曲线

表 5-8 新元煤矿主采煤层吸附-解吸测试结果

煤层编号	3#			9#			15#	
煤样编号	XY001	XY002	XY003	XY004	XY005	XY006	XY007	XY008
吸附量/$cm^3 \cdot g^{-1}$	24.30	27.71	34.69	26.91	29.33	32.68	30.58	28.09
压力/MPa	0.79	1.01	0.63	1.53	0.94	0.99	0.79	1.54
临界解吸压力/MPa	0.768	0.612	0.688	0.826	0.747	0.898	0.844	0.925

3# 煤层储层压力介于 2.01～3.55MPa 之间，平均值为 2.62MPa；储层压力梯度平均值为 0.421MPa/100m。9# 煤层储层压力介于 2.32～4.92MPa 之间，平均值为 2.88MPa；储层压力梯度平均值为 0.437MPa/100m。15# 煤层储层压力介于 1.93～5.38MPa 之间，平均值为 3.19MPa；储层压力梯度平均值为 0.449MPa/100m。通过储层压力梯度对储层的划分[164]，新元煤矿主采煤层属于欠压储层。

5.1.3 新元煤矿煤层气靶区优选

1. 靶区优选评价单元划分

通常一个矿区内的地质构造发育越复杂，越不利于煤层气的开采，但是煤层内割理裂隙的发育又受构造演化作用等的影响。因此，地质构造在煤层气靶区优选评价单元划分中起着关键作用。新元煤矿褶皱发育强烈，断层、陷落柱等几乎不发育，根据整理分析收集的地质资料及绘制的含气量、煤层厚度与埋藏深度等值线图，不难知道新元煤矿范围内含气量、煤层厚度、褶皱等地质构造条件基本上都存在各自的优势范围，根据褶皱走向和煤矿边界对新元煤矿 3# 煤层煤层气开发进行评价单元划分，划分结果如图 5-24 所示。具体划分如下。

评价单元 1：该单元处于煤矿西北部，西部和北部以煤矿边界为界，东部以龙门河向斜为界，南部以蔡庄向斜为界；埋深相对较浅，地势起伏较小，煤厚和含气量属于中等。

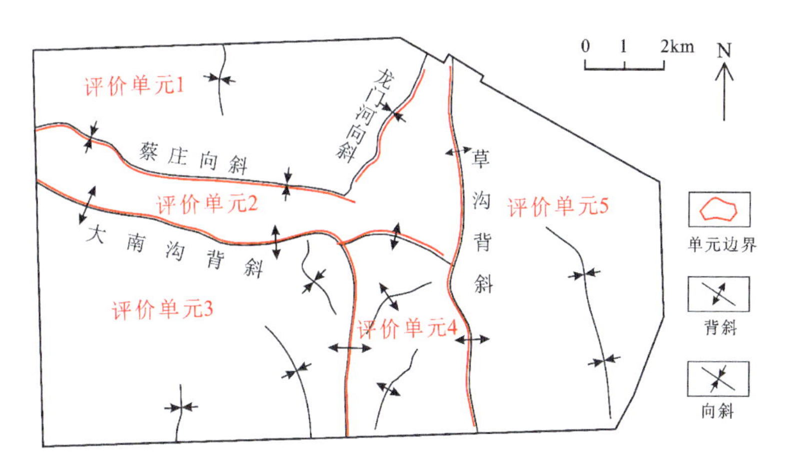

图 5-24 新元煤矿 3# 煤层评价单元划分

评价单元 2：该单元处于煤矿中西部，西部以煤矿边界为界，北部以蔡庄向斜和龙门河向斜为界，南部以大南沟背斜为界，东部以草沟背斜为界；埋深相对较浅，地势起伏不大，局部存在小断层和陷落柱。

评价单元 3：该单元处于煤矿西南部，西部和南部以煤矿边界为界，北部和东部以大南沟背斜为界；地势起伏相对较大，煤厚和含气量不是很理想，埋深较深。

评价单元 4：该单元处于煤矿中南部，南部以煤矿边界为界，西部以草沟背斜为界，北部以构造背斜为界，东部以大南沟背斜为界；地势起伏较大，埋深相对较深，煤厚和含气量的高值区存在叠加情况。

评价单元 5：该单元东部、南部和北部以煤矿边界为界，西部以草沟背斜为界；地势平缓，埋深变化较大，煤厚和含气量属于中等。

在 3# 煤层评价单元划分原则的基础上，9# 和 15# 煤层在矿区的局部区域由于煤层露头尖灭线的存在，其评价单元划分结果分别如图 5-25、图 5-26 所示。

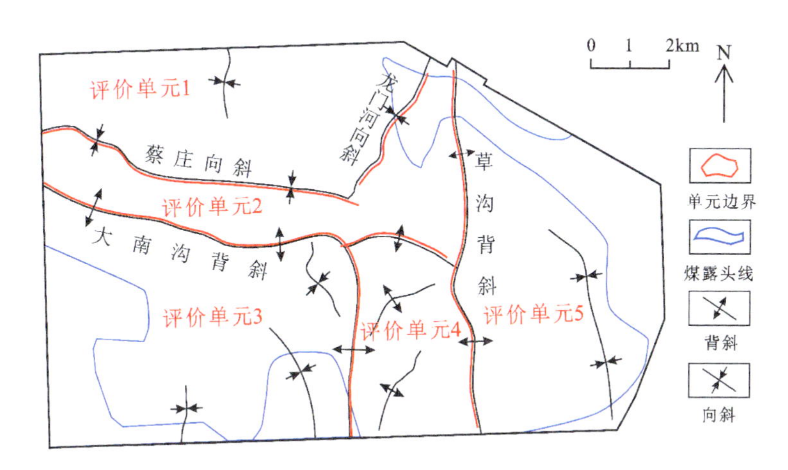

图 5-25 新元煤矿 9# 煤层评价单元划分

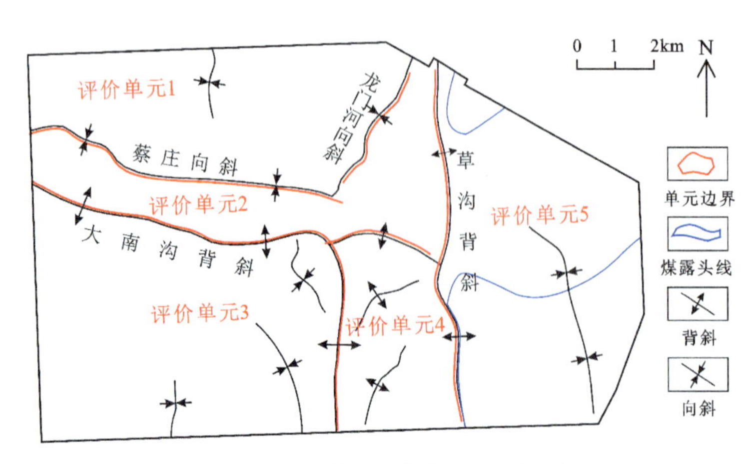

图 5-26 新元煤矿 15# 煤层评价单元划分

2. 靶区优选过程和结果

通过前文对新元煤矿主厚煤层评价单元的划分以及 5.2.1 节和 5.2.2 节对新元煤矿主采煤层地质特征与煤储层特征的描述，可以分别获得 3#、9#、15# 煤层各个评价单元的评价参数，如表 5-9～表 5-11 所示。

表 5-9 新元煤矿 3# 煤层评价参数

评价参数	评价单元 1	评价单元 2	评价单元 3	评价单元 4	评价单元 5
煤层埋深/m	525.0	530.0	660.0	610.0	550.0
地质构造	构造中等，改造不强烈	构造中等，改造不强烈	构造中等，改造不强烈	构造简单，改造弱	构造简单，改造弱
水文条件	弱径流区，水质较不利	复杂滞流区，水质较有利	弱径流区，水质较不利	简单滞流区，水质有利	简单滞流区，水质有利
煤层分布面积/km^2	26.60	19.47	38.53	14.73	37.45
煤层厚度/m	2.2	3.1	1.5	3.5	2.3
镜质组/%	79.8	84.6	71.5	89.6	81.6
灰分/%	20.8	14.6	25.7	12.9	16.3
含气量/$m^3 \cdot t^{-1}$	12.8	14.2	8.8	20.1	16.0
甲烷含量/%	82.6	84.1	81.8	90.6	88.3
含气饱和度/%	80.5	81.3	76.6	89.3	85.4
临储压力比	0.49	0.57	0.38	0.67	0.62
渗透率/$10^{-3}\mu m^2$	0.12	0.16	0.09	0.22	0.19
煤体结构	碎裂	原生—碎裂	碎裂—碎粒	碎裂	碎裂
有效地应力/MPa	11.03	11.13	13.86	12.81	11.35
煤层与围岩关系	关系较简单，煤层间距较小	关系较简单，煤层间距较小	关系较简单，煤层间距较小	关系较简单，煤层间距较小	关系较简单，煤层间距较小

表 5-10 新元煤矿 9# 煤层评价参数

评价参数	评价单元 1	评价单元 2	评价单元 3	评价单元 4	评价单元 5
煤层埋深/m	525	650	750	750	620
地质构造	构造简单，改造弱	构造简单，改造弱	构造中等，改造较强烈	构造中等，改造不强烈	构造中等，改造不强烈
水文条件	简单滞流区，水质有利	简单滞流区，水质有利	弱径流区，水质较不利	复杂滞流区，水质较有利	复杂滞流区，水质较有利
煤层分布面积/km^2	26.43	18.74	26.95	14.69	24.72
煤层厚度/m	3.6	2.9	1.5	1.4	1.7
镜质组/%	81.7	86.3	71.2	78.4	73.6
灰分/%	11.3	12.9	23.7	16.5	19.4
含气量/$m^3 \cdot t^{-1}$	13.0	10.0	9.0	12.0	18.0
甲烷含量/%	82.4	84.3	81.7	83.6	82.3
含气饱和度/%	88.5	86.3	76.9	84.3	85.4
临储压力比	0.60	0.75	0.75	0.68	0.60
渗透率/$10^{-3}\mu m^2$	0.21	0.32	0.11	0.20	0.18
煤体结构	原生—碎裂	原生—碎裂	碎裂—碎粒	碎裂	碎裂
有效地应力/MPa	11.03	13.65	15.75	15.75	13.02
煤层与围岩关系	关系较简单，煤层间距较小	关系较简单，煤层间距较小	关系较简单，煤层间距较小	关系较简单，煤层间距较小	关系较简单，煤层间距较小

表 5-11 新元煤矿 15# 煤层评价参数

评价参数	评价单元 1	评价单元 2	评价单元 3	评价单元 4	评价单元 5
煤层埋深/m	580	680	840	830	630
地质构造	构造简单，改造弱	构造简单，改造弱	构造中等，改造不强烈	构造中等，改造不强烈	构造中等，改造较强烈
水文条件	简单滞流区，水质有利	简单滞流区，水质有利	简单滞流区，水质有利	复杂滞流区，水质较有利	弱径流区，水质较不利
煤层分布面积/km^2	26.60	19.47	38.53	14.73	20.37
煤层厚度/m	4.3	3.6	3.8	2.6	1.1
镜质组/%	86.3	82.3	73.8	79.1	70.6
灰分/%	12.8	16.4	22.8	17.3	26.7
含气量/$m^3 \cdot t^{-1}$	17.6	15.3	12.0	16.0	14.0
甲烷含量/%	87.8	84.4	83.2	85.9	81.6

续表 5-11

评价参数	评价单元 1	评价单元 2	评价单元 3	评价单元 4	评价单元 5
含气饱和度/%	85.6	81.3	80.2	80.7	77.3
临储压力比	0.69	0.63	0.51	0.59	0.50
渗透率/$10^{-3}\mu m^2$	0.19	0.14	0.12	0.12	0.06
煤体结构	原生—碎裂	原生—碎裂	碎裂	碎裂	碎粒
有效地应力/MPa	12.17	14.28	17.64	17.75	13.81
煤层与围岩关系	关系较简单，煤层间距较小	关系较简单，煤层间距较小	关系较简单，煤层间距较小	关系较简单，煤层间距较小	关系较简单，煤层间距较小

按照与第 4 章中同样的方法，首先，以 2.2 节中“表 2-2 中高煤阶煤层气靶区优选评价参数体系”为标准，对表 5-9～表 5-11 中的各项参数进行归一化处理，结果见表 5-12～表 5-14；其次，建立各个评价单元的评价参数矩阵 $\boldsymbol{E}_i$，对评价参数矩阵和评价级别矩阵进行转换，计算模糊贴近度 $\beta(\boldsymbol{M},\boldsymbol{N})$；最后确定各评价单元的评价级别(表 5-15～表 5-17)。最终通过对比各评价单元的模糊贴近度 β，确定新元煤矿 3#、9#、15# 煤层煤层气开靶区优选结果排名，3# 煤层从高到低排名依次为评价单元 4、5、2、1、3，建议优先开发评价单元 4 和 5(图 5-27)；9# 煤层从高到低排名依次为评价单元 1、2、5、4、3，建议优先开发评价单元 1 和 2(图 5-28)；15# 煤层从高到低排名依次为评价单元 1、2、4、3、5，建议优先开发评价单元 1 和 2(图 5-29)。

表 5-12　新元煤矿 3# 煤层评价参数归一化结果

评价参数	评价单元 1		评价单元 2		评价单元 3		评价单元 4		评价单元 5	
	级别	计算结果	级别	计算结果	级别	计算结果	级别	计算结果	级别	计算结果
煤层埋深/m	Ⅰ	0.679	Ⅰ	0.671	Ⅰ	0.486	Ⅰ	0.557	Ⅰ	0.643
地质构造	Ⅱ	1	Ⅱ	1	Ⅱ	1	Ⅰ	1	Ⅰ	1
水文条件	Ⅲ	1	Ⅱ	1	Ⅲ	1	Ⅰ	1	Ⅰ	1
煤层分布面积/km^2	Ⅲ	0.184	Ⅲ	0.105	Ⅲ	0.317	Ⅲ	0.053	Ⅲ	0.305
煤层厚度/m	Ⅲ	0.10	Ⅲ	0.55	Ⅳ	0.75	Ⅲ	0.75	Ⅲ	0.15
镜质组/%	Ⅰ	1	Ⅰ	1	Ⅱ	0.767	Ⅰ	1	Ⅰ	1
灰分/%	Ⅱ	0.42	Ⅰ	0.03	Ⅲ	0.953	Ⅰ	0.14	Ⅱ	0.87
含气量/$m^3 \cdot t^{-1}$	Ⅱ	0.686	Ⅱ	0.886	Ⅱ	0.114	Ⅰ	1	Ⅰ	1
甲烷含量/%	Ⅲ	0.52	Ⅲ	0.82	Ⅲ	0.36	Ⅰ	1	Ⅱ	0.66
含气饱和度/%	Ⅰ	1	Ⅰ	1	Ⅱ	0.83	Ⅰ	1	Ⅰ	1
临储压力比	Ⅲ	0.967	Ⅱ	0.233	Ⅲ	0.6	Ⅱ	0.567	Ⅱ	0.40
渗透率/$10^{-3}\mu m^2$	Ⅱ	0.022	Ⅱ	0.067	Ⅲ	0.889	Ⅱ	0.133	Ⅱ	0.10

续表 5-12

评价参数	评价单元 1		评价单元 2		评价单元 3		评价单元 4		评价单元 5	
	级别	计算结果	级别	计算结果	级别	计算结果	级别	计算结果	级别	计算结果
煤体结构	Ⅱ	1	Ⅰ	1	Ⅱ	1	Ⅱ	1	Ⅱ	1
有效地应力/MPa	Ⅱ	0.794	Ⅱ	0.774	Ⅱ	0.228	Ⅱ	0.438	Ⅱ	0.730
煤层与围岩关系	Ⅱ	1	Ⅱ	1	Ⅱ	1	Ⅱ	1	Ⅱ	1

表 5-13 新元煤矿 9# 煤层评价参数归一化结果

评价参数	评价单元 1		评价单元 2		评价单元 3		评价单元 4		评价单元 5	
	级别	计算结果	级别	计算结果	级别	计算结果	级别	计算结果	级别	计算结果
煤层埋深/m	Ⅰ	0.68	Ⅰ	0.50	Ⅰ	0.40	Ⅰ	0.40	Ⅰ	0.54
地质构造	Ⅰ	1	Ⅰ	1	Ⅲ	1	Ⅱ	1	Ⅱ	1
水文条件	Ⅰ	1	Ⅰ	1	Ⅲ	1	Ⅱ	1	Ⅱ	1
煤层分布面积/km^2	Ⅲ	0.183	Ⅲ	0.097	Ⅲ	0.188	Ⅲ	0.052	Ⅲ	0.164
煤层厚度/m	Ⅲ	0.80	Ⅲ	0.45	Ⅳ	0.75	Ⅳ	0.70	Ⅳ	0.85
镜质组/%	Ⅰ	1	Ⅰ	1	Ⅱ	0.75	Ⅰ	1	Ⅱ	0.91
灰分/%	Ⅰ	0.25	Ⅰ	0.14	Ⅱ	0.13	Ⅱ	0.85	Ⅱ	0.56
含气量/$m^3 \cdot t^{-1}$	Ⅱ	0.71	Ⅱ	0.29	Ⅲ	0.14	Ⅱ	0.57	Ⅰ	1
甲烷含量/%	Ⅲ	0.48	Ⅲ	0.86	Ⅲ	0.34	Ⅲ	0.72	Ⅲ	0.46
含气饱和度/%	Ⅰ	1	Ⅰ	1	Ⅱ	0.845	Ⅰ	1	Ⅰ	1
临储压力比	Ⅱ	0.33	Ⅱ	0.83	Ⅱ	0.83	Ⅱ	0.6	Ⅱ	0.33
渗透率/$10^{-3}\mu m^2$	Ⅱ	0.12	Ⅱ	0.24	Ⅱ	0.01	Ⅱ	0.11	Ⅱ	0.09
煤体结构	Ⅰ	1	Ⅰ	1	Ⅲ	1	Ⅱ	1	Ⅱ	1
有效地应力/MPa	Ⅱ	0.794	Ⅱ	0.270	Ⅲ	0.850	Ⅲ	0.850	Ⅱ	0.396
煤层与围岩关系	Ⅱ	1	Ⅱ	1	Ⅱ	1	Ⅱ	1	Ⅱ	1

表 5-14 新元煤矿 15# 煤层评价参数归一化结果

评价参数	评价单元 1		评价单元 2		评价单元 3		评价单元 4		评价单元 5	
	级别	计算结果	级别	计算结果	级别	计算结果	级别	计算结果	级别	计算结果
煤层埋深/m	Ⅰ	0.60	Ⅰ	0.46	Ⅰ	0.23	Ⅰ	0.24	Ⅰ	0.53
地质构造	Ⅰ	1	Ⅰ	1	Ⅱ	1	Ⅱ	1	Ⅱ	1
水文条件	Ⅰ	1	Ⅱ	1	Ⅰ	1	Ⅱ	1	Ⅲ	1

续表 5-14

评价参数	评价单元 1		评价单元 2		评价单元 3		评价单元 4		评价单元 5	
	级别	计算结果	级别	计算结果	级别	计算结果	级别	计算结果	级别	计算结果
煤层分布面积/km^2	Ⅲ	0.184	Ⅲ	0.105	Ⅲ	0.317	Ⅲ	0.053	Ⅲ	0.115
煤层厚度/m	Ⅱ	0.15	Ⅲ	0.80	Ⅲ	0.90	Ⅲ	0.30	Ⅳ	0.55
镜质组/%	Ⅰ	1	Ⅰ	1	Ⅱ	0.92	Ⅰ	1	Ⅱ	0.71
灰分/%	Ⅰ	0.147	Ⅱ	0.86	Ⅱ	0.22	Ⅱ	0.77	Ⅲ	0.887
含气量/$m^3 \cdot t^{-1}$	Ⅰ	1	Ⅰ	1	Ⅱ	0.57	Ⅰ	1	Ⅱ	0.86
甲烷含量/%	Ⅱ	0.56	Ⅲ	0.88	Ⅲ	0.64	Ⅱ	0.18	Ⅲ	0.32
含气饱和度/%	Ⅰ	1	Ⅰ	1	Ⅰ	1	Ⅰ	1	Ⅱ	0.865
临储压力比	Ⅱ	0.63	Ⅱ	0.43	Ⅱ	0.03	Ⅱ	0.30	Ⅲ	1
渗透率/$10^{-3}\mu m^2$	Ⅱ	0.10	Ⅱ	0.044	Ⅱ	0.22	Ⅱ	0.22	Ⅲ	0.556
煤体结构	Ⅰ	1	Ⅰ	1	Ⅱ	1	Ⅱ	1	Ⅲ	1
有效地应力/MPa	Ⅱ	0.566	Ⅱ	0.144	Ⅲ	0.472	Ⅲ	0.514	Ⅱ	0.354
煤层与围岩关系	Ⅱ	1	Ⅱ	1	Ⅱ	1	Ⅱ	1	Ⅱ	1

表 5-15 新元煤矿 3# 煤层模糊贴近度计算结果

评价单元	模糊贴近度				评价级别
	Ⅰ	Ⅱ	Ⅲ	Ⅳ	
1	0.230 7	0.423 9	0.238 6	0	Ⅱ
2	0.317 2	0.431 5	0.128 3	0	Ⅱ
3	0.043 2	0.350 3	0.455 2	0.069 0	Ⅲ
4	0.563 2	0.263 9	0.067 5	0	Ⅰ
5	0.474 6	0.400 3	0.038 3	0	Ⅰ

表 5-16 新元煤矿 9# 煤层模糊贴近度计算结果

评价单元	模糊贴近度				评价级别
	Ⅰ	Ⅱ	Ⅲ	Ⅳ	
1	0.521 8	0.259 9	0.124 3	0	Ⅰ
2	0.510 9	0.238 2	0.127 5	0	Ⅰ
3	0.037 3	0.332 6	0.424 8	0.072 4	Ⅲ
4	0.203 1	0.518 6	0.137 2	0.061 3	Ⅱ
5	0.222 8	0.551 1	0.054 7	0.077 2	Ⅱ

表 5-17 新元煤矿 15# 煤层模糊贴近度计算结果

评价单元	模糊贴近度				评价级别
	Ⅰ	Ⅱ	Ⅲ	Ⅳ	
1	0.598 3	0.266 5	0.016 3	0	Ⅰ
2	0.455 4	0.290 1	0.148 9	0	Ⅰ
3	0.205 3	0.456 7	0.214 4	0	Ⅱ
4	0.292 5	0.493 9	0.078 3	0	Ⅱ
5	0.045 8	0.414 2	0.421 9	0.049 2	Ⅲ

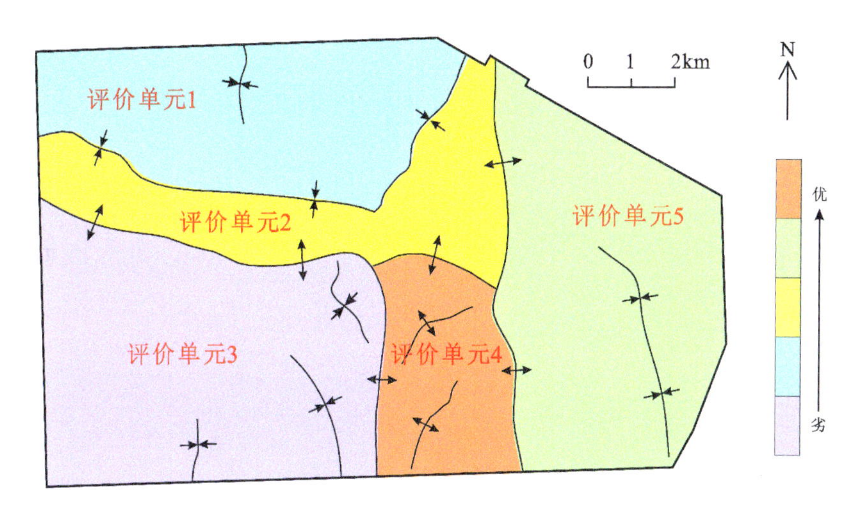

图 5-27 新元煤矿 3# 煤层煤层气开发潜力预测图

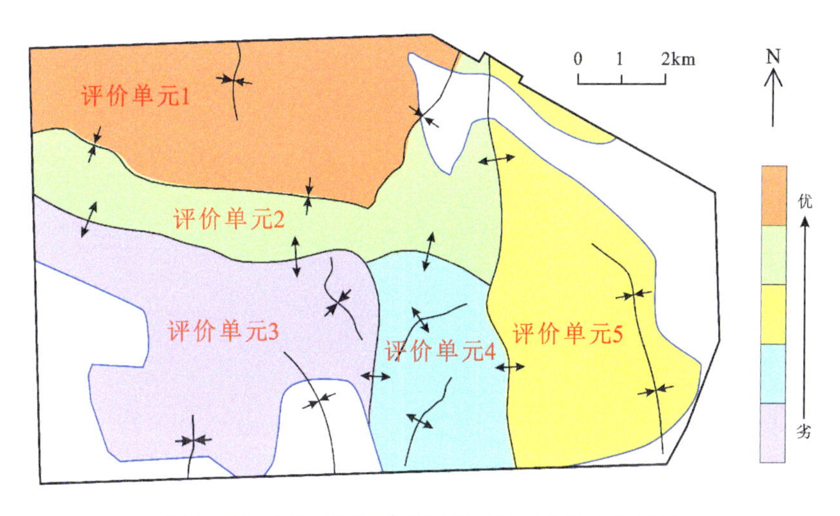

图 5-28 新元煤矿 9# 煤层煤层气开发潜力预测图

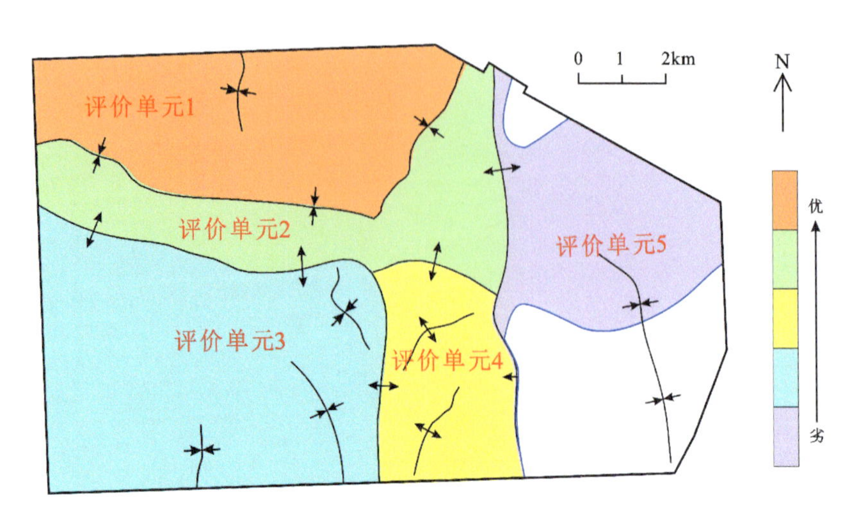

图 5－29 新元煤矿 15# 煤层煤层气开发潜力预测图

新元煤矿 3# 煤层各个评价单元的评价参数矩阵 $\boldsymbol{E}_i$ 如下。

$$\boldsymbol{E}_1=\begin{bmatrix}0.679&0&0&0\\0&1&0&0\\0&0&1&0\\0&0&0.184&0\\0&0&0.1&0\\1&0&0&0\\0&0.42&0&0\\0&0.686&0&0\\0&0&0.52&0\\1&0&0&0\\0&0&0.967&0\\0&0.022&0&0\\0&1&0&0\\0&0.794&0&0\\0&1&0&0\end{bmatrix}\boldsymbol{E}_2=\begin{bmatrix}0.671&0&0&0\\0&1&0&0\\0&1&0&0\\0&0&0.105&0\\0&0&0.55&0\\1&0&0&0\\0.03&0&0&0\\0&0.886&0&0\\0&0&0.82&0\\1&0&0&0\\0&0.233&0&0\\0&0.067&0&0\\1&0&0&0\\0&0.774&0&0\\0&1&0&0\end{bmatrix}\boldsymbol{E}_3=\begin{bmatrix}0.486&0&0&0\\0&1&0&0\\0&0&1&0\\0&0&0.317&0\\0&0&0&0.75\\0&0.767&0&0\\0&0&0.953&0\\0&0.114&0&0\\0&0&0.36&0\\0&0.83&0&0\\0&0&0.6&0\\0&0&0.889&0\\0&0&1&0\\0&0.228&0&0\\0&1&0&0\end{bmatrix}$$

$$
\boldsymbol{E}_4=\begin{bmatrix}
0.557 & 0 & 0 & 0\\
1 & 0 & 0 & 0\\
1 & 0 & 0 & 0\\
0 & 0 & 0.053 & 0\\
0 & 0 & 0.75 & 0\\
1 & 0 & 0 & 0\\
0.14 & 0 & 0 & 0\\
1 & 0 & 0 & 0\\
1 & 0 & 0 & 0\\
1 & 0 & 0 & 0\\
0 & 0.567 & 0 & 0\\
0 & 0.133 & 0 & 0\\
0 & 1 & 0 & 0\\
0 & 0.438 & 0 & 0\\
0 & 1 & 0 & 0
\end{bmatrix}\quad
\boldsymbol{E}_5=\begin{bmatrix}
0.643 & 0 & 0 & 0\\
1 & 0 & 0 & 0\\
1 & 0 & 0 & 0\\
0 & 0 & 0.305 & 0\\
0 & 0 & 0.15 & 0\\
1 & 0 & 0 & 0\\
0 & 0.87 & 0 & 0\\
1 & 0 & 0 & 0\\
0 & 0.66 & 0 & 0\\
1 & 0 & 0 & 0\\
0 & 0.4 & 0 & 0\\
0 & 0.1 & 0 & 0\\
0 & 1 & 0 & 0\\
0 & 0.73 & 0 & 0\\
0 & 1 & 0 & 0
\end{bmatrix}
$$

新元煤矿 9# 煤层各个评价单元的评价参数矩阵 $\boldsymbol{E}_i$ 如下。

$$
\boldsymbol{E}_1=\begin{bmatrix}
0.68 & 0 & 0 & 0\\
1 & 0 & 0 & 0\\
1 & 0 & 0 & 0\\
0 & 0 & 0.183 & 0\\
0 & 0 & 0.75 & 0\\
1 & 0 & 0 & 0\\
0.25 & 0 & 0 & 0\\
0 & 0.71 & 0 & 0\\
0 & 0 & 0.48 & 0\\
1 & 0 & 0 & 0\\
0 & 0.33 & 0 & 0\\
0 & 0.12 & 0 & 0\\
1 & 0 & 0 & 0\\
0 & 0.794 & 0 & 0\\
0 & 1 & 0 & 0
\end{bmatrix}\quad
\boldsymbol{E}_2=\begin{bmatrix}
0.50 & 0 & 0 & 0\\
1 & 0 & 0 & 0\\
1 & 0 & 0 & 0\\
0 & 0 & 0.097 & 0\\
0 & 0 & 0.45 & 0\\
1 & 0 & 0 & 0\\
0.14 & 0 & 0 & 0\\
0 & 0.29 & 0 & 0\\
0 & 0 & 0.86 & 0\\
1 & 0 & 0 & 0\\
0 & 0.83 & 0 & 0\\
0 & 0.24 & 0 & 0\\
1 & 0 & 0 & 0\\
0 & 0.27 & 0 & 0\\
0 & 1 & 0 & 0
\end{bmatrix}\quad
\boldsymbol{E}_3=\begin{bmatrix}
0.40 & 0 & 0 & 0\\
0 & 0 & 1 & 0\\
0 & 0 & 1 & 0\\
0 & 0 & 0.188 & 0\\
0 & 0 & 0 & 0.75\\
0 & 0.75 & 0 & 0\\
0 & 0.13 & 0 & 0\\
0 & 0 & 0.14 & 0\\
0 & 0 & 0.34 & 0\\
0 & 0.845 & 0 & 0\\
0 & 0.83 & 0 & 0\\
0 & 0.01 & 0 & 0\\
0 & 0 & 1 & 0\\
0 & 0 & 0.885 & 0\\
0 & 1 & 0 & 0
\end{bmatrix}
$$

$$
E_4=\begin{bmatrix}
0.40 & 0 & 0 & 0 \\
0 & 1 & 0 & 0 \\
0 & 1 & 0 & 0 \\
0 & 0 & 0.052 & 0 \\
0 & 0 & 0 & 0.70 \\
1 & 0 & 0 & 0 \\
0 & 0.85 & 0 & 0 \\
0 & 0.57 & 0 & 0 \\
0 & 0 & 0.72 & 0 \\
1 & 0 & 0 & 0 \\
0 & 0.6 & 0 & 0 \\
0 & 0.11 & 0 & 0 \\
0 & 1 & 0 & 0 \\
0 & 0 & 0.85 & 0 \\
0 & 1 & 0 & 0
\end{bmatrix}
\quad
E_5=\begin{bmatrix}
0.54 & 0 & 0 & 0 \\
0 & 1 & 0 & 0 \\
0 & 1 & 0 & 0 \\
0 & 0 & 0.164 & 0 \\
0 & 0 & 0 & 0.85 \\
0 & 0.91 & 0 & 0 \\
0 & 0.56 & 0 & 0 \\
1 & 0 & 0 & 0 \\
0 & 0 & 0.46 & 0 \\
1 & 0 & 0 & 0 \\
0 & 0.33 & 0 & 0 \\
0 & 0.09 & 0 & 0 \\
0 & 1 & 0 & 0 \\
0 & 0.394 & 0 & 0 \\
0 & 1 & 0 & 0
\end{bmatrix}
$$

新元煤矿 15# 煤层各个评价单元的评价参数矩阵 $\boldsymbol{E}_i$ 如下。

$$
E_1=\begin{bmatrix}
0.6 & 0 & 0 & 0 \\
1 & 0 & 0 & 0 \\
1 & 0 & 0 & 0 \\
0 & 0 & 0.184 & 0 \\
0 & 0.15 & 0 & 0 \\
1 & 0 & 0 & 0 \\
0.147 & 0 & 0 & 0 \\
1 & 0 & 0 & 0 \\
0 & 0.56 & 0 & 0 \\
1 & 0 & 0 & 0 \\
0 & 0.63 & 0 & 0 \\
0 & 0.1 & 0 & 0 \\
1 & 0 & 0 & 0 \\
0 & 0.566 & 0 & 0 \\
0 & 1 & 0 & 0
\end{bmatrix}
E_2=\begin{bmatrix}
0.46 & 0 & 0 & 0 \\
1 & 0 & 0 & 0 \\
0 & 1 & 0 & 0 \\
0 & 0 & 0.105 & 0 \\
0 & 0 & 0.8 & 0 \\
1 & 0 & 0 & 0 \\
0 & 0.86 & 0 & 0 \\
1 & 0 & 0 & 0 \\
0 & 0 & 0.88 & 0 \\
1 & 0 & 0 & 0 \\
0 & 0.43 & 0 & 0 \\
0 & 0.044 & 0 & 0 \\
1 & 0 & 0 & 0 \\
0 & 0.144 & 0 & 0 \\
0 & 1 & 0 & 0
\end{bmatrix}
E_3=\begin{bmatrix}
0.23 & 0 & 0 & 0 \\
0 & 1 & 0 & 0 \\
1 & 0 & 0 & 0 \\
0 & 0 & 0.317 & 0 \\
0 & 0 & 0.9 & 0 \\
0 & 0.92 & 0 & 0 \\
0 & 0.22 & 0 & 0 \\
0 & 0.57 & 0 & 0 \\
0 & 0 & 0.64 & 0 \\
1 & 0 & 0 & 0 \\
0 & 0.03 & 0 & 0 \\
0 & 0.22 & 0 & 0 \\
0 & 1 & 0 & 0 \\
0 & 0 & 0.472 & 0 \\
0 & 1 & 0 & 0
\end{bmatrix}
$$

$$
E_4 = \begin{bmatrix}
0.24 & 0 & 0 & 0 \\
0 & 1 & 0 & 0 \\
0 & 1 & 0 & 0 \\
0 & 0 & 0.053 & 0 \\
0 & 0 & 0.3 & 0 \\
1 & 0 & 0 & 0 \\
0 & 0.77 & 0 & 0 \\
1 & 0 & 0 & 0 \\
0 & 0.18 & 0 & 0 \\
1 & 0 & 0 & 0 \\
0 & 0.3 & 0 & 0 \\
0 & 0.22 & 0 & 0 \\
0 & 1 & 0 & 0 \\
0 & 0 & 0.514 & 0 \\
0 & 1 & 0 & 0
\end{bmatrix}
\quad
E_5 = \begin{bmatrix}
0.53 & 0 & 0 & 0 \\
0 & 1 & 0 & 0 \\
0 & 0 & 1 & 0 \\
0 & 0 & 0.115 & 0 \\
0 & 0 & 0 & 0.55 \\
0 & 0.71 & 0 & 0 \\
0 & 0 & 0.887 & 0 \\
0 & 0.86 & 0 & 0 \\
0 & 0 & 0.32 & 0 \\
0 & 0.865 & 0 & 0 \\
0 & 0 & 1 & 0 \\
0 & 0 & 0.556 & 0 \\
0 & 0 & 1 & 0 \\
0 & 0.354 & 0 & 0 \\
0 & 1 & 0 & 0
\end{bmatrix}
$$

5.2 鄂尔多斯盆地东部保德煤矿煤层气靶区优选

5.2.1 鄂尔多斯盆地地质概况

5.2.1.1 区域构造背景

鄂尔多斯盆地东起吕梁山，西邻银川地堑-六盘山脉，北接乌兰格尔凸起，南跨渭北隆起，是我国第二大沉积盆地，面积约 37×10^4km²，行政区属陕西、甘肃、宁夏回族自治区、内蒙古自治区、山东 5 个省(自治区)。除外围的河套、银川、巴彦浩特、六盘山、渭河等中生代—新生代断陷盆地外，盆地本部面积约 25×10^4km²。盆地周边群山环绕，区内以长城为界，北部为干旱沙漠草原区，南部为半干旱黄土高原区，沟谷纵横，地形复杂。区内构造区划包括西缘逆冲带、天环向斜、伊陕斜坡、中央古隆起、晋西挠褶带、乌兰格尔凸起和渭北隆起七大地质单元。自古生代以来，鄂尔多斯盆地主要经历了加里东运动、海西运动、印支运动和喜马拉雅运动，这些构造运动对沉积盖层的形成和形变，特别是对晚古生代和中生代含煤地层的形成及聚煤作用具有重要的影响。新一轮全国煤层气资源评价表明，该盆地煤层气地质资源量为 98 196.88$\times10^8$m³[57]。

鄂尔多斯盆地基底岩系之上的沉积盖层包括自古—中元古界至第三系(新近系+古近系)沉积，平均厚度为 6000m，累计厚度最大超过 10 000m，除缺失志留系、泥盆系、下石炭统外，其他地质时代的地层齐全，发育早古生代海相碳酸盐岩、膏岩和晚古生代海陆交互相碎屑岩、煤系以及中生代河湖相碎屑岩 3 套沉积岩。盆地具明显的 3 层地质结构，主要经历了以下几个构造演化阶段：①中—新元古代拗拉谷阶段；②早古生代广阔陆表海阶段；③晚古生代—中三叠系华北克拉通坳陷盆地沉积阶段；④晚三叠世—白垩纪鄂尔多斯内陆坳陷盆地阶段；⑤新生代周缘断陷阶段[165-166]。

5.2.1.2 煤系地层及含煤特征

鄂尔多斯盆地为稳定克拉通内的大型盆地，基底为太古宙和元古宙的结晶基底，早古生代为一南北分别与秦岭海槽和兴蒙海槽相通的陆表海盆地，沉积了寒武纪和中奥陶世的碳酸盐岩。中奥陶世后，随华北陆台整体隆升，陆表海消失。中石炭世，区内开始沉降并接受沉积，晚石炭世到二叠纪，广泛发育晚古生代聚煤作用。早三叠世末，印支运动使华北地区呈现东隆西坳的构造格局，鄂尔多斯地块也呈东升西降，鄂尔多斯盆地雏形出现。至三叠世末，盆地基本定型，沉积了三叠纪、侏罗纪陆相含煤岩系。燕山运动，盆地内部持续沉降，盆地边缘隆起上升。早白垩世中期盆地开始萎缩，早白垩世晚期盆地整体抬升，湖水退出，湖盆逐渐干涸。晚白垩世缺失沉积。石炭系—二叠系和侏罗系是鄂尔多斯盆地含煤地层，三叠系含煤岩系瓦窑堡组，可采煤层只分布在子长至蟠龙一带[57]。

1.石炭系—二叠系含煤地层及煤层特征

鄂尔多斯盆地晚古生代含煤地层自下而上为石炭系本溪组、二叠系太原组和山西组。

本溪组底部为一套铝土质岩，顶界为太原组以庙沟灰岩相区别，自下而上分为本1段和本2段。本1段主要为铝土岩，深灰色、灰黑色泥岩夹薄层砂岩、灰岩及煤线。本2段岩性以灰白色中、粗粒石英砂岩，深灰色粗粒岩屑砂岩为主，中间夹泥岩及多套煤层，下部为生物碎屑灰岩透镜体。

太原组由深灰岩、灰黑色生物碎屑灰岩、泥晶灰岩、夹泥岩及薄煤层组成。灰岩自下而上可分为4段，分别为庙沟灰岩、毛儿沟灰岩、斜道灰岩及东大窑灰岩。其中，斜道灰岩和庙沟灰岩多相变为砂岩，东大窑灰岩顶部有一套稳定的海相化石的黑色泥岩。

山西组顶界为下石盒子组底“骆驼脖子砂岩”，底界为“北岔沟砂岩”，上部砂岩发育，下部煤层发育。砂岩结构成熟度及成分成熟度均较低，岩屑及白云母含量较高，俗称“牛毛毡砂岩”，结合沉积旋回、电性标志，以3#煤层进一步划分为山2段和山1段。山2段以灰色、深灰色中、细砂岩夹灰黑色泥岩、砂质泥岩和煤层组成，泥岩中夹有黄铁矿及菱铁矿鲕粒，本段以发育3#、4#、5#煤层为特征。山1段主要为细、中、粗粒岩屑砂岩及岩屑质石英砂岩，泥岩中含有不规则砂质条带及保存较为完整的植物化石。山2段测井曲线表现为高时差、大井径、低密度，山1段测井曲线形态则相对平缓[165]。

石炭系—二叠系水文地质特征：纵向上，石盒子组、石千峰组的巨厚泥岩阻隔了顶部地层水的垂向交替；本溪组较厚的泥岩、铝土质泥岩防止了奥陶系灰岩水的上串，使含煤层系成为独立而封闭的水文体系。这种封闭性主要表现在含煤层顶、底的水的水文特征各不相同，通过对吴堡地区17口井的纵向含水层特征进行分析，含煤层系上部三叠系含水层的自流量为0.5～4.19L/s，TDS含量为20～60g/L，水化学类型为偏Cl－Ca型，局部水化学类型为含SO_4－Na型；山西组—太原组含水层自流量为0.9～8.7L/s，TDS含量为10～250g/L，水化学类型以过渡成因的NO_3－Na为主；马家沟灰岩含水层的自流量为28.5～61.05L/s，矿

化度为1～100g/L，水化学类型以Cl－Ca型、Cl－Mg型占优。从这3套含水岩组的含水特征可知，含煤层系的纵向水文地质特征具有独立性、封闭性，有利于煤层气的保存[57]。

2.侏罗系含煤地层及煤层特征

侏罗系延安组蕴含丰富的煤炭资源，一直是地质科学家研究的重点，关于延安组地层的划分与对比，前人做了诸多工作，虽然采取的划分方案各有不同，但仍对本书的研究提供了有力的指导。首先，延安组与下伏的富县组或延长组无论岩石的颜色、砂岩成分及岩石组合特征等方面均有明显差别。富县组颜色虽有灰色和灰黑色，但紫红色、灰绿色及紫杂色是其特有的色调，而其上覆延安组及其下伏的延长组一般不会出现紫杂色。在延安组与延长组接触的地区，电阻率的差异是延安组底界的划分依据，延安组砂岩一般为高阻砂岩，延长组砂岩为低阻砂岩。此外，延安组底部的宝塔山砂岩在大部分地区具有标志意义。其次，延安组煤系的直接盖层为直罗组底砂岩，区域分布稳定，是区域标志层。它与延安组砂岩重要的区别为颜色，直罗组的颜色一般为黄绿色、灰绿色，延安组的颜色一般为灰色、灰黑色[165]。

侏罗系含煤地层水文地质特征：通过对地层水TDS含量的分析，按照TDS的高低及Cl离子浓度的比例，将合水—宁县地区侏罗系延8、9、10期3层的水化学类型分为Cl－Ca型、HCO_3－Na型、SO_4－Na型3类。Cl－Ca型水的TDS最高，为5～100g/L，离子浓度含量中，Ca^{2+}、Cl^-占70％以上；SO_4－Na型水的TDS为0.5～60g/L，Na^+和SO_4^{2-}含量大于60％；CO_3－Na型水的TDS为5～80g/L，离子浓度含量中，CO_3^{2-}含量占40％～50％。据区域水文地质条件研究资料，延10期SO_4－Na型水处于旬邑—彬县地区及古河道部位；HCO_3－Na型水处于长武—正宁一线；Cl－Ca型水分布在长武及固城以北的广大区域。合水—宁县地区西、南缘大气降水沿煤层露头和断裂渗入，成为供水区；而古地表水交替缓慢或处于滞流状态，以Cl－Ca型或HCO_3－Na型水为代表；河道部位的低水位区，水交替活跃，形成泄水区，以SO_4－Na型水为主。延9期水化学类型的分布特征基本与延10期相同，不同的是HCO_3－Na型水区沿古河道或古高地方向扩展，Cl－Ca型水区的分布面积缩小，SO_4－Na型水区向北扩大。延8期水化学类型平面分布基本与延9期一致，供水区仍然位于西、南部，泄水区为古河道部位，承压区为古高地区域。

综上所述，合水-宁县富集区内地下水自西南向东北流动。随地层时代的变新，Cl－Ca型水区面积递减，SO_4－Na型水区面积增加，但自始至终，Cl－Ca型水区都分布于古高地处，形成承压区。煤层气保存条件好，SO_4－Na型水区处在古河道或南部地区，分别形成泄水区或供水区，煤层气保存条件差。在古河道与古高地的接合部位，水化学类型以HCO_3－Na型为主，煤层气保存条件介于两者之间。同时还可以看到，延10期古河道的分布对后几期的水文地质条件均有很大的影响，古河道控制着富集区周围水型的变化，对煤层气的保存有一定的地质意义[57]。

5.2.2 保德煤矿地质特征

5.2.2.1 地质构造特征

保德煤矿所处区域大地构造位于鄂尔多斯盆地东缘，区域大地构造特点为东部吕梁构造呈近南北向展布。据区域大地构造分区研究的成果，区域内均呈单斜区，大的断裂、褶皱构造及陷落柱发育程度均较微弱，构造类型简单(图 5-30a)。煤岩层呈近南北走向，向西倾斜，并且在走向和倾向上伴有缓波状起伏，倾角一般为 3°～9°。区域内断裂构造受大地构造控制，走向以近南北向的断裂为主，近东西方向次之，其他方向非常微弱，无岩浆岩侵入或出露。

本区位于河东煤田的北部，构造简单，呈平缓的单斜构造形态，东西倾向宽 5.7km，南北走向长 14.0km，总面积 55.9km^2，并且发育有宽缓的波状起伏，地层产状总体走向 350°，倾向 260°，倾角 3°～9°，一般为 5°左右，未见有大型断层、褶皱及陷落柱，裂隙带较发育(图 5-30b)。矿井在开采过程中井下揭露断层共计 56 条，皆为正断层，揭露落差全部小于 5m，其中落差在 3～5m 之间的断层有 4 条，落差小于 3m 的断层有 52 条。断层面倾角较大，一般大于 40°。断层面内有黑色泥质及方解石晶体充填物，且贯穿煤层及顶底板。揭露的正断层以近东西走向断层为主，断距较小，且延伸距离较长，近南北走向断层断距较小，延伸距离短。所揭露的断层均为张性断裂，断裂带岩石较破碎，在煤层中大多为底部落差大于顶部落差，属层间断裂。

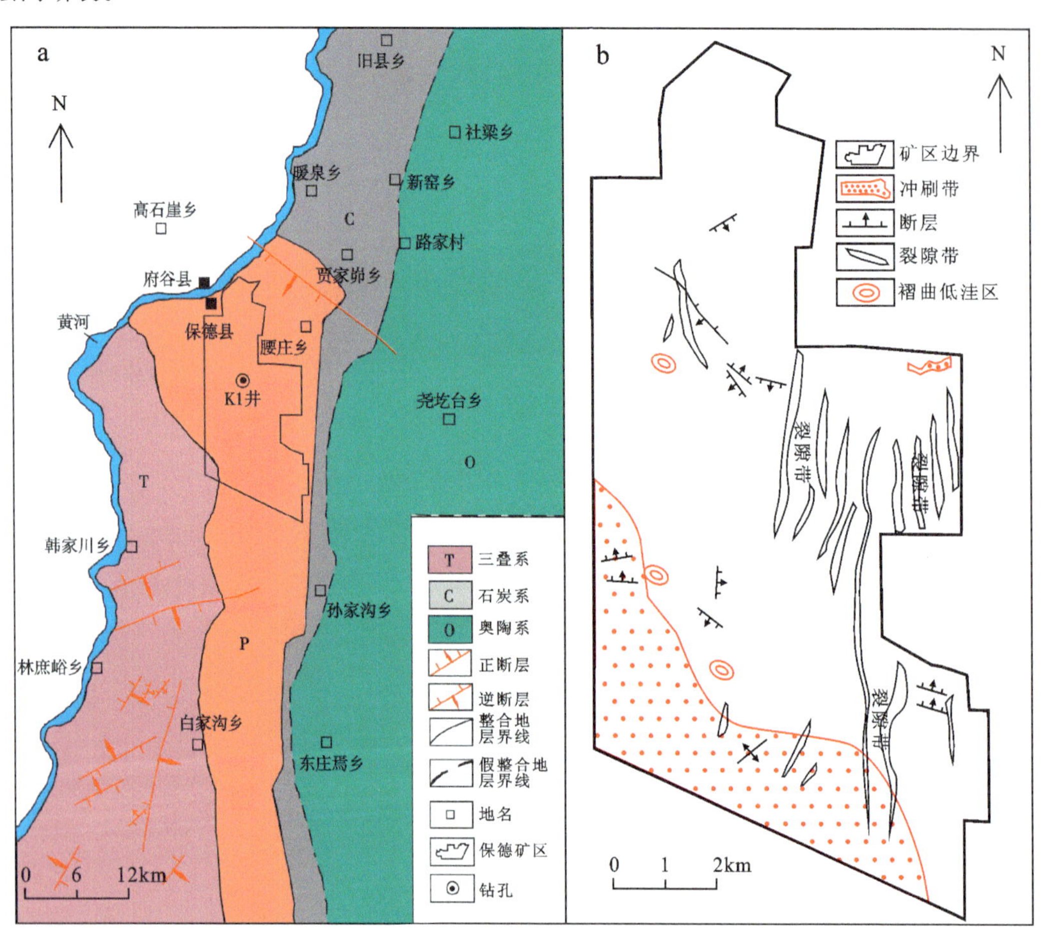

图 5-30　保德煤矿区域地质(a)及构造分布(b)图[167]

由于受大地构造及区域构造的控制，井下揭露的 8# 煤层中、上部裂隙发育，均呈张性外生裂隙，裂隙面有明显的滑动擦痕，裂隙带内煤岩较破碎。裂隙带均呈条带状分布，矿区裂隙带较为发育，在生产过程中揭露 11 条裂隙带，裂隙带呈组分布，走向与煤层近一致，裂隙带宽度在 80～120m 之间，间距在 100～150m 之间，裂隙倾角大于 70°，裂隙存在层间滑动，受裂隙带的影响，矿区顶底板较为破碎，导致掘进时顶板冒顶，回采工作面顶板碎裂，给生产带来一定影响。

5.2.2.2 地层及煤层发育特征

1. 地层

矿区内大面积被新生界地层覆盖，在沟谷中主要出露二叠系地层。区内钻探资料揭示，地层由老至新分别为奥陶系、石炭系、二叠系、新近系和第四系，地层由老至新分述如下(图 5 - 31)。

界	系	统	组	煤层	岩性描述
新生界	第四系				黄土
新生界	新近系	上新统	保德组		上部为红色亚黏土夹砾石层及3～4层钙质结核层；下部为胶结构散的砂砾层
古生界	二叠系	上二叠统	上石盒子组		上部为中—粗砾砂岩夹紫红色砂质泥岩；中部为紫红色砂质泥岩、泥岩夹灰绿色粉砂岩；下部为紫红色砂质泥岩夹灰色含砾中—粗粒长石砂岩；底部为灰色厚层含砾粗粒长石石英砂岩
古生界	二叠系	上二叠统/下二叠统	上石盒子组/下石盒子组		上部为绿色、浅灰色泥岩夹薄层灰绿色中—粗粒砂岩；中、下部为灰绿色巨厚层中粗粒长石石英砂岩；底部为灰白色含砾粗粒长石石英砂岩
古生界	二叠系	下二叠统	下石盒子组/山西组		上部为灰白色粉砂岩、砂质泥岩与泥岩互层；中下部为灰白色中—粗粒长石石英砂岩、灰黑色黏土岩、泥岩、粉砂岩、煤互层
古生界	二叠系/石炭系	下二叠统/上石炭统	山西组/太原组	8#煤、10#煤、11#煤、13#煤	上部为菱铁质泥岩、黑色泥岩粉砂岩、生物碎屑灰岩，与煤成互层；下部为粗粒砂岩、细粒砂岩、泥岩、砂质泥岩，与煤互层
古生界	石炭系	中石炭统	本溪组		整体为灰色砂质泥岩夹粉砂岩底部为灰色泥质灰岩
古生界	奥陶系	中奥陶统	峰峰组		灰白色白云质灰岩

图 5 - 31　保德煤矿地层柱状图

(1)奥陶系:岩性以灰白色白云质灰岩、灰色灰岩为主,可分马家沟组和峰峰组两个组。

中奥陶统马家沟组:浅灰色—灰黄色灰岩,隐晶质结构,中厚层状构造,局部溶蚀现象发育,溶洞直径 5～7mm,呈蜂窝状分布。

中奥陶统峰峰组:岩性以白云质灰岩、碎屑灰岩为主,呈灰白色、棕灰色、深灰色,隐晶质结构,厚层状构造,垂向节理发育,中、下部岩溶较发育。峰峰组厚度为 84.94～125.75m,平均厚度为 104.28m。

(2)石炭系:包括中石炭统本溪组和上石炭统太原组。

中石炭统本溪组:顶部含植物根茎化石,含黄铁矿团块;上部为中粗粒长石、石英砂岩、粉砂岩、灰黑色泥岩、泥质灰岩、灰岩、灰岩含动物化石碎片;中部为灰色黏土岩;底部为灰色致密状、鲕状铝土泥岩、泥岩、铁铝质泥岩等,与下伏奥陶系灰岩呈平行不整合接触关系。本溪组厚度为 12.25～29.50m,平均厚度为 19.38m。

上石炭统太原组:主要出露于矿区东部沟谷之中,为一套海陆交互相含煤沉积,是矿区内主要含煤地层之一。上部岩性以生物碎屑灰岩、菱铁质泥岩、黑色泥岩和粉砂岩为主,与煤层成互层。下部岩性为砂岩、泥岩、砂质泥岩、灰质泥岩、页岩,与煤层成互层,偶见含不稳定生物碎屑灰岩,砂岩厚度大,层位较稳定,砂岩中,含星散状黄铁矿细晶。含 9#、10#、11#、13#煤层,其中 10#、11#煤稳定,为全区主要可采煤层,11#煤在矿区东部有分叉现象,13#煤在矿区西部缺失。上石炭统太原组厚度为 86.58～98.60m,平均厚度为 91.53m,与下伏地层呈整合接触。

(3)二叠系:包括下二叠统山西组、下石盒子组和上二叠统上石盒子组。

下二叠统山西组:主要出露于矿区东部沟谷中,为一套陆相含煤沉积,是矿区主要含煤地层之一,含煤 1～4 层。上部为灰白色黏土岩、灰黑色泥岩、灰白色细砂岩、砂质泥岩与泥岩互层,其中砂岩多为钙质胶结,并含星点状,条带状菱铁矿。中、下部为灰白色中粒长石、石英砂岩,钙、硅质胶结,灰黑色黏土岩,泥岩,砂质泥岩,煤互层,是区内主要的含煤地段。高岭石泥岩常见于煤层的顶底板。粉砂岩具水平、缓波状层理,砂质泥岩中含芦木化石及煤屑,黏土岩中含植物根系化石。山西组厚度为 22.86～71.48m,平均厚度为 53.13m。

下二叠统下石盒子组:在矿区内局部出露于沟谷中,该组地层局部含煤线,顶部为紫红色、灰黄色,含砾,底部有冲刷构造,绿色、浅灰色泥岩,夹薄层状灰绿色中—细粒砂岩,具板状斜层理。下石盒子组上部斜层理发育,中、下部为灰绿色巨厚层状中粗粒长石石英砂岩,底部为灰白色含砾粗粒长石石英砂岩,具有斜层理,与下伏地层呈整合接触关系。下石盒子组厚度为 0～162.67m,平均厚度为 107.39m。

上二叠统上石盒子组:在矿区内沿沟谷出露,其岩性为紫红色、灰绿色砂质泥岩、泥岩夹灰绿色细粒砂岩,厚层状含砾中、粗粒长石砂岩,底部为灰绿色、黄绿色厚层状含砾粗粒长石石英砂岩,含有较多花岗岩岩屑,层位稳定,与下伏地层呈整合接触关系。上石盒子组厚度为 0～286.14m,平均厚度为 122.04m。本组在矿区北部、东部缺失,仅在以枣林工业广场为界的西部地区发育。

(4)新近系:沿基岩分布的沟坡上均有出露,为新近系上新统保德组地层,在矿区东南部及朱家川沟两侧、探 3 孔一带发育,其余地区因后期剥蚀而缺失。本组厚度为 0～52.87m,平均厚度为34.88m，地层下部为胶结松散的砂砾层，上部为红色亚黏土夹砾石层及3～4层钙质结核层。保德组不整合于区内古生界地层之上。

(5)第四系：上部为砂、砾石层，下部为土黄色砂土、亚砂土，质地均一，结构疏松，具有垂直层理，底部为松散砾石层。厚度为0～60.25m，平均厚度为35.16m。

2.煤层

保德煤矿煤系地层以石炭系太原组和二叠系山西组为主(图5-31)。山西组平均厚度为51.13m，含煤3～4层，其中有编号的煤层为4#、6#、8#煤层，可采煤层平均厚度为7.55m，含可采煤层系数为14.77%；煤层平均总厚度为8.84m，含煤系数为17.29%。太原组平均厚度为91.53m，含煤5～6层，其中有编号的煤层为9#、10#、11#、13#煤层，可采煤层平均厚度为12.08m，可采含煤系数为13.20%；煤层平均总厚度为13.06m，含煤系数为14.60%。太原组主要发育一套海陆交互相含煤沉积，岩性以煤层、碳质泥岩、灰黑色泥岩、粉砂质泥岩、灰白色中细砂岩、泥晶灰岩和生屑灰岩为主。山西组主要发育一套河流—河漫滩以及三角洲平原含煤沉积，岩性以煤层、碳质泥岩、灰黑色泥岩、粉砂质泥岩、灰白色中细砂岩为主。

5.2.2.3 水文地质特征

1.含水层

保德煤矿位于天桥岩溶泉域径流排泄区，矿区内地下水径流情况为弱径流区和滞流区。天桥岩溶泉域地处吕梁山西侧，分布于山西、陕西、内蒙古自治区接壤地区的黄河峡谷两岸，南北长约200km，东西长约100km，总面积约13 974km²。矿区内含水层主要有新生界松散岩类孔隙含水层和石炭系、二叠系基岩裂隙含水层以及中奥陶统碳酸盐岩岩溶含水层。其中，含煤地层主要受到中奥陶统碳酸盐岩岩溶含水层的影响。

(1)新生界松散岩类孔隙含水层：第四系河流堆积物分布在沟谷中，孔隙水主要靠降水补给，水量不大，沿朱家川河有许多民井分布。第四系黄土广泛分布于全区，厚度变化较大，该含水层水样水质类型为$HCO_3-Ca\cdot Mg$型，TDS含量为0.4g/L，沿新近系红土或基岩顶面有小股渗流，但流量很小。新近系底部砂砾层内亦有孔隙水，沿下层基岩面有泉水出露，流量也较小。

(2)石炭系、二叠系基岩裂隙含水层：石炭系、二叠系主要由泥岩、砂岩和薄层泥灰岩及煤层组成。10#煤层底部粗粒石英砂岩、晋祠砂岩，8#煤层顶部粗砂岩及底部粗粒砂岩，构成石炭系、二叠系基岩裂隙含水层。含水层层间及层内节理发育，形成几个含水层，层间有一定水力联系。该含水层主要接受地表水、大气降水及上覆含水层的越流补给。该含水层地下水沿朱家川河以泉形式出露，井下和钻孔揭露该层位水量较小。

(3)中奥陶统碳酸盐岩岩溶含水层：中奥陶统碳酸盐岩含水层在矿区无出露。其埋藏深度为0～493.21m，水位标高为+839m左右。矿区范围内钻孔单位涌水量为0.051 3～0.536L/(s·m)，富水性弱—中等，表明了矿区碳酸盐岩含水层中岩溶发育很不均匀。奥陶系碳酸盐岩含水层是矿区主要充水含水层之一，也是开采8#、11#煤层的主要防治水对象。

矿内奥陶系灰岩岩性结构与层组划分，基本与华北地区一致，自上而下按岩性结构和层组划分为峰峰组、马家沟组。峰峰组在矿区的局部只存在第一段，峰峰组第二段被剥蚀，故厚度较小。

①奥陶系峰峰组灰岩岩溶含水层：峰峰组岩溶构造裂隙不太发育且多被泥钙质物质充填，层间夹有几层泥岩。通过钻孔对峰峰组进行抽水试验，抽水水量为 2.82～12.25m^3/h，降深为 31.1m，未通过钻孔观测到水位变化，降落漏斗很尖。钻孔单位涌水量为 0.011～0.021 1L/(s·m)，说明峰峰组富水性较弱，属弱含水层。

②奥陶系马家沟组灰岩岩溶含水层：马家沟组岩性为泥灰岩、白云质泥灰岩、角砾状泥灰岩、豹皮状灰岩和纯灰岩，颜色以浅黄色、土黄色、灰白色、灰色为主，中上部发育豹皮状灰岩，尤以中部较多，呈厚层状隐晶质结构，灰岩普遍比较纯。马家沟组分为 3 段，其中两段岩性单一，为厚层状灰岩，灰岩内豹皮状构造甚为发育，部分钻孔已揭露该段。从钻探岩芯看，本区奥陶系灰岩含水层为厚层状、隐晶质结构，岩层比较完整，采芯率高，局部裂隙发育段岩芯为碎块状。上马家沟组岩溶裂隙比较发育，可见锯齿状水平裂隙和垂直裂隙，以锯齿状垂向裂隙为主，且发育小的溶洞、溶孔和溶隙。

2. 隔水层

矿区内隔水层主要有新近系上新统保德红土隔水层、石炭系—二叠系泥(页)岩隔水层及石炭系本溪组铝土泥(页)岩隔水层。

(1)新近系上新统保德红土隔水层：厚度较大，分布稳定，沿沟谷处出露地表，是一个稳定的隔水层。

(2)石炭系—二叠系泥(页)岩隔水层：在石炭系—二叠系中有多层分布稳定的泥(页)岩层，是良好的隔水层。

(3)石炭系本溪组铝土泥(页)岩隔水层：本溪组厚度为 6.74～52.37m，平均厚度为 20.45m，岩性为铝土质泥岩或泥岩，为区域性隔水层，是防止奥陶系灰岩水上突的直接隔水层。$11^{\#}$煤层至奥陶系碳酸盐岩的多层以泥岩、砂质泥岩、炭质泥岩为主的岩性组合构成了 $11^{\#}$煤层的底板隔水层。

3. 地下水的补给、径流和排泄条件

本区地下水的补给来源主要为大气降水和地表水入渗补给，另外接受上部含水层的越流补给。新近系、第四系为就地补给就近排泄。石炭系—二叠系出露较少，主要分布于朱家川沟谷中，接受各种补给量有限，沿微弱裂隙顺岩层缓慢向深部运移，且沿朱家川河谷有人工开采点或在最低侵蚀基准面泉流排泄。本区的主要含水层为奥陶系灰岩含水层，其补给、径流、排泄条件如下。

奥陶系灰岩水的补给来源：以区域上(矿区以外)奥陶系灰岩大面积裸露及半裸露区接受大气降水为主，同时还接受上覆第四系、新近系松散孔隙含水层、石炭系—二叠系裂隙含水层及地表水的入渗补给。补给途径为大面积裸露和半裸露区降水入渗、地表水入渗和区内其他含水岩组汇流入渗及本水文地质单元外部的补给。

矿区内奥陶系灰岩水径流特征为:从矿区东部边界外到矿区西部依次为径流区→弱径流区→滞流区。矿区东部外奥陶系灰岩出露区以大气降水入渗和地表水入渗为主要的补给来源。奥陶系灰岩水总体上沿东北部、东部、东南部方向向西部黄河天桥泉群方向径流,排泄通道为天桥泉群,沿黄河河谷低洼处可自流。在本矿区范围内,奥陶系灰岩水处于较封闭状态,长期滞流,接受补给条件较差,水力坡度变缓,地下径流微弱,故其水质基本保持未受人为活动干扰的原始天然状态。

5.2.3 保德煤矿 8# 煤储层特征

1.煤岩煤质特征

根据现有煤矿采样观察可知,煤岩基本保持棱角状的块体,且手捻不易被破坏,保德煤矿 8# 煤层煤体结构以原生结构煤为主,局部地区发育有构造煤。煤层物理性质主要表现为:颜色为灰黑色,条带状结构,层状构造,夹镜煤条带,参差状—贝壳状断口。镜煤和亮煤约含 30%,暗煤含量约为 70%,未见丝炭,宏观煤岩类型为半暗煤;构造裂隙及层理较为发育,内生裂隙不发育,可见方解石薄膜;8# 煤层煤岩的视密度平均值为 1.51t/m^3,真密度平均值为 1.63t/m^3。

表 5-18 为保德煤矿 8# 煤层显微组分测试及工业分析结果,该煤层镜质组反射率在 0.76%~0.83%之间,平均值为 0.79%,所以 8# 煤层绝大部分为气煤。8# 煤层显微组分中的镜质组含量为 8.9%~49.3%,平均值为 29.0%;惰质组含量为 34.9%~49.6%,平均值为 41.1%;壳质组含量为 1.7%~6.2%,平均值为 4.6%;黏土矿物含量为 9.4%~39.0%,平均值为 24.53%;碳酸盐矿物含量为 0.2%~0.8%,平均值为 0.5%。煤层灰分产率最大为 39.25%,最小为 14.96%,平均值为 26.84%,从灰分数值来看,煤灰分含量较高,主要为中灰煤和中高灰煤,中灰煤分布比较广泛;水分含量较小,为 0.84%~3.65%,平均值为 2.28%;挥发分含量在 30.83%~42.40%之间,平均值为 37.86%,8# 煤层以高挥发分煤为主。

表 5-18 保德煤矿 8# 煤层煤岩显微组分及工业分析 单位:%

分类	有机组分			无机组分		工业分析		
	镜质组	惰质组	壳质组	黏土矿物	碳酸盐矿物	水分	灰分	挥发分
含量	8.9~49.3 (29.0)	34.9~49.6 (41.1)	1.7~6.2 (4.6)	9.4~39.0 (24.5)	0.2~0.8 (0.5)	0.84~3.65 (2.28)	14.96~39.25 (26.84)	30.83~42.40 (37.86)

注:( )内数值表示平均值。

2.煤层埋深和厚度

保德煤矿 8# 煤层位于山西组底部 S3 砂岩之上,为区内最上部的可采煤层。区内见煤点 87 个,可采性指数为 1.0,全区可采。煤层结构复杂,一般含夹矸 3~4 层,夹矸总厚度为

0～3.84m，平均厚度为1.38m，矸石岩性以泥岩为主，碳质泥岩次之。煤层埋藏深度一般在150～650m之间，煤层的埋深总体上自东向西逐渐加深（图5-32）。东部地区由于地层抬升，地表遭受剥蚀，埋深较小，局部地区煤层出露地表。煤层厚度为1.85～9.01m，平均厚度为6.02m，属于厚—特厚煤层。煤厚变异系数为24%，由东向西煤层逐渐变厚，特厚煤层分布于矿区的西北部、中部及东南部，中厚煤层只出现在矿区的北部边界一带（图5-33）。8#煤层顶板较平整，岩性多为泥岩与砂质泥岩，局部为粗粒砂岩。顶板岩石力学强度较低，裂隙较发育，稳固性较差。底板主要是泥岩，遇水易软化。

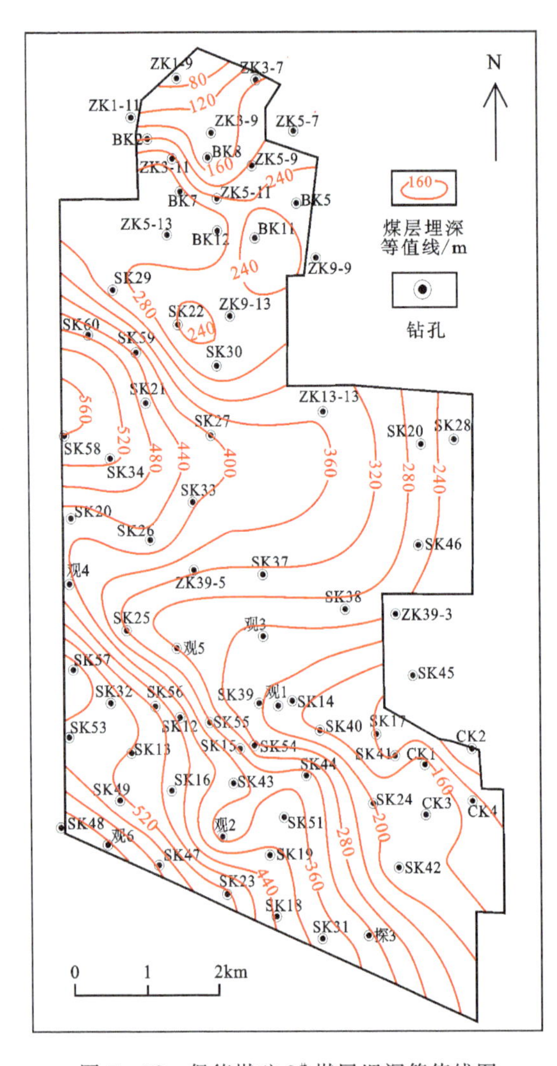

图5-32 保德煤矿8#煤层埋深等值线图

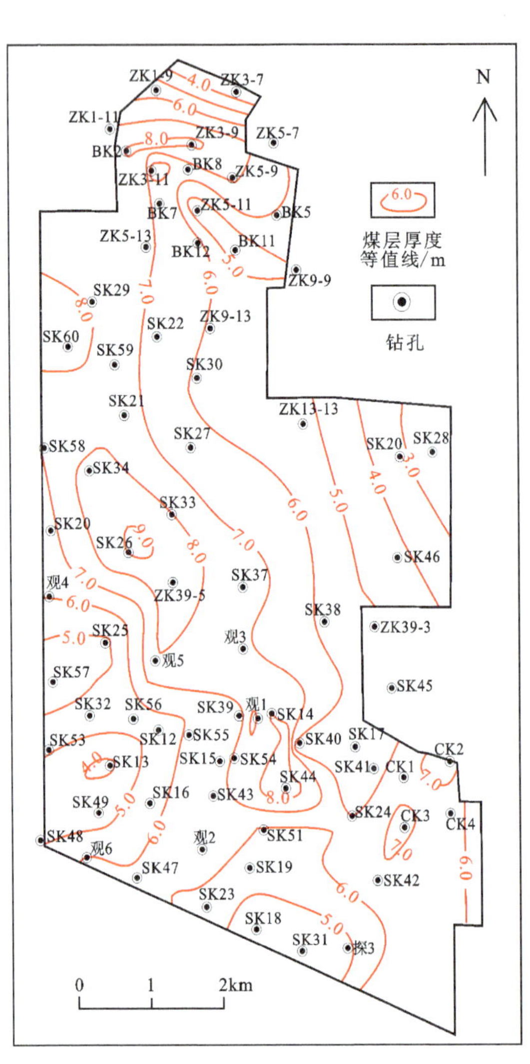

图5-33 保德煤矿8#煤层厚度等值线图

3. 煤层含气性特征

保德煤矿8#煤层为典型中低阶煤，含气量较中，高阶煤偏低。为了解保德煤矿8#煤层的含气量分布情况，根据现有收集钻井勘探数据对该煤层含气量进行统计分析，绘制了煤层含气量等值线图（图5-34）。由含气量等值线图可知，保德煤矿8#煤层含气量为0.91～8.28m³/t，平均值为3.82m³/t。含气量受埋深影响较大，随着埋深的增加，含气量逐渐增大，在平面上表现为东低、西高的展布特征，在矿区西部达到最大值。

对8#煤层煤芯瓦斯样品进行测试，由结果可知，该煤层瓦斯中CH_4含量在0～5.44mL/g之间，平均值为2.14mL/g；CO_2含量在0.10～0.72mL/g之间，平均值为0.30mL/g。各自然成分含量百分数为：CH_4含量在0～91.73%之间，平均值为55.43%；CO_2含量在0.16%～34.48%之间，平均值为10.12%；N_2含量在4.62%～89.88%之间，平均值为34.45%。8#煤层煤样等温吸附测试结果表明，该煤层朗格缪尔体积（干燥无灰基）为15.35～22.88m³/t，平均值为19.84m³/t，朗格缪尔压力为0.98～3.26MPa，平均值为2.67MPa。总体上，保德煤矿8#煤层瓦斯含量较高，瓦斯成分甲烷占比大，朗格缪尔体积大，吸附能力较强，煤层含气性较好。

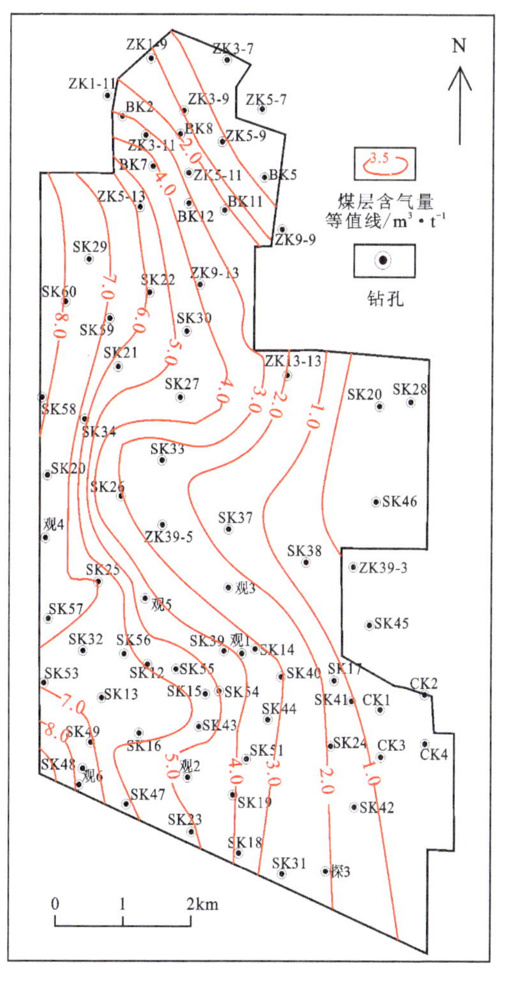

图5-34 保德煤矿8#煤层含气量等值线图

4.储层压力和渗透率

根据煤层气井注入/压降试井测试资料，保德煤矿储层压力介于2.7～11.77MPa之间，平均值为6.01MPa。4#煤层的储层压力梯度介于0.72～0.98MPa/100m之间，平均值为0.84MPa/100m；8#煤层的储层压力梯度为0.3～1.1MPa/100m，平均值为0.72MPa/100m。总体上，该矿区煤储层处于欠压状态，8#煤层在西南部处于正常—超压压力状态，随着埋深的增加，煤储层压力逐渐增大，两者呈较好的线性正相关关系。煤层的临界解吸压力介于4.00～6.80MPa之间，储层压力与临界解吸压力之差为0.80～3.73MPa；临界解吸压力与储层压力之比为0.50～1.00。总的来说，保德区块临储比整体较高，有利于气体产出，实际排采结果也基本证明了这一点，煤层气井见气时间介于0～531d之间，有164口井见气时间小于10d，整体见气时间较短。

保德煤矿煤储层渗透率普遍较高。其中，8#煤层渗透率一般在0.81×10^{-3}～$3.85\times10^{-3}\mu m^2$之间，平均值为$2.31\times10^{-3}\mu m^2$，煤的孔隙度为4.82%～10.39%。整体来讲，该矿区煤储层具有较好的物性特征，渗透性和孔隙度较高，裂隙发育，有利于煤层气的运移和产出，但与煤层气井产气量相关性较差。

5.2.4 保德煤矿煤层气靶区优选

1.靶区优选评价单元划分

保德煤矿年生产能力为1600万t/a，现主采8#煤层，开采标高为+420m～+940m；共有一、二、三、五4个盘区。其中，一、五盘区埋深较小，二盘区和三(下)盘区埋深较大。该煤层采空区分布于一盘区、二盘区东缘、三(上)盘区和五盘区东半部分，8#煤层剩余可开采部分主要位于矿区的西半侧。因此，根据该区域采空区边界、开采盘曲边界以及矿区边界，将8#煤层划分为3个单元，具体划分如图5-35所示。

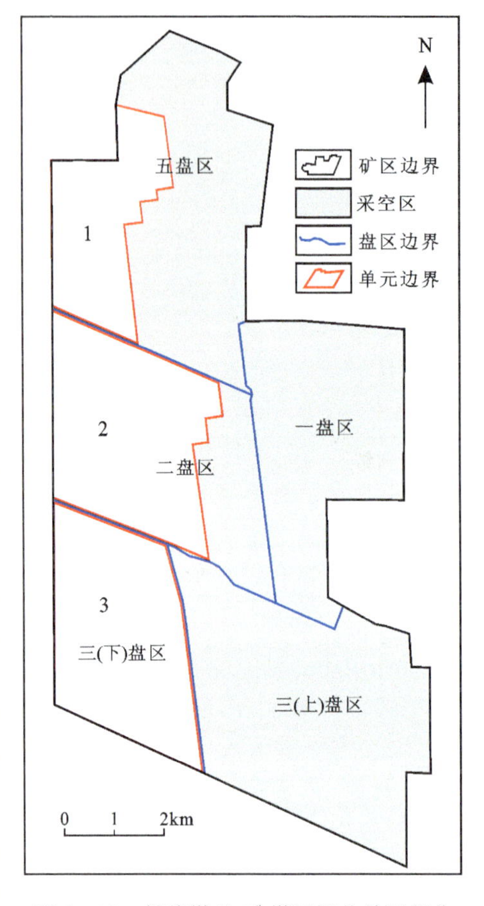

图5-35 保德煤矿8#煤层评价单元划分

评价单元1：该单元位于矿区的西北部。西部以矿区边界为界，东部以采空区边界为界，北部以二盘区、五盘区分界线为界。煤层厚度大且分布均匀，有着较好的资源量。

评价单元2：该单元位于矿区西缘的中部。西部以矿区边界为界，东部以采空区边界为界，南部以二盘区、三(下)盘区分界线为界，北部以二盘区、五盘区分界线为界，根据收集的钻井资料，结合8#煤层厚度、含气量等值线图可知，本单元内有着理想的煤层厚度和含气量值。

评价单元3：该单元位于矿区的西南部。西部和南部以矿区边界为界，北部和东部以三(下)盘区边界为界。由煤层埋深和含气量等值线图可知，煤层厚度和含气量相对评价单元2较小。

2.靶区优选过程和结果

根据上述分析，可以得到保德煤矿8#煤层3个评价单元的各项评价参数，见表5-19。

按照3.3节模糊模式识别模型的计算流程。首先，对8#煤层开展模糊模式识别研究；其次，计算8#煤层各评价单元参数归一化计算结果和模糊贴近度，计算结果见表5-20和表5-21；最后，通过对比各评价单元的模糊贴近度β，确定8#煤层气开发有利区块的最终评价优选结果。最终评价优选结果为：评价单元2＞评价单元1＞评价单元3，如图5-36所示。

表 5-19 保德煤矿 8# 煤层评价参数

评价参数	评价单元 1	评价单元 2	评价单元 3
煤层埋深/m	411.0	447.0	535.0
地质构造	构造简单，改造弱	构造简单，改造弱	构造中等，改造不强烈
水文条件	复杂滞流区，水质较有利	复杂滞流区，水质较有利	复杂滞流区，水质较有利
煤层分布面积/km^2	4.79	7.92	7.79
煤层厚度/m	7.0	8.0	6.0
镜质组/%	33.4	43.6	39.1
灰分/%	35.7	21.2	24.6
含气量/$m^3 \cdot t^{-1}$	6.5	7.5	6.1
甲烷含量/%	78.1	82.9	81.6
含气饱和度/%	74.2	81.7	67.6
临储压力比	0.62	0.65	0.69
渗透率/$10^{-3} \mu m^2$	1.89	2.31	2.11
煤体结构	原生—碎裂	原生—碎裂	碎裂
有效地应力/MPa	10.28	11.12	13.38
煤层与围岩关系	关系较简单，煤层间距较小	关系较简单，煤层间距较小	关系较复杂，煤层间距大

表 5-20 保德煤矿 8# 煤层参数归一化结果

评价参数	评价单元 1		评价单元 2		评价单元 3	
	级别	计算结果	级别	计算结果	级别	计算结果
煤层埋深/m	Ⅰ	0.84	Ⅰ	0.79	Ⅰ	0.66
地质构造	Ⅰ	1	Ⅰ	1	Ⅱ	1
水文条件	Ⅱ	1	Ⅱ	1	Ⅱ	1
煤层分布面积/km^2	Ⅳ	0.479	Ⅳ	0.792	Ⅳ	0.779
煤层厚度/m	Ⅲ	0.40	Ⅲ	0.60	Ⅲ	0.25
镜质组/%	Ⅳ	0.74	Ⅳ	0.97	Ⅳ	0.87
灰分/%	Ⅲ	0.29	Ⅱ	0.38	Ⅱ	0.04
含气量/$m^3 \cdot t^{-1}$	Ⅰ	1	Ⅰ	1	Ⅰ	1
甲烷含量/%	Ⅲ	0.81	Ⅱ	0.29	Ⅱ	0.16
含气饱和度/%	Ⅱ	0.71	Ⅰ	1	Ⅱ	0.38
临储压力比	Ⅱ	0.40	Ⅱ	0.50	Ⅱ	0.63
渗透率/$10^{-3} \mu m^2$	Ⅱ	0.59	Ⅱ	0.74	Ⅱ	0.67

续表 5-20

评价参数	评价单元 1		评价单元 2		评价单元 3	
	级别	计算结果	级别	计算结果	级别	计算结果
煤体结构	Ⅰ	1	Ⅰ	1	Ⅱ	1
有效地应力/MPa	Ⅱ	0.944	Ⅱ	0.776	Ⅱ	0.324
煤层与围岩关系	Ⅰ	1	Ⅰ	1	Ⅱ	1

表 5-21 保德煤矿 8# 煤层模糊贴近度计算结果

区块单元	模糊贴近度				评价级别
	Ⅰ	Ⅱ	Ⅲ	Ⅳ	
1	0.410 1	0.308 8	0.127 1	0.106 9	Ⅰ
2	0.468 5	0.298 3	0.048 6	0.147 6	Ⅰ
3	0.151 7	0.566 9	0.022 8	0.156 0	Ⅱ

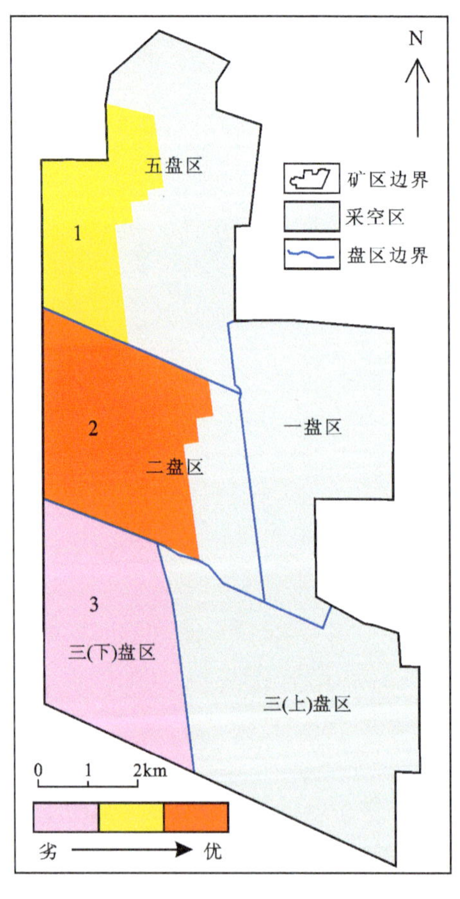

图 5-36 保德煤矿 8# 煤层开发潜力预测图

保德煤矿 8[#] 煤层各个评价单元的评价参数矩阵 $\boldsymbol{E}_i$ 如下。

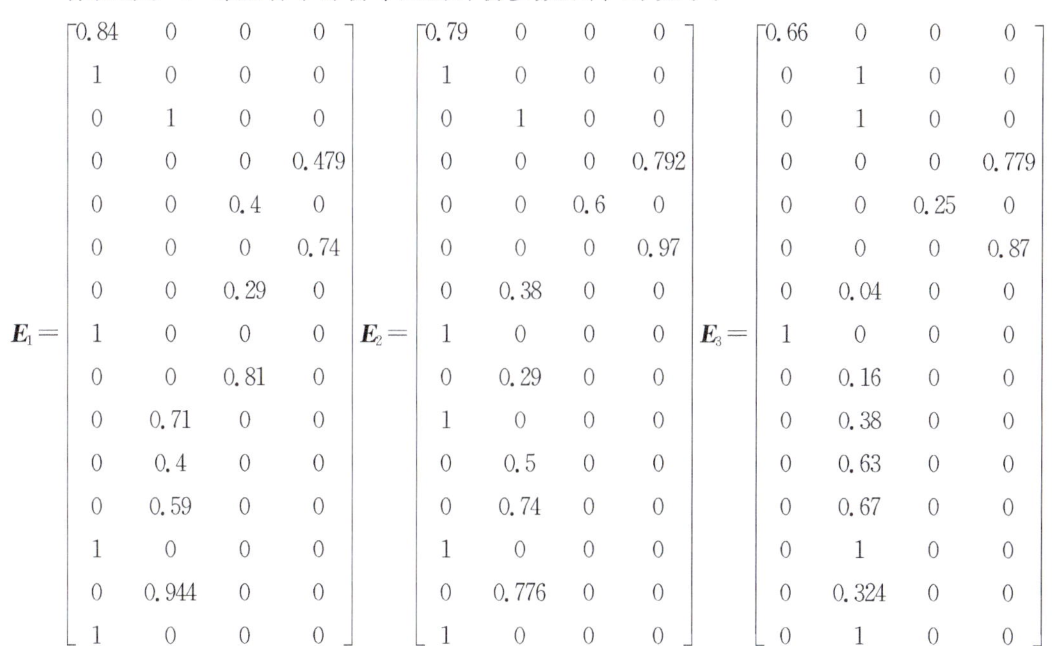

$$\boldsymbol{E}_1=\begin{bmatrix}0.84&0&0&0\\1&0&0&0\\0&1&0&0\\0&0&0&0.479\\0&0&0.4&0\\0&0&0&0.74\\0&0&0.29&0\\1&0&0&0\\0&0&0.81&0\\0&0.71&0&0\\0&0.4&0&0\\0&0.59&0&0\\1&0&0&0\\0&0.944&0&0\\1&0&0&0\end{bmatrix}\quad \boldsymbol{E}_2=\begin{bmatrix}0.79&0&0&0\\1&0&0&0\\0&1&0&0\\0&0&0&0.792\\0&0&0.6&0\\0&0&0&0.97\\0&0.38&0&0\\1&0&0&0\\0&0.29&0&0\\1&0&0&0\\0&0.5&0&0\\0&0.74&0&0\\1&0&0&0\\0&0.776&0&0\\1&0&0&0\end{bmatrix}\quad \boldsymbol{E}_3=\begin{bmatrix}0.66&0&0&0\\0&1&0&0\\0&1&0&0\\0&0&0&0.779\\0&0&0.25&0\\0&0&0&0.87\\0&0.04&0&0\\1&0&0&0\\0&0.16&0&0\\0&0.38&0&0\\0&0.63&0&0\\0&0.67&0&0\\0&1&0&0\\0&0.324&0&0\\0&1&0&0\end{bmatrix}$$

5.3 河南省太行山东麓煤层气靶区优选

5.3.1 研究区地质特征

5.3.1.1 地层发育特征

据钻孔揭露与地面调查等资料，研究区内地层发育基岩全为新生界地层覆盖。地层由老到新依次发育中奥陶统马家沟组(O_2m)和峰峰组(O_2f)、上石炭统本溪组(C_2b)和太原组(C_2t)、下二叠统山西组(P_1sh)和下石盒子组(P_1x)、上二叠统上石盒子组(P_2s)和石千峰组(P_2sh)、下三叠统刘家沟组(T_1l)和尚沟组(T_1h)、中三叠统二马营组(T_2er)、新近系鹤壁组(Nh)和巴家沟组(N_2b)及第四系(Q)。研究区缺失上奥陶系统、志留系、泥盆系、下石炭统、中上三叠统、侏罗系、白垩系及古近系等地层。现将地层特征分述如下(表 5-22)。

1. 奥陶系(O)

(1)中奥陶统马家沟组(O_2m)：区内钻孔揭露厚度为 29.48m，岩性为浅灰色—灰色中厚层状、厚层状石灰岩，隐晶质结构，夹少量灰色—深灰色泥岩，溶洞及裂隙发育，裂隙内多充填次生方解石脉。

表 5－22　地层特征一览表

界	系	统	组	厚度/m	岩性描述
新生界	第四系			0～50 (10)	下部杂色冰碛砾石层，中部红色黏土，上部砾石及流沙层。与下伏地层呈整合接触
	新近系	上新统	巴家沟组 N_2b	50.48	下部灰黄色泥岩夹透镜状砂岩，中部灰绿色砂质、钙质砂岩夹泥灰岩，上部泥岩粉砂岩夹砾石层。与下伏地层呈整合接触
		中新统	鹤壁组 N_1h	101.4～383.0 (210)	下部杂色砂质泥岩与砂质黏土，上部以砂质黏土和石灰岩为主。与下伏地层呈角度不整合接触
中生界	三叠系	中三叠统	二马营组 T_2er	＞513	浅灰色细粒、中粒砂岩，粉砂岩和紫红色泥岩，夹石膏薄层。与下伏地层呈整合接触
		下三叠统	和尚沟组 T_1h	(459.25)	浅红色、紫红色泥岩、粉砂岩及细粒砂岩，夹中粒砂岩、砂质泥岩及泥岩薄层。与下伏地层呈整合接触
			刘家沟组 T_1l	(263.38)	浅红色、灰紫色中细粒砂岩、紫红色泥岩、砂质泥岩。与下伏二叠系地层呈整合接触
晚古生界	二叠系	上二叠统	石千峰组 P_2sh	315.30～420.46	下部浅灰色、灰白色中粗粒长石石英砂岩，上部紫灰色砂泥岩夹数层同生砾岩与石灰岩，偶有石膏层。与下伏地层呈整合接触
			上石 盒子组 P_2s	(285.51)	以砂岩、泥岩、砂质泥岩为主。底部为中粒长石石英砂岩，中部夹数层硅质海绵岩，顶部为紫色泥岩。与下伏地层呈整合接触
		下二叠统	下石 盒子组 P_1x	207.54～379.6 (305.76)	由紫灰色、深灰色泥岩、砂质泥岩、灰绿色砂岩组成，偶夹两层薄煤或煤线，分 4 个煤段。底部为细中粒长石石英砂岩，下部为灰紫色含铝质泥岩。与下伏地层呈整合接触
			山西组 P_1sh	71.61～127.91 (96.33)	以深灰色泥岩、灰色砂岩为主，含 7 层煤层，下部的二$_1$煤层为区域主要可采煤层。与下伏地层呈整合接触
	石炭系	上石炭统	太原组 C_2t	72.18～162.06 (115.72)	由石灰岩、泥岩、砂岩等组成，含 9 层煤层，下部的一$_1^1$煤为大部可采煤层。与下伏地层呈整合接触
			本溪组 C_2b	2.22～47.92 (24.67)	由浅灰、灰紫色铝质泥岩、深灰色泥岩、砂质泥岩组成，夹 1～2 层石灰岩透镜体，含 1～2 层煤层，产动、植物化石，与下伏中奥陶系峰峰组呈平行不整合接触

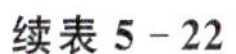

续表 5-22

界	系	统	组	厚度/m	岩性描述
早古生界	奥陶系	中奥陶统	峰峰组 O_2f	75.77	深灰色中厚—厚层状石灰岩、白云质石灰岩、角砾状石灰岩、含白云质石灰岩和角砾状泥质石灰岩
			马家沟组 O_2m	260～380	浅灰色—灰色中厚层状、厚层状石灰岩，夹少量灰色—深灰色泥岩
	寒武系	上寒武统	$\in_3$	219～281	下部薄层状灰岩，中部豹皮灰岩，上部白云质灰岩
		中寒武统	$\in_2$	171～306	下部质纯灰岩，中部鲕状灰岩，上部蓝藻灰岩
		下寒武统	$\in_1$	13～158	下部含燧石镁质灰岩，中上部紫色泥岩夹鲕状灰岩
元古宇—太界宇			Pt - Ar	不详	由白云质灰岩、钙质石英砂岩及黑云斜长片麻岩、黑云闪长片麻岩、斜长角闪岩、角闪岩等组成

注：(　)中的数值为厚度平均值；奥陶系以前地层钻孔未揭露。

(2)中奥陶统峰峰组(O_2f)：区内没有出露，最大揭露厚度为 75.77m，由深灰色中厚—厚层状石灰岩、白云质石灰岩、角砾状石灰岩、含白云质石灰岩和角砾状泥质石灰岩组成。含角石类动物化石、黄铁矿晶体和结核及溶洞与裂隙发育，具缝合线构造。顶部为薄层浅灰色—深灰色角砾状石灰岩，填隙物为浅灰色铝土质泥岩及深灰色泥岩。与下伏中奥陶统马家沟组为整合接触。

2. 石炭系(C)

区内缺失下石炭统，由上石炭统本溪组(C_2b)和太原组(C_2t)组成，厚度约 150m。

(1)石炭系上统本溪组(C_2b)：自峰峰组石灰岩顶至一$_1^1$ 煤底，在彰武-伦掌勘查区，该组厚度为 2.22～18.57m，平均厚度 8.40m(4 个钻孔)；在安鹤煤田北段深部地区，该组厚 0.96～30.83m，平均厚度 7.48m；在石林煤详查地区，该组厚度为 11.95～44.77m，平均厚度为 24.74m，上距二$_1$煤约 157m(5 个钻孔)。研究区该组岩性整体相似，主要为浅灰色薄层状、鲕状铝质泥岩及深灰色—黑色泥岩、砂质泥岩，夹灰色细粒砂岩、粉砂岩薄层，局部含菱铁质结核、黄铁矿晶体及结核(俗称山西式铁矿，为该组底部的古风化壳层沉积物)、大量植物化石碎片。该组与下伏中奥陶系统峰峰组为平行不整合接触。

(2)上石炭统太原组(C_2t)：自本溪组顶(石林煤详查区和彰武-伦掌勘查区)或一$_1^1$ 煤层底(安鹤煤田北段深部煤详查报告)至菱铁质泥岩顶(常由 L_9 或 L_{10} 石灰岩顶演变)，厚度为 80.55～131.73m。岩性为深灰色厚层状石灰岩和灰黑色泥岩、砂质泥岩、细粒砂岩及煤层，是本区的主要含煤地层之一，含 9～10 层石灰岩，含 11～14 层煤。与下伏本溪组为整合接触。根据其岩性特征自下而上可分为 3 段，下部为石灰岩段，中部为砂泥岩段，上部为石灰岩段。

3. 二叠系(P)

二叠系由下二叠统山西组、下石盒子组,上二叠统上石盒子组、石千峰组组成,总厚度约1055m。二叠系与下伏下石炭统太原组整合接触,二叠系内各组均呈整合接触。

(1)下二叠统山西组(P_1sh):菱铁质泥岩顶(L_9 或 L_{10} 石灰岩顶)至砂锅窑砂岩底,厚度为63.91～121.88m。岩性为灰色、深灰色、黑色泥岩、砂质泥岩、粉砂岩、细粒砂岩、中粒砂岩及煤层组成,含大量植物化石,为本区主要含煤地层之一。按岩性组合特征自下而上分为二$_1$ 煤段、大占砂岩段、香炭砂岩段和小紫泥岩段,与下伏太原组为整合接触。

二$_1$ 煤段:菱铁质泥岩顶(L_9 或 L_{10} 石灰岩顶)至大占砂岩底,厚度为9.46～55.35m,可分为2～3个小层段。二$_1$ 煤层可分为2层煤层,为本区主要可采煤层,发育稳定,全区可采,结构较简单,局部分布天然焦,部分分叉为2～3层。

大占砂岩段:自大占砂岩底至香炭砂岩底,厚度为7.93～50.90m。由砂岩、砂质泥岩、泥岩及薄煤层组成。中、下部为浅灰色—深灰色中—细粒长石石英砂岩(大占砂岩),厚度为0.70～29.13m,具波状、透镜状层理或交错层理,层面含白云母碎片及碳质,为控制二$_1$ 煤层的主要标志层之一。上部为深灰色泥岩,层面含丰富植物化石,夹砂质泥岩、粉砂岩及细粒砂岩薄层,含2层煤层,其中1层局部可采,1层不可采。

香炭砂岩段:自香炭砂岩底至小紫泥岩底,厚度为7.34～40.66m。由浅灰色粗粒砂岩及泥岩组成。中、下部为灰色—深灰色中—细粒长石石英砂岩(香炭砂岩),夹黑色—深灰色泥岩、砂质泥岩薄层,具交错层理,层面含丰富的白云母碎片及碳质,为控制二$_1$ 煤层的主要标志层之一。偶含薄煤1层,不可采。

小紫泥岩段:自小紫泥岩底至砂锅窑砂岩底,厚度为5.65～30.62m。以浅灰色泥岩为主,略具紫斑,含铝质及密集状不均匀分布的黑色、褐色菱铁质鲕粒(直径一般小于0.5mm),局部夹深灰色砂质泥岩、灰色细粒砂岩。底部发育一层不稳定的细粒砂岩(冯家沟砂岩),常相变为泥岩、砂质泥岩、粉砂岩,局部富集菱铁质鲕粒,为控制二$_1$ 煤层的标志层之一。

(2)下二叠统下石盒子组(P_1x):自砂锅窑砂岩底至田家沟砂岩底,厚度为221.74～326.09m,按岩性组合特征自下而上可分为三、四、五、六煤段,与下伏山西组为整合接触。根据沉积特征分4个含煤段。

三煤段:自砂锅窑砂岩底至四煤段底板砂岩底,厚度为56.51～137.53m。由灰色、灰绿色砂质泥岩、泥岩、细—粗粒砂岩组成。底部为浅灰色、灰色、灰绿色中—粗粒长石石英砂岩(砂锅窑砂岩),厚度为0.56～21.65m,含少量的泥质包体和石英细砾石,具交错层理,钙质胶结,局部相变为灰绿色、灰色粉砂岩,为下石盒子组与山西组的分界标志层;其上为灰色铝质泥岩(大紫泥岩),厚度为0.90～24.82m,具紫斑和暗斑,含散点状不均匀分布的黄色菱铁质鲕粒(直径一般大于0.5mm),局部相变为灰色泥岩、砂质泥岩,为控制下石盒子组与山西组分界及二$_1$ 煤层的重要标志层;下部为灰绿色泥岩、砂质泥岩,夹灰色粉砂岩、细粒砂岩薄层,含植物化石碎片;中、上部为灰色、灰绿色砂质泥岩、泥岩夹细中粒砂岩,泥岩、砂质泥岩具紫斑,含铝质。偶含薄煤1层(三$_1$),不可采。

四煤段：自四煤段底板砂岩底至五煤段底板砂岩底，厚度为38.01～96.30m。底部为灰白色中—粗粒砂岩(四煤段底板砂岩)，厚层状，成分以石英为主，长石次之，含少量暗色矿物及岩屑，分选中等，含深灰色泥质包体，局部含石英细砾，具交错层理，含白云母片及炭屑，钙质胶结；下部为灰色、深灰色泥岩、砂质泥岩，含云母片及植物化石碎片；中部为浅灰色、灰白色中粒、粗粒砂岩，夹灰色、浅绿灰色泥岩、灰色泥岩，具浸染状紫斑；上部为灰绿色泥岩、铝质泥岩，灰色砂质泥岩夹浅灰色、灰白色细粒砂岩，具紫斑，局部泥岩含黄色菱铁质鲕粒；顶部含1层灰绿色绿泥菱铁蚀变岩，具菱铁质鲕粒、豆粒。

五煤段：自五煤段底板砂岩底至六煤段底板砂岩底，厚度为30.54～88.99m。底部为灰白色、灰绿色中—细粒砂岩(五煤段底板砂岩)，成分以石英为主，岩屑次之，含泥质条带及团块，具平行层理及交错层理，层理面含白云母片，钙质胶结；下部为灰绿色泥岩，局部夹砂质泥岩及细粒砂岩薄层，具浸染状紫斑、团块状绿斑；中、上部为灰色细粒、中粒、含砾粗粒砂岩，夹灰绿色、深灰色泥岩、砂质泥岩。

六煤段：自六煤段底板砂岩底至田家沟砂岩底，厚度为27.77～106.37m。底部为灰白色、灰绿色中细—粗粒砂岩，具交错层理，波状层理，层面含少量白云母碎片，其上为灰绿色砂质泥岩、泥岩，具浸染状、团块状紫斑，局部夹薄层—中厚层状灰白细粒砂岩，偶见植物化石碎片。顶部夹一灰绿色岩屑石英杂砂岩薄层，据镜下鉴定，其成分以石英、岩屑为主，基质为以高岭石为主的黏土矿物。

(3)上二叠统上石盒子组(P_2s)：自田家沟砂岩底至平顶山砂岩底，厚度为222.91～365.97m，按岩性组合特征可分为七、八煤段，与下伏下石盒子组为整合接触。

七煤段：自田家沟砂岩底至八煤底板砂岩底，厚度为100.18～209.59m。底部为灰白色中粗粒长石石英砂岩(田家沟砂岩)，分选性差，泥质、钙质胶结，底部含石英细砾，局部为细砾岩，夹薄层砂质泥岩、泥岩，为下石盒子组与上石盒子组的分界标志层；其上见一灰绿色岩屑石英杂砂岩薄层，据镜下鉴定结果，其成分是以石英、岩屑为主，基质为以伊利石为主的黏土矿物。中上部为紫红色—灰绿色砂质泥岩、泥岩夹粉砂岩、细粒砂岩薄层，局部具团块状紫斑，偶见植物化石碎片，砂岩层面含少量白云母碎片。

八煤段：自八煤段底板砂岩底至平顶山砂岩底，厚度为101.96～229.17m。底部为浅灰色、灰白色中粒长石石英砂岩(八煤底板砂岩)，成分以石英为主，钙质胶结，夹数层灰绿、紫红色砂质泥岩、泥岩；下部为灰绿色、紫红色泥岩、砂质泥岩夹浅灰色、灰绿色粉砂岩、细粒砂岩薄层，具平行层理、波状层理；上部为灰绿色、暗紫色泥岩、砂质泥岩夹灰白色、灰绿色中—细粒砂岩薄层，具团块状紫斑。

(4)上二叠统石千峰组(P_2sh)：自平顶山砂岩底至金斗山砂岩底，厚度为315.30～420.46m。按岩性特征可分为4个岩性段，与下伏上石盒子组为整合接触。

平顶山砂岩段：自平顶山砂岩底至平顶山砂岩顶，厚度为48.37～123.59m。主要由灰红色、浅灰色、灰白色细—中粗粒石英砂岩(平顶山砂岩)组成，具交错层理，硅质胶结，底部常含石英细砾，局部具泥质包裹体。砂岩发育稳定，一般分为2～4层，间夹数层厚层状的深紫色、紫红色泥岩、砂质泥岩，为本区含煤地层的重要标志层之一。

砂泥岩段：由紫红色、灰紫色泥岩、砂质泥岩组成，下部夹浅灰色细粒砂岩、粉砂岩薄层，含少量紫红色岩屑颗粒，上部具钙质包裹体。

泥灰岩段：由紫红色、紫灰色含钙质砂质泥岩、泥岩与青灰色泥质石灰岩组成。泥质石灰岩一般分为2～6层，镜下鉴定为微晶石灰岩，主要矿物为方解石，含少量碎屑石英及生物屑，生物屑主要为介形虫，局部较富集，含量最高可达30%。

同生砾岩段：中、下部为紫色、紫红色、褐红色砂质泥岩、泥岩、粉砂岩，层面夹石膏薄层；上部为浅灰红色细粒砂岩、粉砂岩夹砂质泥岩、泥岩，局部含泥砾及钙质结核，具平行层理，波状层理。

4. 三叠系(T)

(1)下三叠统刘家沟组(T_1l)：研究区内该组厚度差别比较大，在彰武-伦掌勘查区和石林煤详查区的厚度为91.28～150.61m，安鹤煤田北段深部该组厚度为359.28～465.65m，与下伏石千峰组呈整合接触。下部为浅红色、灰紫色中细粒砂岩(金斗山砂岩)，具波状层理、平行层理，夹粉砂岩、砂质泥岩及泥岩薄层；上部以紫红色泥岩、砂质泥岩为主，含钙质结核，夹紫红色细粒砂岩、粉砂岩薄层。

(2)下三叠统和尚沟组(T_1h)：区内钻孔最大揭露厚度为471.81m，与下伏刘家沟组呈整合接触。由浅红色、紫红色泥岩、粉砂岩及细粒砂岩组成，并以细粒砂岩为主，成分以石英为主，硅质胶结，夹中粒砂岩、粉砂岩、砂质泥岩及泥岩薄层，细粒砂岩中夹杂色泥岩包体，局部具灰绿色、青灰色斑点。上部夹石膏薄层。

(3)中三叠统二马营组(T_2er)：区内钻孔最大揭露厚度为219.80m，仅在安鹤煤田北段深部地区发育，在彰武-伦掌勘查区和石林煤详查区，与下伏和尚沟组呈整合接触。由浅灰色细粒、中粒砂岩和紫红色泥岩组成，砂岩、砂质泥岩和泥岩在垂向上相互叠加，夹石膏薄层，底部含青灰色细粒砂岩、粉砂岩。

5. 新近系(N)

(1)中新统鹤壁组(N_1h)：自西向东逐渐增厚，最大揭露厚度为602.80m，安鹤煤田北段深部地区发育较厚，彰武-伦掌勘查区和石林煤详查区不发育或发育较薄。由褐色、棕红色黏土、灰白色砂质黏土、深灰色砾岩及泥灰岩组成，砂质黏土含钙质，砾石成分以石灰岩为主。与下伏二叠系呈角度不整合接触。

(2)上新统巴家沟组(N_2b)：自西向东逐渐增厚，平均厚度约50.48m。下部为灰黄色泥岩夹透镜状砂岩；中部为灰绿色砂质、钙质砂岩夹泥灰岩；上部为泥岩粉砂岩夹砾石层。与下伏鹤壁组地层呈整合接触。

6. 第四系(Q)

研究区内广泛分布，自西向东分布面积和沉积厚度逐渐加大，厚度为0～33.52m。底部为杂色冰碛砾石层，分布在淇河两岸；中部为砖红色黏土，垂直节理发育，常形成陡坎，分布于丘陵岗坡处；上部为砾石、流沙层、分布在河流两岸和沟谷处。

5.3.1.2 构造发育特征

研究区地跨太行断隆和汤阴断陷两个构造单元。总体构造形态为走向北东至北北东、倾向南东、倾角 5°～40°的单斜，构成煤田的主体格架。构造线多呈北东向、北北东向展布，次为东西向展布，将研究区分割为大小不等的断块，北东向断裂发育并近于平行排列，在区内多处呈现堑垒、阶梯状构造(图 5－37)。

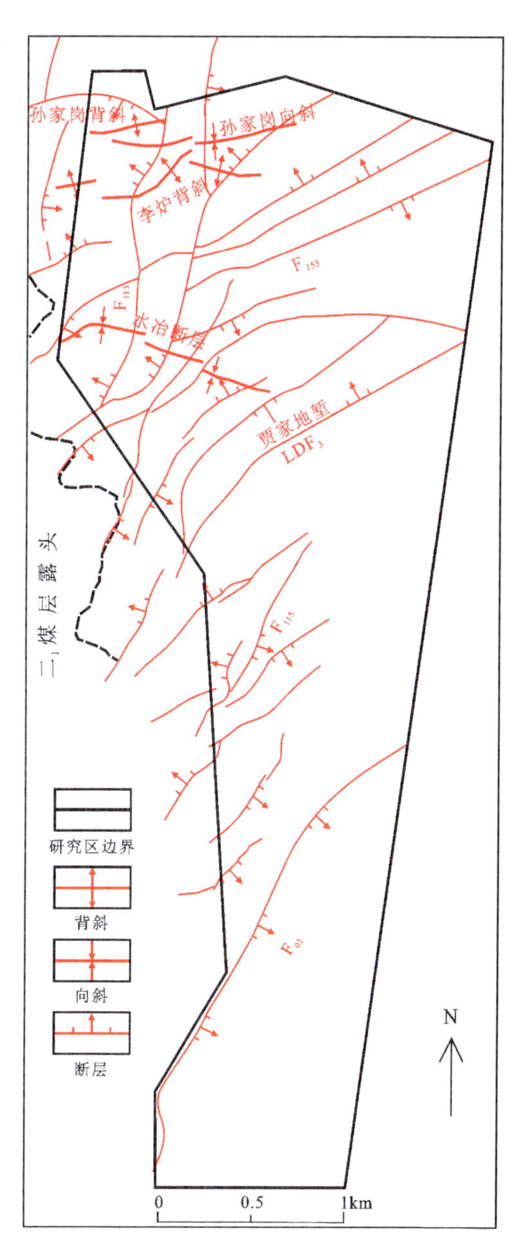

图 5－37 河南省太行山东麓地质构造纲要图

1.断层发育

研究区发育 16 个较大型褶皱，发育落差大于 50m 的断层有 112 条，其中，彰武-伦掌勘查区 25 条，研究区北部 33 条，研究区南部 54 条，呈北北东向、北东向、东西向与北西向展布。主要断层特征如下。

(1)F_{01}正断层(青羊口断层)：位于研究区南部，延伸长度为 70km，走向北北东，倾向南东，倾角约 70°，为南东盘下降、北西盘上升的正断层，最大断距在 1000m 以上。

(2)F_{115}断层：该断层位于石林煤详查区的中北部，沿朱家沟—黑塔—下洞村一线斜贯全区，区内全长约 6000m，走向北北东，倾向南东东，倾角 70°，落差为 50～200m，南段小，向北变大。

(3)LDF_3 断层：正断层，位于安鹤煤田北段深部煤详查区南部，走向北东，倾向北西，倾角 70°，落差为 280～620m，南东盘上升，北西盘下降，区内延伸长度为 8.38km。

(4)F_{153}正断层：位于安鹤煤田北段深部煤详查区中南部，走向北北东—北东，倾向南东东—南东，倾角 75°～80°，落差为 200～1250m，区内延展长度为 13.24km。

(5)F_{113}正断层：位于安鹤煤田北段深部煤详查区西部，走向北北东—北东，倾向南东东—南东，倾角 75°～80°，落差为 250～1020m，区内延展长度为 8.16km。

其他主要大型断层发育情况详见表 5－23。

表 5-23　研究区断层发育情况一览表

断层方向	断层编号	断层性质	区内伸展长度/m	产状			落差/m	控制程度
				走向	倾向	倾角/(°)		
北北东—北东向	F_{268}	正	4800	北东	南东	60～70	0～750	可靠
	F_{206}	正	280	北东	南东	70	75～240	可靠
	F_{174}	正	5700	北东	南东	70	0～220	可靠
	F_{205}	正	2600	北东	北西	70	190～250	可靠
	F_{165}	正	1373	北北东—北东	北西西—北西	70～80	100～1300	可靠
	LDF_{2}	正	6840	北东	南东	<70	120～350	可靠
	LDF_{4}	正	6430	北东	南东	<75	150～340	较可靠
	F_{159}	正	5900	北东	北西	<75	250～570	较可靠
	F_{160}	正	830	北东东	南南东	<70	>400	较可靠
	SDF_{6}	正	2370	北东东	南南东	<70	450～900	较可靠
	SDF_{7}	正	3990	北东	南东	<70	200～250	较可靠
	SF_{8}	正	2820	北北东	南东东	<80	240	可靠
	SF_{10}	正	2480	北东东	北北西	<75	300～550	较可靠
	SF_{11}	正	3360	北东—北东东	南东—南南东	<75	280～550	可靠
	SF_{11-1}	正	1970	北北东	南南东	<75	120～220	可靠
	SF_{12}	正	2900	北北东	SEE	<75	280～350	较可靠
	SF_{14}	正	6360	北东	北西	<80	350～600	较可靠
	SDF_{201}	正	3680	北东	北西	<70	300～650	可靠
	F_{165}	正	1373	北北东—北东	北西西—北西	<70	100～1300	可靠
	SF_{16}	正	2720	北东	南东	<75	0～380	可靠
	SDF_{204}	正	3380	南北—北北东	东西—南东东	<75	450	较可靠
	SF_{19}	正	3350	北东—北东东	北西—北西西	<75	220～580	可靠
	SDF_{254}	正	3080	北东东	南南东	<75	730～1100	较可靠
	SDF_{254-1}	正	1880	北东	北西	<75	250	较可靠
	SF_{21}	正	3320	北东	北西	<75	250～500	较可靠
	F_{113}	正	8160	北北东—北东	南东东—南东	<75	250～1020	可靠
	F_{205}	正	2690	北东东	南南东	<75	180～210	较可靠
	F_{105}	正	2700	北东	北西	70	0～250	可靠
	F_{40}	正	3000	北北东	北西西	60	0～360	可靠

续表 5－23

断层方向	断层编号	断层性质	区内伸展长度/m	产状			落差/m	控制程度
				走向	倾向	倾角/(°)		
北北东—北东向	F_{116}	正	3500	北东	北西	70	0～200	可靠
	F_{117}	正	7500	北东	北西	70	100～300	可靠
	F_{117-1}	正	3000	北东	南东	70	0～200	较可靠
	F_{118}	正	8200	北东	北西	70	50～300	可靠
	F_{121}	正	4800	北东	南东	70	0～500	可靠
近东西向	F_{41}	正	3900	北东—近东西	北西—南北	55～70	0～220	可靠
近南北向	TF_{202}	正	6620	北	东	<70～80	250～300	可靠

2.岩浆岩发育

安鹤煤田岩浆岩有燕山期和喜马拉雅期两期。燕山期岩浆岩分布于安阳煤田的西部和南端，该期形成的岩浆岩主要为中性的闪长玢岩、闪长岩、蚀变闪长岩，其次为碱性岩类的正长斑岩。中性岩类主要分布于白玉村、张二庄、白象井、岭头、龙山、子针、马村、大众煤矿东北部、白莲坡煤矿及红岭煤矿的东南部。分别以岩床、岩株、岩脉、岩墙侵入奥陶系和二叠系中。在鹤壁矿区外围西北部地表可见明显的闪长岩露头，龙山煤矿及庙口井田南部亦可见明显的燕山晚期闪长岩露头。碱性岩类主要分布于马村西部及冯家洞北部，主要以岩床、岩脉侵入闪长玢岩及闪长岩中。

喜马拉雅期早期形成的岩浆岩为超基性岩类，岩性为金伯利岩，分布于潭浴-龙宫北北东向构造带和西南部山区。在化象、土门、人头山等地以岩株侵入奥陶系灰岩中。喜马拉雅期晚期岩浆岩为橄榄玄武岩，主要分布于庞村、黑山一带。鹤壁矿区鹤壁十矿东部可见明显的玄武岩露头。在黑山，玄武岩体下伏地层为鹤壁组砾岩，上覆地层为第四系下更新统砾岩。

(1)岩浆侵入对煤层厚度的影响：岩浆呈岩床侵入的层位主要为二$_1$煤层，其次为一$_1^1$、一$_2$、一$_4$ 和一$_8$煤层等。岩浆的侵入可将煤层成片“吞噬”掉，从而形成大片无煤区，岩浆的侵入也可使煤层部分被吞噬而形成薄煤带或形成煤层分叉。由于岩浆的推挤作用，邻近岩床的煤层有增厚现象。例如安林煤矿在正常区二$_1$煤层平均厚度为 4.28m，影响区厚度为 4.67m，侵入区厚度为 2.30m。岩墙附近出现无煤带，影响范围有限，且具有一定的方向性。

(2)岩浆侵入对煤质的影响：由于岩浆的侵入，煤的变质程度普遍增高，围绕岩浆岩体煤的变质程度具有明显的分带性。在矿区南部，由岩体向外，煤变质程度逐渐降低，分带依次为：柱状天然焦、粒状天然焦、无烟煤、贫煤、瘦煤，矿区北部依次为天然焦、无烟煤、贫煤、瘦煤、焦煤、肥煤。

5.3.1.3 水文地质特征

1.地下水补给、径流、排泄情况

研究区位于太行山隆起带与华北平原沉降带之间的过渡地带，西起林县大断裂，东至汤东大断裂。受山前大断裂及岩浆侵入作用的影响，地层被切割破碎，中间所夹持地块属于由太行山向华北平原做阶梯状逐级降落的一个断块构造。

区域上以研究区西部近南北向延伸的中奥陶统与中石炭统接触线为界，可划分为东、西两个水文地质区。西部水文地质区为太行山寒武系—奥陶系石灰岩大面积裸露区，岩溶裂隙发育，地下水具有良好的储存、运移空间，有利于大气降水及地表水补给，从而构成地下水相对补给区。地下水汇集于山前地带，受山前大断裂及岩浆侵入体的阻滞作用分流，一部分以上升泉水的形式溢于地表，另一部分则继续向东部水文地质区深部运移。

东部水文地质区为太行山东麓古生界岩溶水自流斜地水文地质区，该区域含水层接受西部水文地质区及泉群的侧向径流补给后，地下水继续向深部运移，运移至东部汤西大断裂时，除受断层结构面阻水外，石炭系及奥陶系含水层与汤西(青羊口)大断裂另一侧的三叠系砂泥岩层对接，形成一个相对阻水边界，使该区块成为一个大的构造储水区。另外与汤西大断裂共生的反向断层汤东大断裂亦为一个大的阻水边界，致使汤西、汤东大断裂中间夹持地块——汤阴地堑亦成为另一个构造储水区。

从地理位置、含水层及相邻矿井水文地质特征看，本区位于太行山东麓古生界岩溶水自流斜地水文地质区南部，处于深部径流排泄区，地下水为弱径流状态。研究区局部煤矿排水致使煤层顶底板水位下降严重，成为地下水主要排泄区。

2.含水层的分布

(1)奥陶系岩溶裂隙含水层：该含水层单位涌水量为0.000 57～0.001 89L/(s·m)，渗透系数为0.000 874～0.004 05m/d，水化学类型为$HCO_3 \cdot SO_4-Ca$型和$HCO_3-Ca \cdot Mg$型，水位标高为109.15～124.50m，TDS含量为0.462～0.612g/L。

(2)太原组下段岩溶裂隙含水层：该含水层单位涌水量为0.000 86～0.019 7L/(s·m)，渗透系数为0.000 874～0.162m/d，pH为7.6～8.02，水化学类型为$HCO_3 \cdot SO_4-Na$型和HCO_3-Na型，水位标高为5.46～87.34m，TDS含量为0.796～1.157g/L。

(3)太原组上段岩溶裂隙含水层：该含水层单位涌水量为0.000 004 67～0.002 3 L/(s·m)，pH为7.4～7.78，水化学类型为$HCO_3 \cdot SO_4-Ca$型、$SO_4 \cdot HCO_3-Ca \cdot Na$型、$HCO_3 \cdot SO_4-Ca \cdot Mg \cdot Na$型，水位标高为31.88～120.51m，TDS含量为0.40～0.61g/L。

(4)二叠系山西组二$_1$煤层顶板砂岩裂隙承压含水层：该含水层钻孔单位涌水量为0.000 12～0.033L/(s·m)，渗透系数为0.000 29～0.146m/d，pH为7.7，水化学类型为$HCO_3-K \cdot Na$型及$SO_4-K \cdot Na$型，水位标高为87.13～136.17m。区内南、北水位标高相差较大，主要是由于南部邻近生产矿井，矿井的长期疏排导致该含水层水位下降。

(5)三叠系砂岩风化裂隙承压含水层：该含水层主要以中、细粒砂岩为主，钻孔揭露最大厚度为1 050.89m。据S3401孔现场放水实验资料，该含水层单位涌水量为0.008 9L/(s·m)，渗透系数为0.041m/d，水化学类型为HCO_3－Na型及SO_4－Na型。水位标高为+115.01m。

(6)松散岩类孔隙含水层包括第四系、新近系孔隙含水层：据区内浅部矿井内抽水资料，钻孔单位涌水量为0.18～0.695L/(s·m)，渗透系数为1.064～20.946m/d，pH为8.2，水化学类型为HCO_3－Ca型、HCO_3－Ca·Na型。水位标高为128m。

5.3.1.4 煤层气地质特征

研究区煤层气富集成藏虽然受多重因素控制，但是主要含煤地层为石炭系和二叠系，厚度大，超过600m。煤层发育，多达31层；泥岩层层位稳定，厚度大，连续分布，有机质含量高；厚层砂岩分布范围广，孔隙度高。这些优越的地质条件不仅提供了良好的烃源岩，同时也提供了丰富的储集空间。

1.研究区内煤系地层具有较好的烃源岩，煤层气资源丰富，在以往的勘查及开发试验过程中，发现多层煤系地层气体

(1)煤层气资源丰富。河南省境内石炭系—二叠系煤系中含有大量有机质，为煤层气的发育提供了重要的物质基础。据河南省煤炭地质勘察研究总院2010年预测数据，河南省埋深2000m以浅的煤层气资源量就达到1.1万亿m^3，占全国总资源量的2.85%，加上煤系中泥页岩气、致密砂岩气，估计煤系地层气体资源量在5万亿m^3以上，具有良好的开发利用前景。从前期的资料分析看，太行山东麓地区煤层气资源具有优越的勘查开发有利条件。煤层气资源丰富，储层分布广泛，厚度较大，估算煤层气资源量为1000亿m^3。主要煤层$二_1$煤层平均厚度为5～7m，层位稳定，结构较简单，含气量最高可达45m^3/t。

(2)较好的烃源岩物质基础。研究区石炭系沉积时期，属于陆表海碳酸盐-潟湖障壁岛沉积体系、二叠系属于三角洲-潟湖障壁岛沉积体系和三角洲沉积体系，为植物生长和泥炭堆积创造了较好的环境条件，形成了数十层煤层，沉积了多层厚且广泛分布的高有机质含量暗色泥岩。在砂岩层中，多含炭屑和暗色泥岩条带，孔隙度较高，为煤层气的生储提供了较好的条件。

2.研究区煤系地层中太原组、山西组、下石盒子组是煤层气重要的储集层位

(1)太原组(C_2t)：地层平均厚度为125m，下起于本溪组顶，上止于L_{10}石灰岩(或菱铁质泥岩)顶，属于陆表海碳酸盐-潟湖障壁岛沉积体系。本组地层主要由6～10层灰岩、5～9层煤、泥岩和砂岩组成。煤层和暗色泥页岩发育，泥页岩中有机质含量高，砂岩中含有炭屑，灰岩中生物碎屑丰富。特别是中部的砂泥岩段厚度大，连续分布，既是好的产气层，又是好的储气层。

储层物性特征：根据本区气测录井资料，太原组泥岩层和煤层的孔隙度与渗透率都较低，属于低孔低渗储层，砂岩孔隙度一般在4%左右，但是太原组煤层并非全区可采。

含气性特征：根据本区SQ试2井、SQ试3井气测录井等资料和煤层气解析资料，除煤层之外，在中部砂泥岩层也有明显气显示。太原组含煤地层的全烃含量在3.167%～10.719%之间。烃组分主要为甲烷，从含量值上看，甲烷含量为5.488%～7.914%，乙烷含量为0.001%～0.113%，丙烷含量为0.001%，异丁烷含量为0.001%，正丁烷含量为0.001%。

(2)山西组(P_1s)：地层平均厚度为103m，下起于L_{10}石灰岩或菱铁质泥岩顶，上止于砂锅窑砂岩底界面。下部为下三角洲-潟湖障壁岛沉积体系，上部为三角洲沉积体系，主要由深灰色—灰黑色砂质泥岩、细—中粒砂岩、粉砂岩和煤层组成，并产大量植物化石，是本区主要的含煤地层。底部砂岩(北岔沟砂岩)平均厚度为8m，为灰色中、细粒岩屑石英砂岩，局部相变为粉砂岩，夹深灰色砂质泥岩、泥岩，常见植物化石，具平行及波状层理，横向较稳定；其上有约10m厚的暗色泥岩，含炭屑，是较好的烃源岩；再往上的二$_1$煤层蕴藏着丰富的煤层气资源，含气量可达45m^3/t。

山西组中部和上部，有厚层大占砂岩(平均厚度为15m)、香炭砂岩(平均厚度为8m)和暗色泥岩，砂岩中含炭屑及暗色泥岩条带，孔隙度在6%左右；泥岩层中夹薄煤层或碳质泥岩薄层，是良好的烃源岩层。

储层物性特征：根据气测录井资料，山西组致密砂岩孔隙度为0.1%～4.9%，渗透率为$0.056\times10^{-3}\sim0.126\times10^{-3}\mu m^2$，属于低孔低渗储层。

根据煤田的物性测试资料，①二$_1$煤层总孔容随变质程度增高而增大；②孔容的分布微孔所占比例最大，其次为大孔，过渡孔则占比例最低；③无烟煤的表面积最大，而肥煤、焦煤的表面积相对较低；④孔隙表面积的分布以微孔占绝对优势，表明其吸附能力特别强，过渡孔和大孔的表面积却很小。

研究区煤类为焦煤、无烟煤。通过测试，二$_1$煤层孔隙率在2.9%～4.43%之间，平均值为3.79%(表5-24)，其微孔占比较高，焦煤为41.42%，其表面积大，有利于煤层气的储集；而大孔占比也较高，为42.85%，在煤层气开发中，有利于煤层气层流渗透至割理或裂隙之中产出。

表5-24 研究区二$_1$煤层孔隙率统计表

单位：%

矿区	样品号	孔隙率	矿区	样品号	孔隙率
三矿	DM14-162	3.4	八矿	DM14-170	4.4
	DM14-163	4.4	九矿	DM14-171	2.9
中泰	DM14-164	3.4		DM14-172	3.8
	DM14-165	2.9	十矿	DM14-173	3.9
五矿	DM14-166	2.9		DM14-174	3.9
	DM14-167	3.4	彰武-伦掌	SQ试1	4.08～4.41
六矿	DM14-168	3.4		SQ试2	3.85～4.40
	DM14-169	2.9		SQ试3	3.42～4.43

含气性特征：根据 SQ 试 1 井、SQ 试 2 井、SQ 试 3 井气测录井等资料和煤层气解析资料，除煤层之外，$二_1$ 煤层底板砂岩、$二_1$ 煤层顶板大占砂岩、香炭砂岩有明显气显示。山西组含煤地层烃含量较高，一般大于 5%，烃的组分主要为甲烷。砂岩地层的全烃含量在 0.321%～29.181%之间，一般大于 1%，主要成分为甲烷。甲烷含量为 0.150%～24.184%，乙烷含量为 0.001%～2.176%，丙烷含量为 0.001%～0.012，异丁烷含量为 0.001%～0.005%，正丁烷含量为 0.001%～0.002%。

(3)下石盒子组(P_1x)。地层平均厚度为 300m，下起于砂锅窑砂岩底，上止于田家沟砂岩底，属三角洲沉积体系，主要由下部的砂锅窑砂岩(平均厚度为 6m)，中部的四煤底板砂岩(平均厚度为 8m)和五煤底板砂岩(平均厚度为 10m)，上部的六煤底板砂岩(平均厚度为 9m)、泥岩、碳质泥岩和薄煤层组成。砂岩含泥质包裹体、炭屑，孔隙度较高，在 7%左右。下部的泥岩层段厚度大，在 15m 以上，连续分布，有机质含量较高，生烃潜能好，可为煤层气富集成藏提供资源条件。

含气性特征：根据 SQ 试 2 井、SQ 试 3 井气测录井等资料和煤层气解析资料，除煤层之外，在中部砂泥岩层也有明显气显示。下石盒子组砂岩地层的全烃含量最大值在 0.236%～0.701%之间，主要成分为甲烷。该地层孔隙度和渗透率相对较高，其中 SQ 试 3 井解释结果显示有 2 层含气水层。

5.3.2 $二_1$ 煤储层特征

5.3.2.1 煤层埋深

本区整体为一走向南北、倾向东的单斜构造。以往勘查钻孔数据显示，本区$二_1$煤层埋藏深度介于 302～1727m 之间，主要集中在研究区西部区域，沿构造形态，自西向东逐渐变深，浅部采空区的$二_1$煤层埋深一般在 400m 以浅；中部开发区与勘探区的$二_1$煤层埋深多为 400～1000m；深部预测区的$二_1$煤层埋深多为 1000～2000m。结合$二_1$煤层埋藏深度等值线图(图 5-38)，等值线走势总体呈南北方向上，受断层影响显著，特别是在 F_{153} 断层和 LDF_3 断层所夹的地堑区域和 F_{01} 断层以南区域，埋深突然变大，其他区域由于断块倾斜，南北向上不同地点$二_1$煤层埋藏深度也变化较大。从西向东，除受断层切割影响外，$二_1$煤层埋藏深度基本无突变现象，预测深部煤层埋深可达到 4000m 以深。

5.3.2.2 煤层厚度

本区$二_1$煤层位于山西组下部，层位稳定。煤层厚度为 1.15～16.48m，平均厚度为 6.60m，另有一个煤层厚度为 29.95m 的特厚点，属全区可采的中厚—厚煤层。大部分煤层含夹矸 1～2层，结构简单。由$二_1$煤层厚度等值线图(图 5-39)可知，全区$二_1$煤层厚度自北向南，呈先增大后减小的趋势，中部厚度最大，均在 8m 以上；南部厚度次之，基本介于 6～8m 之间；北部煤层较薄，部分区域在 4m 以下。自西向东，随煤层埋藏深度加深，厚度有增大的趋势，预测研究区深部厚度大于浅部，即东部厚，西部薄。

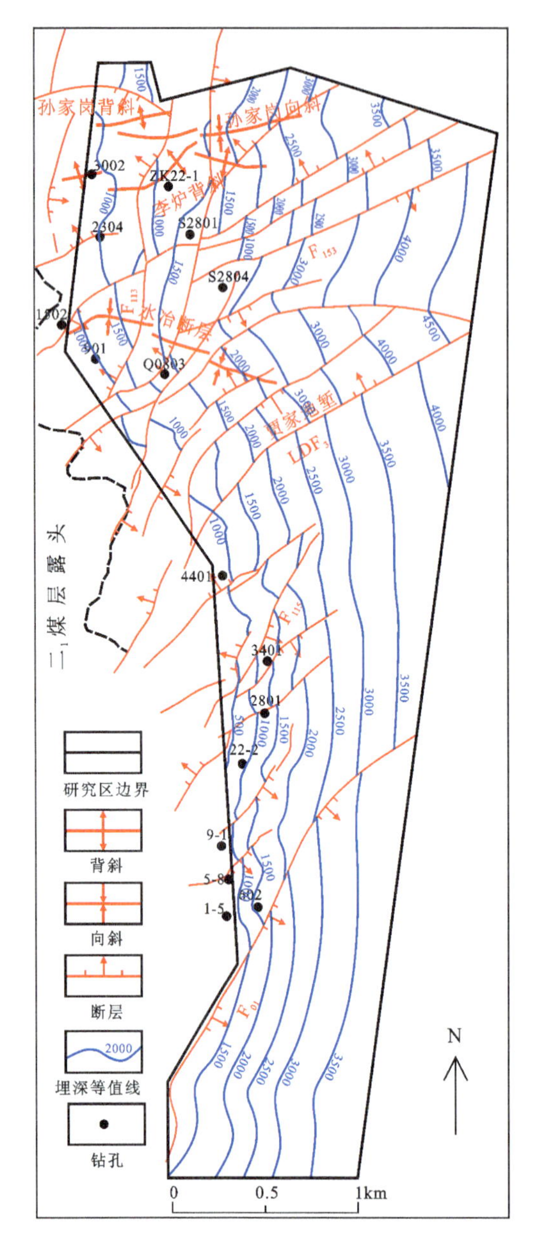

图 5-38 研究区二$_1$煤层埋深等值线图

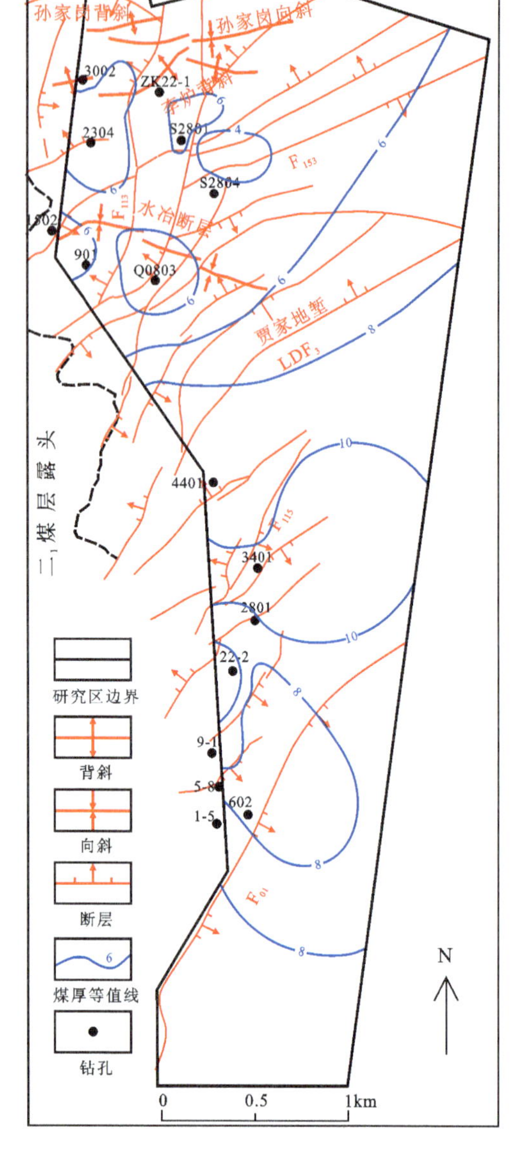

图 5-39 研究区二$_1$煤层煤厚等值线图

二$_1$煤层顶板岩性多以泥岩、砂质泥岩为主。泥岩(或碳质泥岩)主要分布在龙山井田以北，厚度为 0.53～44.09m；砂质泥岩(或粉砂岩)主要分布于龙山井田以南，厚度为 0.52～24.70m；砂岩呈零星分布，厚度为 5.53～33.00m，以细、中粒砂岩为主；岩浆岩局部发育于断层破碎带处，厚度为 1.78～28.18m。例如子针—铜冶间，顶板多为闪长斑岩，其产状多以岩床产出。

二$_1$煤层底板岩性也以泥岩、砂质泥岩为主。泥岩主要分布于三矿至水冶之间和果园至红岭井田深部，厚度为 0.55～13.27m；砂质泥岩分布于五矿至八矿之间和果园至岗子窑之间，厚度为 0.37～19.60m；砂岩不发育，岩浆岩呈零星分布，厚度为 0.66～2.82m。

5.3.2.3 煤岩煤质特征

1.物理性质

在本区二$_1$煤层中，无烟煤、贫煤为黑色、灰黑色，条痕色为黑色，以粉粒状为主，其次为块状，块状煤具贝壳状、参差状断口，呈似金属光泽和金刚光泽，易碎硬度小，均一状或条带状结构。贫瘦煤、瘦煤为黑色，条痕色为褐色、浅灰色，以碎块状为主，夹有块状煤，强玻璃光泽，焦煤为褐色—灰黑色，金刚光泽，以层状及条带状结构为主，内生裂隙发育，其中具方解石脉。天然焦为钢灰色，光泽暗淡，具热爆性。

2.化学性质及组成

(1)水分(M_{ad})：二$_1$煤层原煤水分一般为0.75%～1.87%。

(2)灰分(A_d)：二$_1$煤层原煤的灰分为12.73%～23.24%，依据现行规范评价，属中—低灰煤。

(3)挥发分(V_{daf})：二$_1$煤层原煤的挥发分以天然焦和无烟煤最低，在10%以下如大众煤业和龙山煤业，挥发分以焦煤最高；在20%以上如主焦煤业，低、中挥发分的贫煤、贫瘦煤、瘦煤挥发分大多在10%～20%之间。

(4)固定碳(F_{cd})：固定碳含量介于56.87%～81.38%之间，平均值为66.81%。

(5)硫分($S_{t,d}$)：二$_1$煤层原煤全硫为0.20%～0.53%，平均含量为0.37%，依据现行规范评价，属特低硫煤。煤中硫酸岩硫含量很少，约占0.02%，无明显变化。

(6)磷(P)：二$_1$煤层原煤中磷含量在0.044%～0.077%之间，少数煤矿的磷含量可达0.003%或0.67%。高磷煤集中分布于安阳鑫龙煤业(集团)红岭煤矿和鹤壁九矿。

3.煤类分布

本区煤类较多，分带明显，主要有无烟煤、贫煤、贫瘦煤、瘦煤和焦煤，局部地段亦有天然焦分布。浅部勘查区二$_1$煤层煤类分布如图5-40所示，自南至北表现为：冷泉井田一带分布贫煤，三、五、六矿深部勘探区一带分布贫瘦煤和瘦煤，北端红岭井田一带主要分布焦煤。在安阳煤田西部，北起红岭井田，南至王家岭井田以南，在长24km、宽6km的区域内出现燕山期的闪长岩和闪长玢岩，形成以岩浆体为中心、由天然焦—无烟煤—贫煤—贫瘦煤—瘦煤和北部岗子窑焦煤组成的环带状近南北向展布变质带。

(1)焦煤带(JM)：位于煤田北端，分布于岗子窑井田和红岭井田等，呈近东西向展布，焦煤带宽大于2km，向东煤带开阔。

(2)瘦煤带(SM)：分布于彰武-伦掌，龙宫，三、五、六矿深部等勘探区，煤田中部的瘦煤带呈近东西向展布，带宽约7km，当中岗和武望预测区大部分为瘦煤。

(3)贫瘦煤带(PSM)：分布于彰武-伦掌、龙宫等勘探区，三、六矿等井田，三矿以北，贫瘦煤带呈近南北向展布，带宽一般为2～3km；在六矿一带，贫瘦煤带呈近东西向展布，带宽一般为6.5km。

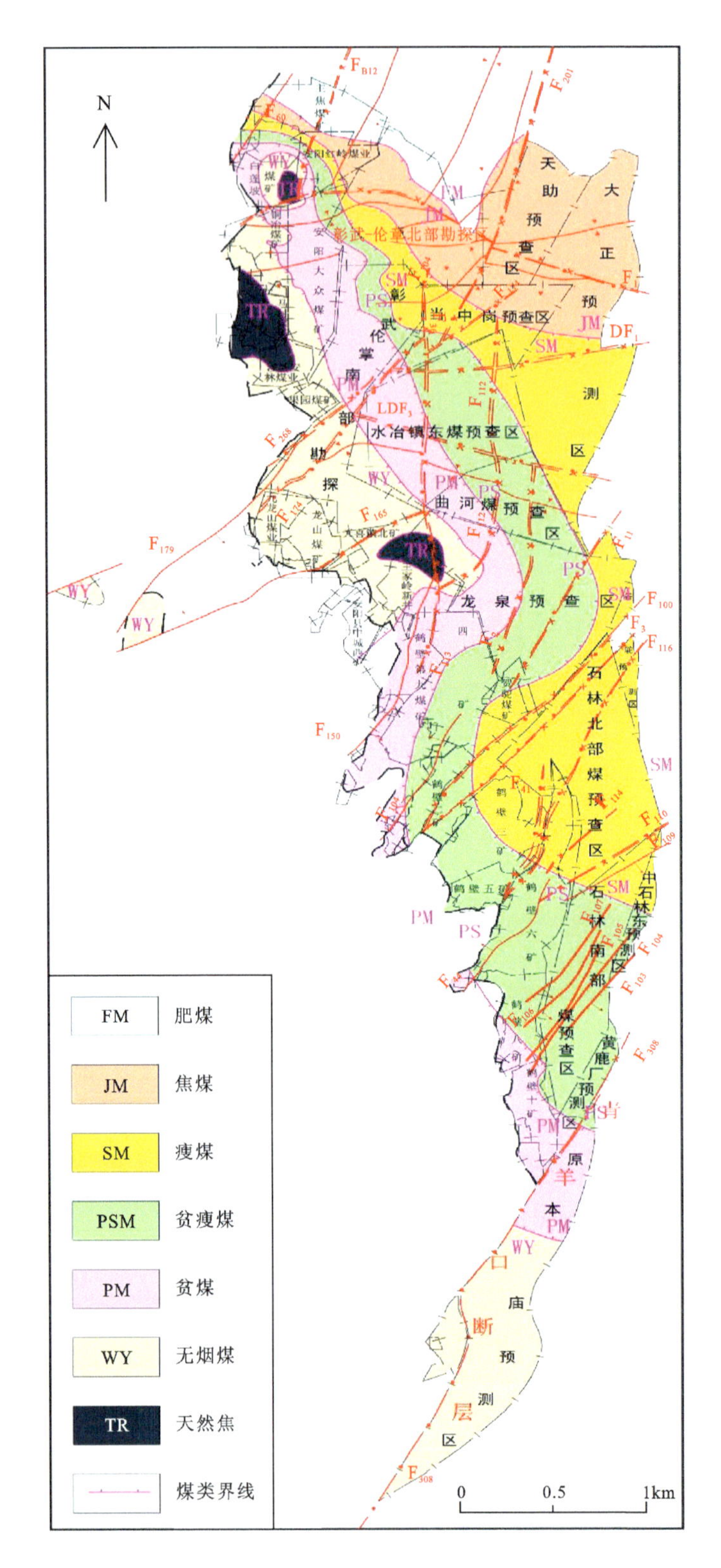

图 5-40 研究区二$_1$煤层煤类分布图示意图

(4)贫煤带(PM):分布于鲁仙井田、龙宫勘探区的大部和冷泉井田等。四矿以北,贫煤带呈近南北向展布,带宽 1.7~3.2km,八矿一带贫煤带呈近东西向展布,带宽一般为12km。

(5)无烟煤带(WY):位于井田浅部,分布于铜冶矿、果园矿、龙山矿一线,呈近南北方向展布,带宽一般为 2km,在龙山矿一带大于 7km。煤田南部无烟煤分布于庙口井田一带,带宽大于 14km。

(6)天然焦(TR):主要分布于红岭井田、积善井田、子针井田、龙宫勘探区等。

综上所述,研究区浅部勘查区块的煤变质程度因受岩浆接触变质作用影响,形成以西北部岩浆体为中心,由天然焦、无烟煤、贫煤、贫瘦煤、瘦煤、焦煤、肥煤组成的,变质程度递减的环带状变化带;但随着煤层埋藏深度的加深,受深成热变质作用的影响,研究区东部煤变质程度将逐步升高。

4.煤岩特征

$二_1$煤层宏观煤岩组分以亮煤和镜煤为主,暗煤次之,可见丝炭薄层及透镜体,宏观煤岩类型以半亮型为主,其次为光亮型,半暗型较少,暗淡型少见。煤层顶、底部暗煤含量增加。

$二_1$煤层显微煤岩组分均以镜质组、半镜质组为主,占比一般为 60%~80%,大部分为无结构镜质体,呈微透镜状,偶见结构镜质体、破碎结构镜质体;惰质组次之,占比一般为 5%~20%;壳质组由于演化程度高已趋近于消失。无机组分以浸染状、团块状及细条带状黏土矿物为主,其次为碳酸盐类和硫化物类。研究区$二_1$煤层煤岩鉴定及测试结果详见表 5-25。

5.煤体结构

研究区$二_1$煤层以构造煤为主,少量的原生结构煤。本区经历了印支期,燕山期和喜马拉雅山期 3 次构造运动,致使煤层遭受不同程度破坏,使碎裂、碎粒、糜棱 3 种构造煤类型均有分布。

在垂向上,研究区$二_1$煤层一般可分为 3 个自然分层,即顶部发育大于 1.0m 的糜棱煤和碎粒煤,中部主要为少量原生结构煤和碎裂煤,下部发育大于 0.5m 的碎粒煤,且分布不稳定。在平面上和剖面上自然分层具有一定的差异性,并受区内断块构造及其边界断裂构造控制。因为煤体结构受构造应力作用,机械强度变小,为煤与瓦斯突出创造了条件。经测试,研究区$二_1$煤层的坚固性系数 f 普遍较小,大部分都小于 1,放散指数 ΔP 大部分在 15 以下,符合研究区煤体结构特征以及煤的变质程度特征,坚固性系数越小,煤体所能承受压力的程度就越弱,煤体越容易被压实,对煤层气开采越不利。

以往学者的研究表明,煤体结构地球物理响应特征一般情况为:①原生结构煤电阻率比较高;②构造煤胶结程度较差,所以声波时差一般较大;③构造煤孔隙和裂缝发育,单位体积内放射性物质质量越低,自然伽马值出现负值;④煤体结构破坏程度越高,煤体结构越疏松,井径容易扩大;⑤随着煤体结构破坏程度的增高,煤吸收的伽马射线减小,散射伽马值增大。

表 5-25　二$_1$煤层煤岩鉴定及测试结果统计表

煤层	煤类	有机组分/%				$R_{o,max}$
		镜质组	半镜质组	惰质组	壳质组	
二$_1$煤	TR					$\frac{—}{7.50}(1)$
	WY	$\frac{61.5\sim71.1}{66.3}(2)$	$\frac{20.7\sim26.6}{23.6}(2)$	$\frac{1.1\sim5.4}{3.3}(2)$	$\frac{0.1\sim0.5}{0.3}(2)$	$\frac{2.86\sim3.22}{3.04}(2)$
	PM	$\frac{40.0\sim75.0}{61.8}(5)$	$\frac{13.0\sim41.0}{22.6}(5)$	$\frac{2.8\sim5.4}{4.3}(5)$	$\frac{1.0\sim3.0}{1.6}(5)$	$\frac{—}{2.3}(1)$
	PSM	$\frac{27.9\sim79.8}{60.5}(27)$	$\frac{0.7\sim33.1}{7.3}(27)$	$\frac{1.2\sim49.7}{7.3}(27)$	$\frac{0.1\sim10.2}{1.3}(27)$	$\frac{1.64\sim2.21}{1.83}(9)$
	JM	$\frac{49.4\sim59.1}{53.1}(7)$	$\frac{8.7\sim13.4}{11.1}(7)$	$\frac{12.2\sim22.2}{15.2}(7)$	$\frac{3.9\sim15.9}{6.8}(7)$	

煤层	煤类	无机组分%				$R_{o,max}$
		黏土类	硫化物	碳酸岩	氧化物	
二$_1$煤	TR					$\frac{—}{7.50}(1)$
	WY	$\frac{—}{5.8}(2)$	$\frac{—}{0.1}(2)$	$\frac{0.1\sim0.5}{0.3}(2)$	$\frac{0.2\sim0.4}{0.3}(2)$	$\frac{2.86\sim3.22}{3.04}(2)$
	PM	$\frac{5.0\sim13.0}{5.7}(5)$		$\frac{0\sim9.3}{3.2}(5)$		$\frac{—}{2.3}(1)$
	PSM	$\frac{4.4\sim14.8}{8.1}(27)$	$\frac{0.1\sim0.8}{0.4}(27)$	$\frac{0.1\sim2.4}{0.6}(27)$	$\frac{0.1\sim1.4}{0.5}(27)$	$\frac{1.64\sim2.21}{1.83}(27)$
	JM	$\frac{8.0\sim12.7}{10.4}(7)$	$\frac{—}{0.3}(7)$	$\frac{0.2\sim11.1}{3.1}(7)$		

注:“(　)”中数字为测试样品数量;横线下数据为平均值,横线上数据为最小值到最大值范围。

原生结构煤电阻率曲线一般呈箱型,曲线平滑,电阻率高,井径曲线扩径不明显,曲线基本重合,自然伽马呈箱型负异常,顶底部受围岩影响可能表现为漏斗形或钟形;声波时差呈现明显的正箱型异常,曲线有微齿状起伏;散射伽马值呈箱型,峰顶一般为近水平锯齿状。原生结构煤和构造煤混合时电阻率总体上表现为箱型,曲线形态有波纹起伏,电阻率降低;井径有明显扩径,程度不同;声波时差增大,散射伽马值变大,曲线波纹起伏变化变大。均为构造煤时,电阻率曲线平滑,与原生结构煤相似,但电阻率远低于原生结构煤;井径扩径严重;自然伽马出现负异常;声波时差明显变大,峰顶呈大的波纹起伏;散射伽马幅值明显增大。

由研究区钻孔煤芯的描述结合煤层的测井曲线特征可知,本区二$_1$煤层多以构造煤为主、原生结构和构造煤混合的形式存在,测井曲线具有多样解释性,部分煤体为原生结构煤,其测井曲线电阻率高于构造煤,波状起伏变化明显,井径扩径明显,变化程度不同。

5.3.3 二$_1$煤储层物性特征

5.3.3.1 孔-裂隙特征

1.裂隙

煤层中一般存在两种裂缝系统:一种是由地质构造作用造成的切穿各煤岩分层、力学性质可以是压性、张性或剪性的裂缝,称为外生裂隙;另一种是在煤化作用过程中,煤中凝胶化物质受温度、压力等因素影响,体积收缩产生内张力而形成的,力学性质是张性的裂缝,称为内生裂隙,一般不切穿煤岩分层。在煤层气开发中,习惯上将后者称为割理,这两种裂缝的发育程度均对煤层的渗透性起着重要作用。

(1)外生裂隙:外生裂隙是煤层在较强的构造应力作用下形成的。煤层的外生裂隙与褶皱和断裂有着密切关系,一般来说,在断层两侧、地层产状急剧变化部位煤的外生裂隙最为发育,煤层的渗透性得以改善。外生裂隙的延伸长度和缝宽较割理大,它使割理裂缝得以连通,使煤层渗透性变好,尤其在高变质程度的煤层中外生裂隙的发育程度是渗透性好坏的关键。本区属地应力松弛区,张性裂隙较为发育,有利于改善二$_1$煤层的渗透性。据宏观观察与镜下统计结果,研究区煤层裂隙发育的方向为北东向和北西向,较发育的一组为主裂隙,走向大多在NE25°~55°之间,次裂隙走向大多数为北西向(NW295°~352°),个别点还可见到3组裂隙。主裂隙密度大,延伸远,与次裂隙垂直相交,呈矩形网,或60°、120°相交呈菱形网,次裂隙交接于主裂隙,主裂隙表现出主干道的特点。

(2)内生裂隙(割理):割理是由两组大致相互垂直的主内生裂隙(面割理)和次内生裂隙(端割理)组成。两组割理面一般垂直或近似垂直煤层,二者的区分应根据其形成时序及形成中止原则,将形成早而延伸长的一组称为面割理,中止于两条面割理之间的称为端割理。

割理与煤岩类型和煤岩成分有着密切关系。一般发育在镜煤和亮煤介质中,镜质组含量高,割理的数量较多;镜质组含量低,割理数量较少。不同的煤岩类型割理数量亦不相同,一般光亮型、半亮型煤的割理数量多,半暗型和暗淡型煤的割理数量少(图5-41)。研究区煤层以亮煤和镜煤为主,镜质组含量为60%~80%,有利于割理的发育。

实际观测数据也表明本区原生结构煤层内生裂隙发育较好。鹤壁矿区二$_1$煤层裂隙镜下分析表明,镜煤的内生裂隙最多可达7条/mm,一般也可见到2~3条/mm,亮煤一般为1~2条/mm,暗煤和丝炭很少见到内生裂隙,但孔隙系统较发育;安阳矿区的割理面密度为2~10条/25cm^2,面割理密度为2~8条/5cm^2,端割理密度为0~4条/5cm^2。由于构造应力的作用,使内生裂隙构成了开放的连通性裂隙,增强了煤层气的运移流通性,提高了煤的渗透性。以光亮和半亮煤为主的煤层表现出良好的渗透性,以丝炭为主的半暗和暗淡煤网络状闭合性孔隙发育,渗透性不甚良好。煤层中矿物质含量高,则不利于气体的富集与运移。

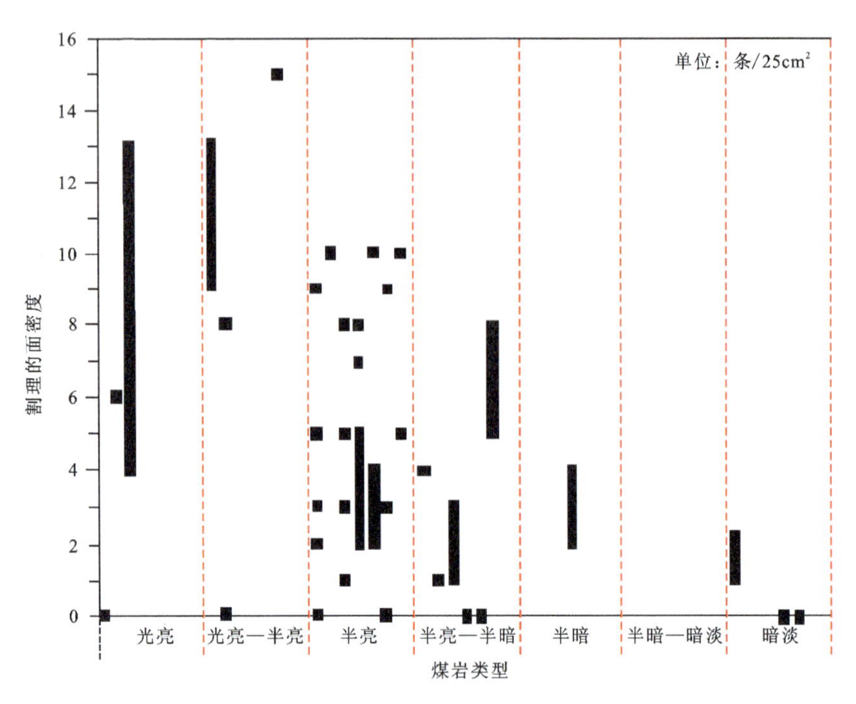

图 5-41　研究区割理面密度与煤岩类型关系图

2. 孔隙

煤的不同孔径、孔隙的分布特征习惯上称孔隙结构。目前一般将煤的孔隙分为 3 类，即微孔、过渡孔和大孔。微孔直径小于 10nm，构成煤层气的吸附容积；过渡孔直径为 10～100nm，构成毛细管凝结作用和煤层气的扩散区间；大孔直径大于 100nm，构成煤层气的层流渗透区域。

根据安鹤、焦作、荥巩、偃龙、平顶山等煤田的资料，研究不同孔径的比例和容积以及表面积的特征，研究结果见表 5-26、表 5-27。

表 5-26　河南省部分煤田二$_1$煤层孔隙表面积

煤类	表面积/$m^2 \cdot g^{-1}$	大孔（直径大于 100nm）		过渡孔（直径在 10～100nm 之间）		微孔（直径小于 10nm）	
		孔隙面积/$m^2 \cdot g^{-1}$	占比/%	孔隙面积/$m^2 \cdot g^{-1}$	占比/%	孔隙面积/$m^2 \cdot g^{-1}$	占比/%
JM	10.240 4	0.025 7	0.25	0.549 0	5.36	9.665 7	94.39
WY2	12.148 3	0.006 5	0.05	0.400 9	3.30	11.740 9	96.65
WY2	13.349 8	0.118 1	0.89	1.516 9	11.36	11.714 8	87.75
WY1	7.863 3	0.085 4	1.09	0.862 0	10.96	6.915 9	87.95
FM	11.714 1	0.013 2	0.11	0.513 1	4.38	11.187 8	95.51

表 5－27　河南省部分煤田二$_1$煤层孔容统计表

煤类	总孔容/$mm^3 \cdot g^{-1}$	大孔（直径大于 100nm）		过渡孔（直径在 10～100nm 之间）		微孔（直径小于 10nm）	
		孔隙体积/$mm^3 \cdot g^{-1}$	占比/%	孔隙面积/$mm^3 \cdot g^{-1}$	占比/%	孔隙面积/$mm^3 \cdot g^{-1}$	占比/%
JM	42	18.04	42.95	6.62	15.76	17.34	41.29
WY2	31.5	8.55	27.14	4.49	14.26	18.46	58.60
WY2	83	42.69	51.43	18.68	22.51	21.63	26.06
WY1	47.9	22.48	46.93	12.70	26.51	12.72	26.56
FM	56.9	32.65	57.38	5.28	9.28	18.97	33.34

由表中数据可知如下几点：①总体来看，总孔容随变质程度增高而增大；②孔容的分布微孔所占比例最大，其次为大孔，而过渡孔则占比例最低；③无烟煤的表面积最大，而肥煤、焦煤的表面积相对较低；④孔隙表面积的分布以微孔占绝对优势，表明其吸附能力特别强，过渡孔和大孔的表面积很小。

研究区煤类为焦煤—无烟煤，通过测试，二$_1$煤层的孔隙率在 2.9%～4.43%之间，平均值为 3.79%（表 5－28），其中微孔占比较高，焦煤为 41.42%，比表面积大，有利于煤层气的储集；而大孔占比也较高，为 42.85%，在煤层气开发中，有利于煤层气层流渗透至割理或裂隙之中产出。本区二$_1$煤层的孔隙结构总体有利于煤层气的开发。

表 5－28　河南省太行山东麓地区二$_1$煤层孔隙率统计表

矿区名称	样品号	孔隙率/%	矿区名称	样品号	孔隙率/%
三矿	DM14－162	3.4	九矿	DM14－171	2.9
	DM14－163	4.4		DM14－172	3.8
中泰	DM14－164	3.4	十矿	DM14－173	3.9
	DM14－165	2.9		DM14－174	3.9
五矿	DM14－166	2.9	彰武-伦掌	SQ 试 1	4.08～4.41
	DM14－167	3.4		SQ 试 2	3.85～4.40
六矿	DM14－168	3.4		SQ 试 3	3.42～4.43
	DM14－169	2.9	安鹤煤田北段深部	二$_1$ 煤	5.4
八矿	DM14－170	4.4			

3. 构造煤中孔-裂隙结构的变化

构造应力对煤的物理作用主要表现为碎裂作用和对煤体显微结构、孔隙系统的改造。研究发现与相同地点原生结构煤相比，构造煤的孔隙率为原生结构煤的 4～9 倍，孔比表面积为原生结构煤的3～11倍。其中，脆性变形煤具有较高的孔隙度和比表面积及较宽的裂隙，而韧性变形煤具有超大的比表面积和较窄的裂隙。吴俊[168]采用汞注入法对比研究了构造煤和原生结构煤的微孔隙体积、孔道特征、孔隙结构和孔隙突破压力，发现构造煤的总孔容远大于原生结构煤。通过肉眼观察不难发现，与原生结构煤相比，构造煤颗粒的粒径减小，且趋于规整，原煤的颗粒分布极不均匀。通过扫描电镜详细观察不同煤体结构样品粒度大小、孔隙形态的变化规律(图5-42)，对比发现，500nm以上大孔含量糜棱煤远小于原生结构煤，但小于100nm小孔含量明显增多，孔结构类型比原生结构煤要简单得多。小孔径的变质气孔含量也较多，这类孔往往分布比较均匀。大孔较少，多为定向排列的中小气孔，局部可见较大的具有良好连通性的长条状气孔。

由此可知，随着构造动力变质作用对煤体结构的破坏，引起煤中的微米级孔的孔隙含量显著增大，煤的孔连通性发生改变；原生结构煤内纳米级孔隙含量要远小于构造煤。同时，在构造煤形成过程中，由于所遭受的构造应力差异，煤发生构造变形的程度也有所不同，形成了结构、构造差异显著的构造煤，从而导致储层物性的不同，尤其对煤储层的孔隙性和渗透率这两个重要指标的影响更为显著。

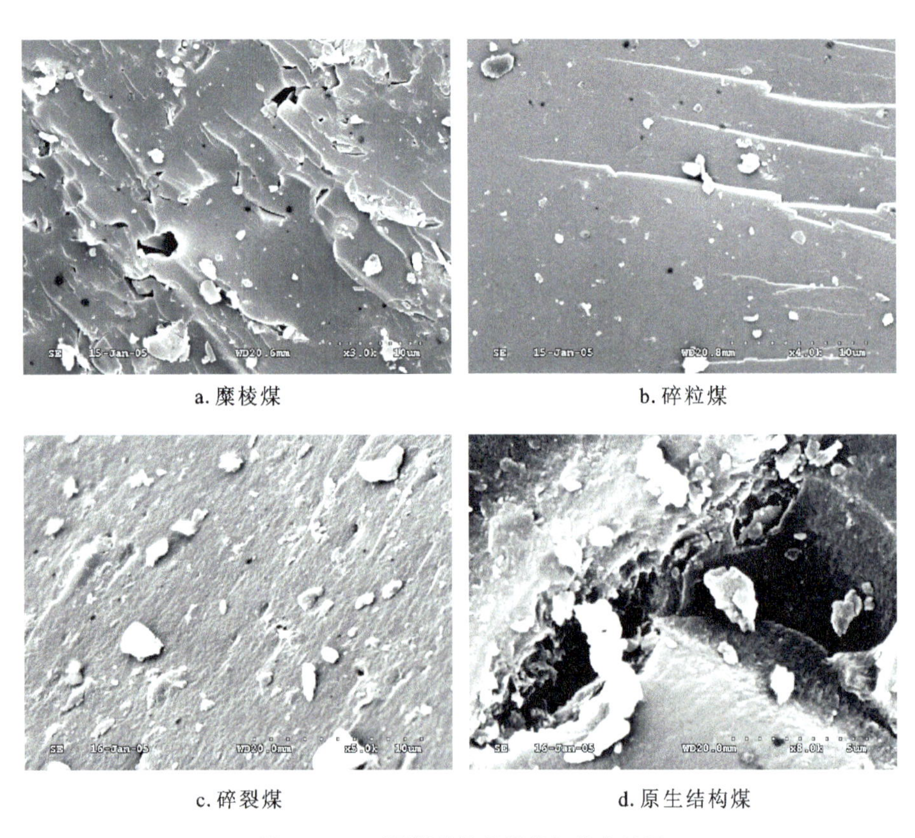

a. 糜棱煤　b. 碎粒煤

c. 碎裂煤　d. 原生结构煤

图5-42　不同煤体结构煤的扫描电镜图

郭德勇[169]等通过实验研究指出，随着围压的增加，构造煤的孔隙度和渗透性降低。傅雪海[170]等通过测井曲线解释确定的Ⅲ类(碎粒煤)、Ⅳ类(糜棱煤)构造煤的厚度百分比与实测渗透率之间具有良好的相关性，即Ⅲ、Ⅳ类构造煤比例越高，渗透率越低，反映了强变形构造煤的发育是使渗透率降低的重要因素。姜波[171]等提出，构造变形较弱的碎裂煤裂隙发育，连通性好，渗透率较高，是较好的储层类型；而构造变形强烈的糜棱煤虽然含气量高，但裂隙连通性差，渗透率低，不利于煤层气的勘采；碎斑煤或碎粒煤储层物性介于二者之间。

鉴于构造煤特有的孔-裂隙结构特征，其液氮吸附总量为原生结构煤 11 倍左右，强韧性变形煤对甲烷的吸附能力明显高于脆性变形煤，糜棱煤对甲烷的吸附量和吸附速度明显高于原生结构煤，表明韧性变形作用可提高甲烷的吸附量和吸附速度。小角 X 射线散射(small angle X - ray scattering，简称 SAXS)和低温氮吸附试验结果均显示，随变形程度增强，煤的微孔比例增大，最可几孔径减小，SAXS 所测孔隙比表面积高出低温氮吸附试验结果 1～2 个数量级，这与煤中封闭孔的存在有关。煤对甲烷的吸附能力与总孔体积、总比表面积及微孔比表面积呈正相关，极为发育的微孔决定了构造煤瓦斯解吸的衰减速度。煤的吸附能力随孔隙分形维数增高而增强，这主要与构造变形造成孔隙系统的重新配置有关；微孔数量随构造变形程度增强而增加，在加大了孔比表面积的同时，构造应力破坏了孔表面结构，导致吸附孔分形维数升高，增强了微孔的表面粗糙度，提供了更多的吸附位，导致煤的吸附能力增强。

5.3.3.2 煤层渗透性

渗透性是指在一定压力下，允许流体通过其连通孔隙的性质，即岩石传导流体的能力，用渗透率表示渗透性的优劣。因此，流体运移通道的好坏及连通性直接决定了储层渗透性的优劣，煤储层的孔-裂隙即构成了煤层气的运移通道。由上述分析结果可知，本区煤层裂隙系统较发育，有利于煤层气的运移，但同时受构造作用影响煤体结构发生变形，导致微孔含量增加，大孔含量减少，增加了气体的储集空间，减少了气体的渗流通道，煤层渗透率受到影响。

本次调查收集到安鹤矿区内 3 类渗透率数据资料(表 5 - 29)。第一类为鹤壁煤田浅部二$_1$煤层，渗透率为 $0.159\times10^{-3}\sim0.315\times10^{-3}\ \mu m^2$，矿井井下测试样品可达 $3.6\times10^{-3}\ \mu m^2$，渗透率较高，可能与煤层采动对渗透率影响有关。第二类为安阳浅部矿区的 4 口井，对二$_1$煤层进行过注入压降法测试渗透率，除安 4 井二$_1$煤层由于煤质变差导致渗透率下降外，其余渗透率均在 $0.3\times10^{-3}\sim0.5\times10^{-3}\ \mu m^2$ 之间，属较有利范围，但与山西柳林柳 1 井渗透率($1.98\times10^{-3}\ \mu m^2$)相比，该区煤层渗透率偏低。第三类为彰武-伦掌区内 3 口试验井，对二$_1$煤层进行过注入压降法测试渗透率，相邻的龙山煤矿有 1 口试验井对二$_1$煤层进行过注入压降法测试渗透率，就测试资料而言，二$_1$煤层渗透率为 $0.004\,3\times10^{-3}\sim2.75\times10^{-3}\ \mu m^2$，平均值为 $1.708\,1\times10^{-3}\ \mu m^2$。

从这些测试数据来看，渗透率差别较大，部分地段渗透率较高，渗透率受煤体结构影响较大，煤体结构破坏比较严重的煤层渗透率一般比较低，这可能与构造变动造成的层间滑动有关。从彰武-伦掌勘查区钻取的煤芯鉴定结果来看，外生裂隙不十分发育，但从试井资料看，部分地段渗透率较高。这一方面说明煤层的不均一性、构造部位不同的差异性，另一方面也说明煤层的可改造性强。

表 5-29 研究区渗透率数据统计表

单位：$10^{-3}\mu m^2$

地区	安鹤煤田北段深部	鹤壁矿区浅部	安阳矿区浅部	彰武-伦掌勘查区			龙山矿区
渗透率	AH参-001井	0.159～0.315（取样）	0.3～0.5	SQ试1井	SQ试2井	SQ试3井	0.006 6
	0.159 1	3.6（井下）		0.004 3	2.37	2.75	

注：浅部矿区为800m以浅区域。

综上所述，研究区煤化程度为高变质烟煤—无烟煤，因此煤的渗透性好坏主要取决于裂隙的发育程度。本区为地应力松弛区，断裂构造较发育，有利于外生裂隙的发育。另据测定结果，在埋深350～929m范围内，原地应力为6.785～21.792MPa，地应力梯度为0.015 2～0.023 0MPa/m，有利于割理的发育，对整个地区渗透性的发育是极为有利的。但是，渗透率同时受构造破坏、煤体结构以及煤层的不均一性影响，不同深度、构造部位的渗透率差别比较大，而渗透性较好，渗透率较高的地区有利于压裂改造。

5.3.3.3 吸附解吸特征

1. 吸附性

研究区的煤化程度普遍较高，主要为高变质烟煤—无烟煤以及天然焦。除天然焦外，其他煤类应具有较大的吸附能力。研究区朗格缪尔体积的分布范围为7.85～43.65m^3/t，平均值为25.74m^3/t，煤体吸附性能较强，有比较强的储气能力。朗格缪尔压力的分布范围为0.63～4.48MPa，平均值为1.62MPa，煤层解吸能力较好，利于排水降压解吸。由表5-30可看出二$_1$煤层具有较大的吸附容量，煤的吸附能力随压力增高而增高。当压力较小时，吸附量增幅较大，随着压力的继续增高，增幅明显减小，当实验压力增至5MPa以上时，吸附量增幅逐渐变小，表明煤对甲烷的吸附量正在趋于饱和。

据有关研究表明，煤的吸附能力与煤的显微煤岩组分也具有正相关性，一般随煤化程度的增加，镜质组挥发分迅速降低，挥发分的逸出导致镜质组分的微孔隙不断增加，从而增强了其对甲烷的吸附能力。因此，煤中镜质组含量的多少直接影响着煤对甲烷吸附能力的大小。本区煤化程度高，主要为腐殖类的高变质烟煤—无烟煤，有机煤岩组分中镜质组含量较高，而惰质组分含量较小，煤的吸附能力较强。

2. 解吸性

（1）解吸时间：对CQ-8孔二$_1$煤层煤层气现场和室内解吸，二$_1$煤层埋深为646.14m，煤层厚度为7.64m，取得4罐煤芯，试验样的水分为0.61%～0.72%，灰分为10.48%～14.67%，解吸总气量原煤平均值为16.27cm^3/g，，可燃质平均值为18.84cm^3/g，解吸时间平均值为1.16d。

表 5-30 研究区二$_1$煤层吸附试验结果表

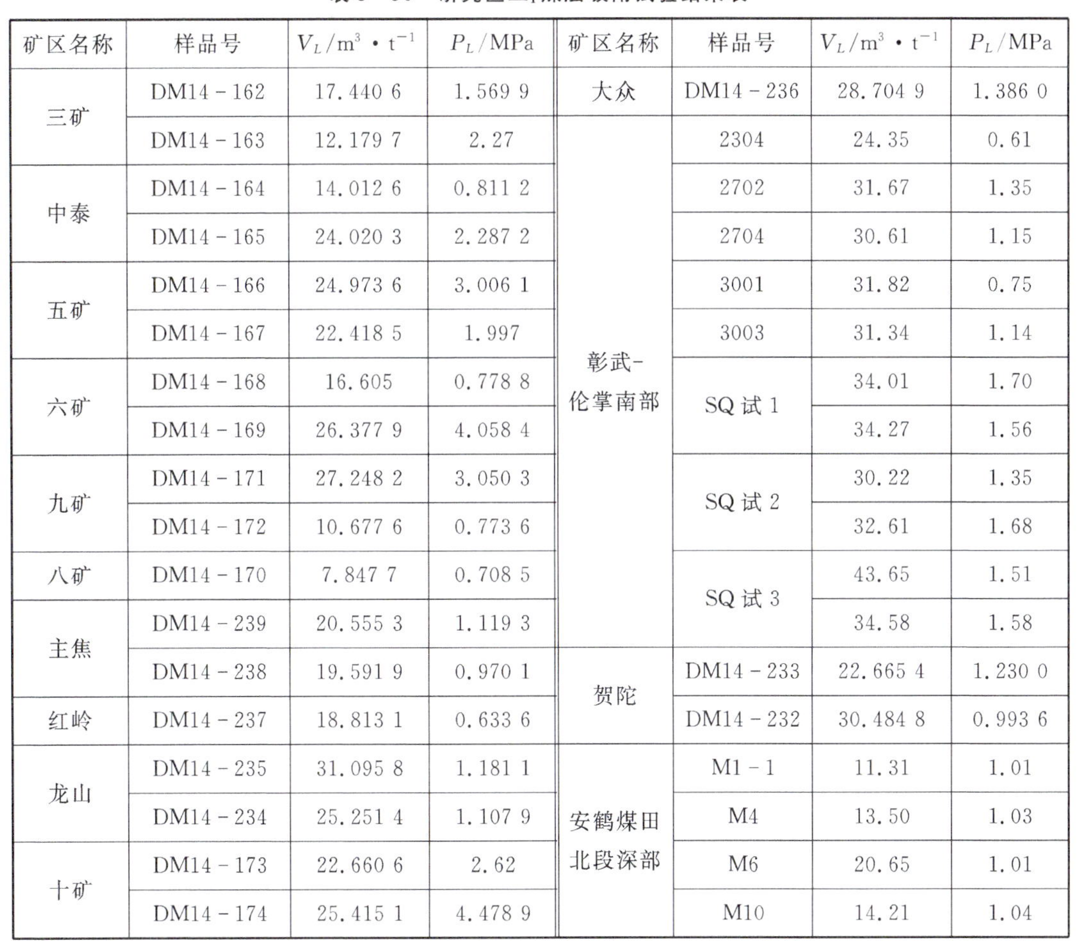

矿区名称	样品号	$V_L/\mathrm{m^3 \cdot t^{-1}}$	P_L/MPa	矿区名称	样品号	$V_L/\mathrm{m^3 \cdot t^{-1}}$	P_L/MPa
三矿	DM14-162	17.440 6	1.569 9	大众	DM14-236	28.704 9	1.386 0
	DM14-163	12.179 7	2.27	彰武-伦掌南部	2304	24.35	0.61
中泰	DM14-164	14.012 6	0.811 2		2702	31.67	1.35
	DM14-165	24.020 3	2.287 2		2704	30.61	1.15
五矿	DM14-166	24.973 6	3.006 1		3001	31.82	0.75
	DM14-167	22.418 5	1.997		3003	31.34	1.14
六矿	DM14-168	16.605	0.778 8		SQ 试 1	34.01	1.70
	DM14-169	26.377 9	4.058 4			34.27	1.56
九矿	DM14-171	27.248 2	3.050 3		SQ 试 2	30.22	1.35
	DM14-172	10.677 6	0.773 6			32.61	1.68
八矿	DM14-170	7.847 7	0.708 5		SQ 试 3	43.65	1.51
主焦	DM14-239	20.555 3	1.119 3			34.58	1.58
	DM14-238	19.591 9	0.970 1	贺陀	DM14-233	22.665 4	1.230 0
红岭	DM14-237	18.813 1	0.633 6		DM14-232	30.484 8	0.993 6
龙山	DM14-235	31.095 8	1.181 1	安鹤煤田北段深部	M1-1	11.31	1.01
	DM14-234	25.251 4	1.107 9		M4	13.50	1.03
十矿	DM14-173	22.660 6	2.62		M6	20.65	1.01
	DM14-174	25.415 1	4.478 9		M10	14.21	1.04

(2)临界解吸压力:研究区二$_1$煤层的临界解吸压力在 0.507～3.376MPa 之间,平均值为 1.873MPa,临界解吸压力差别较大(表 5-31)。

表 5-31 研究区二$_1$煤层临界解吸压力计算表

单位:MPa

钻孔编号	2702	2704	3001	3003	3804	4005	1202	SQ1	SQ2	SQ3
临界解吸压力	2.68	2.1	0.87	0.51				3.38	1.66	2.60
煤储层压力	6.944	8.495	6.823	7.848	8.04	11.70	9.84	5.800	10.510	8.230

注:钻孔 2702、2704、3001、3003、3804、4005、1202 煤储层压力依据平均压力梯度计算,钻孔 SQ1、SQ2、SQ3 均为煤储层压力值(实测)。

5.3.3.4 储层压力

研究区浅部地区:根据龙山矿测试结果,在−12.33m 和−220m 埋深处煤层气压力分别为 0.85MPa、1.89MPa,并由龙山矿资料求得煤层甲烷压力梯度为 5.7kPa/m。安 1 和 CQ-8 试井煤储层压力梯度分别为 5.8kPa/m、5.3kPa/m。煤储层压力梯度小于正常的静水压力，所以龙山矿煤储层压力较低，对煤层气的开发是不利的。煤储层压力是随着埋深增大的，研究区目前正在利用的高瓦斯矿井和突出矿井内二$_1$煤层埋深达到了－800m。在没有断层以及其他因素影响的情况下，浅部的煤层气储层压力将达到常压甚至是高压，对煤层气的开发是比较有利的。

研究区深部地区：根石林煤详查区内3201、3801、3804、4005、AH参－001等7个钻孔的二$_1$煤层煤储层压力测试，煤储层压力在6.30～11.70MPa之间，压力梯度为5.43～9.03kPa/m（表5－32），普遍属于欠压储层。

表5－32 二$_1$煤层煤储层压力测试部分数据统计表

勘查阶段	钻孔编号	测点压力/MPa	压力梯度/kPa·m^{-1}
预查	1002井	6.30	5.43
普查	3801井	7.48	8.16
详查	1202井	9.84	6.50
	3201井	7.00	5.46
	3804井	8.04	7.28
	4005井	11.70	9.03
	AH参－001井	10.396 3	7.142

5.3.4 二$_1$煤储层含气性特征

1. 含气量分布

研究区的范围主要为勘查区的深部和深部的预测区，依据二$_1$煤层含气量等值线图（图5－43），埋深在302～1 726.6m范围内，含气量为4.01～49.89m^3/t，平均值为20.29m^3/t。就整个研究区而言，煤层含气量分布呈现规律为：自北向南，含气量有高→低→高→低的变化趋势，北部和中部含气量最高；在同一断块内，煤层气含量有随煤层埋藏深度增加而增高的趋势；但含气量并非随着深度的增加无限增大，如F_{153}断层和LDF_3断层所夹持的地堑区域，含气量等值线未与煤层埋深呈现明显的正相关性。由此说明，即使构造变化不大的同一块段，煤储层含气量到一定深度趋于饱和值，深度增加，含气量增大幅度很弱。对于F_{01}断层（青羊口断层）以南区域和埋深2000m以深区域，由于实测资料稀少只能依据邻近区域的含气性来评价。

2. 煤层气成分及分带

煤层气成分是煤层气质量高低的指标，会影响煤层气价值。依据钻孔资料，研究区内煤层气成分中二$_1$煤层以甲烷为主，由浅至深增加，约占气体成分的33.31%～99.03%，一般在80.61%～97.47%之间，甲烷浓度在80%以下的钻孔仅有18个。研究区内煤层气成分其次

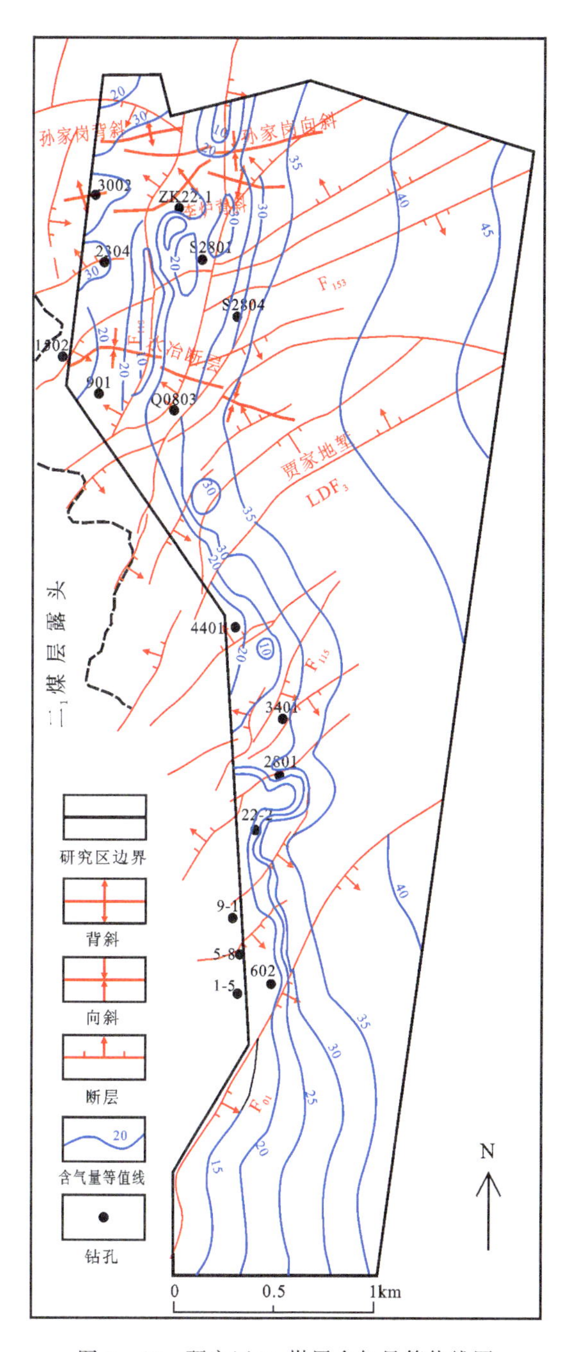

图 5-43 研究区二$_1$煤层含气量等值线图

为氮气(N_2)和二氧化碳(CO_2),由浅至深呈减少趋势,大致变化范围分别为 0.04%～49.52%和 0.05%～48.65%,一般占 8%左右。重烃仅在彰武-伦掌勘查区南部有显示,占煤层气成分的 1.34%～2.71%。各区域煤层气含量及气体组分成分见表 5-33。

表 5-33 各井田煤层气气体组分分析结果

煤层	井田	气体组分/%			埋深/m
		CH_4	N_2	CO_2	
$二_1$	冷泉	71.70～98.46	2.96～17.38	0.09～8.54	257～754
	三、五、六矿	88.82～98.94	0.38～12.95	0.66～5.51	595～984
	龙宫	76.79～96.55	0.31～24.40	0.59～17.86	205～880
	龙山	97.01～98.80			
	彰武-伦掌勘查区	1.83～98.86	0.52～49.52	0.62～48.65	265～1196
	红岭	72.43～95.94	3.24～26.09	0.05～4.75	321～646
	安鹤煤田北段深部	82.11～99.03	0～10.69	0.13～8.00	737～1595
	石林详查区	42.59～98.89	0.04～39.60	0.22～23.55	907～1573

以甲烷成分 80%作为煤层瓦斯风化带的分界线，则瓦斯风化带主要分布在研究区以外的浅部地段，形态和煤层露头大体一致，埋深为 250～560m，一般在 340m 左右。研究区基本处在甲烷带以内，总体上甲烷含量由浅至深有增大的趋势；煤层气风化带、氧化带以深，气体成分以甲烷为主，其次为氮气和二氧化碳，重烃含量甚微，一般小于 3%。此外，不同块段也存在较大的差别，如彰武-伦掌勘查区和石林详查区甲烷浓度变化幅度较大，安鹤煤田北段深部区域则变化幅度较小，与构造和有效地层厚度存在一定关系。

3. 含气饱和度

研究区煤层含气饱和度在 35.26%～94.00%之间，平均值为 66.70%(表 5-34)。总体属于欠饱和储层，不同区域的含气饱和度差别较大，如 3003 孔受断层影响且接近背斜轴部，含气饱和度为仅 35.26%。从目前国内煤层气开发情况看，除个别地段含气饱和度偏低外，多数地段饱和度偏高，有利于煤层气开采。

表 5-34 研究区含气饱和度数据表

单位:%

矿区	鹤壁	安1井	彰武-伦掌勘查区							安鹤煤田北段深部		
	CQ-8孔		2702	2704	3001	3003	SQ试1	SQ试2	SQ试3	AH参-001		
含气饱和度	94.00	60.00	79.43	74.30	59.72	35.26	86.37	58.23	67.84	68.08	70.03	47.08

5.3.5 $二_1$煤层煤层气靶区优选

1. $二_1$煤层煤层气靶区优选评价参数体系

参照 2.1 节，对煤层气富集控制参数进行分析，结果见表 5-35，结合研究区实际地质和储层特征，构建适合研究区煤层气靶区优选的评价参数体系。

表 5-35 煤层气靶区优选评价参数体系

评价参数	分类评价级别			
	Ⅰ	Ⅱ	Ⅲ	Ⅳ
评价参数	(-∞,1000)	[1000,1500)	[1500,2000)	[2000,+∞)
煤层埋深/m	构造简单，改造弱	构造中等，改造不强烈	构造中等，改造较强烈	构造复杂，改造强烈
地质构造	简单滞流区	复杂滞流区	弱径流区	径流区
水文条件	(500,+∞)	(100,500]	(10,100]	(∞,10]
煤层面积/km^2	(2,+∞)	(1.5,2]	(1,1.5]	(-∞,1]
资源丰度/$10^8m^3\cdot km^{-2}$	>6(6,+∞)	(4,6]	(2,4]	(-∞,2]
煤层厚度/m	(-∞,15)	[15,25)	[25,40)	[40,+∞]
灰分/%	(15,+∞)	(8,15]	(4,8]	[4,+∞)
含气量/$m^3\cdot t^{-1}$	(1,+∞)	(0.1,1]	(0.01,0.1]	(-∞,0.01]
渗透率/$10^{-3}\mu m^2$	简单、便利	中等	较复杂、较不便利	复杂、不便利

2.二$_1$煤层煤层气靶区优选评价单元划分

本区总体构造形态为地层走向波状起伏的单斜构造，局部发育少量褶曲，一般较宽缓，大型断裂将本区切割成阶段状断块，形成相对独立的控气单元。因此，依据大型断层将研究区划分为相对独立的小区块，再以2000m的煤层埋深等值线细分，共划分为9个评价单元（图5-44），自北向南具体情况如下（根据影响煤层气的主控因素分析，在这里主要统计了研究区落差在50m以上的大型断层，利用其中贯穿整个煤田的大型断层进行区域划分）。

评价单元1：研究区西部边界至F_{113}断层之间的区域，该地区分布大型断层5条，断层密度为0.07，由34个瓦斯测试钻孔控制，钻孔密度为0.51，煤层气含量在6.42～33.46m^3/t之间，平均含气量为21.54m^3/t，煤层厚度在3.20～8.82m之间，平均厚度为6.20m。

评价单元2：F_{113}断层、F_{153}断层和-1900m底板等高线之间的区域，该地区分布大型断层30条，断层密度为0.33，由37个瓦斯测试钻孔控制，钻孔密度为0.41，煤层气含量在6.35～49.89m^3/t之间，平均含气量为20.03m^3/t，煤层厚度在2.33～8.38m之间，平均厚度为6.36m，西南部地区具有天然焦。

评价单元3：F_{113}断层、F_{153}断层、-1900m底板等高线和东部边界之间的区域，该地区分布大型断层较少，勘查控制程度较低，尚无瓦斯钻孔控制。

评价单元4：研究区西部边界、F_{153}断层、LDF_3断层和-1900m底板等高线之间的区域，该地区分布大型断层10条，断层密度为0.24，由10个瓦斯测试钻孔控制，钻孔密度为0.27，煤层气含量在13.54～37.23m^3/t之间，平均含气量为21.99m^3/t，煤层厚度在4.17～6.67m之间，平均厚度为5.44m，西部地区具有天然焦。

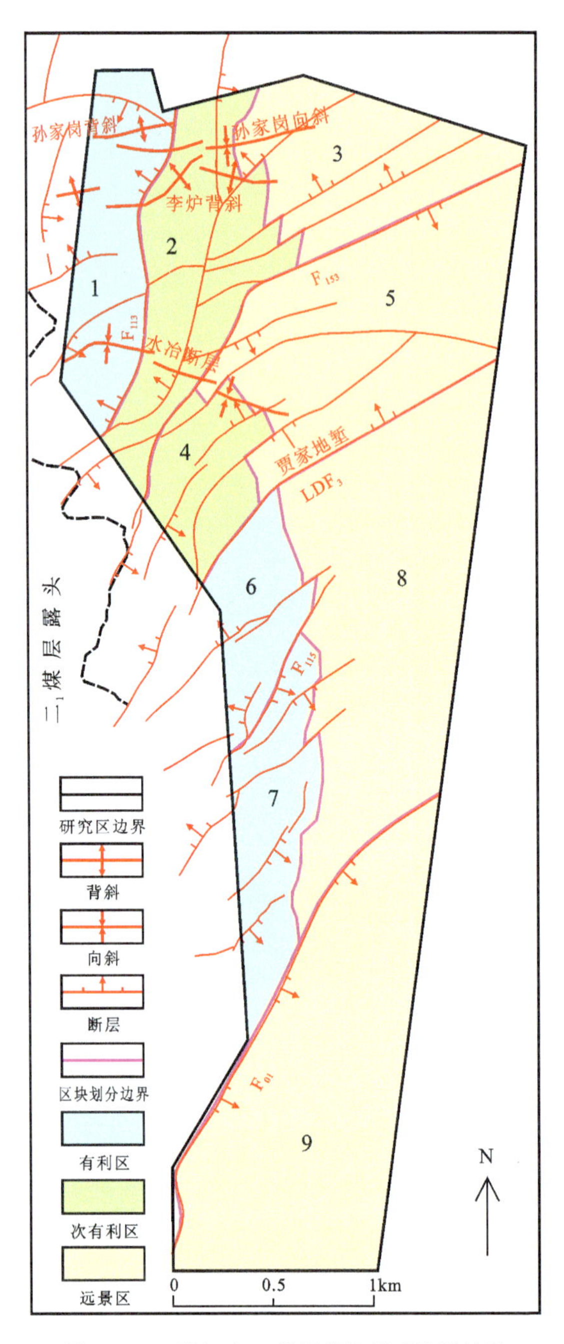

图 5-44　研究区二$_1$煤层模糊模式识别结果

评价单元 5：－1900m 底板等高线、F_{153}断层、LDF_3 断层和研究区东部边界之间的区域，该地区分布大型断层较少，勘查控制程度较低，尚无瓦斯钻孔控制。

评价单元 6：研究区西部边界、F_{115}断层、LDF_3 断层和－1900m 底板等高线之间的区域，该地区分布大型断层 8 条，断层密度为 0.19，由 22 个瓦斯测试钻孔控制，钻孔密度为 0.53，勘查程度高，煤层气含量在 5.54～40.73m^3/t 之间，平均含气量为 19.40m^3/t，煤层厚度在 3.90～10.41m 之间，平均厚度为 7.78m。

评价单元 7：研究区西部边界、F_{01} 断层、LDF_3 断层和－1900m 底板等高线之间的区域，该地区分布大型断层 15 条，断层密度为 0.24，由 27 个瓦斯测试钻孔控制，钻孔密度为 0.43，勘查程度较高，煤层气含量在 6.31～29.95m^3/t 之间，平均含气量为 17.68m^3/t，煤层厚度为 1.42～13.78m，平均厚度为 7.89m。

评价单元 8：－1900m 底板等高线、LDF_3 断层、青羊口断层和研究区东部边界之间的区域，该地区大型断层分布数量较少，勘查控制程度较低，尚无瓦斯钻孔控制。

评价单元 9：研究区西部边界、F_{01} 断层、研究区南部边界和研究区东部边界之间的区域，该地区大型断层分布数量较少，勘查控制程度较低，尚无瓦斯钻孔控制。

由于评价单元 3、5、8、9 的二$_1$煤层埋深在 2000m 以深，煤层气资源开采难度大，在此划定为煤层气资源开发远景区，本研究仅对评价单元 1、2、4、6、7 进行煤层气评价。根据上述分析，可以得到各评价单元的各项评价参数，见表 5－36。

表 5－36　研究区二$_1$煤层煤层气靶区各评价单元评价参数

评价参数	评价单元 1	评价单元 2	评价单元 4	评价单元 6	评价单元 7
煤层埋深/m	1200	1530	1450	1250	1250
地质构造	构造中等，改造较强烈	构造复杂，改造强烈	构造中等，改造较强烈	构造中等，改造较强烈	构造复杂，改造强烈
水文条件	弱径流区	弱径流区	弱径流区	弱径流区	弱径流区
煤层面积/km^2	66.99	91.29	40.89	41.40	63.37
资源丰度/$10^8 m^3 \cdot km^{-2}$	2.10	2.03	1.92	2.35	2.37
煤层厚度/m	6.20	6.36	5.44	7.78	7.89
灰分/%	14.50	16.88	15.97	12.73	13.42
含气量/$m^3 \cdot t^{-1}$	21.54	20.03	21.99	19.40	17.68
渗透率/$10^{-3} \mu m^2$	0.31	0.65	0.46	0.16	0.26
经济地理条件	中等	中等	中等	中等	中等

3. 靶区优选过程和结果

按照 3.3 节模糊模式识别模型的计算流程，对河南省太行山东麓二$_1$煤层开展模糊模式识别研究。表 5－37 和表 5－38 分别为二$_1$煤层各评价单元参数归一化计算结果及模糊贴近度计算结果。最后，通过对比各评价单元的模糊贴近度 β，确定河南省太行山东麓二$_1$煤层气开发有利评价单元为评价单元 1、6、7；次有利区为评价单元 2、4；资源开发远景区为评价单元 3、5、8、9（图 5－44）。

表 5-37　研究区二$_1$煤层煤层气靶区各评价单元评价参数归一化计算结果

评价参数	评价单元 1		评价单元 2		评价单元 4		评价单元 6		评价单元 7	
	级别	计算结果	级别	计算结果	级别	计算结果	级别	计算结果	级别	计算结果
煤层埋深/m	Ⅱ	0.60	Ⅲ	0.94	Ⅱ	0.10	Ⅱ	0.50	Ⅱ	0.40
地质构造	Ⅲ	1	Ⅳ	1	Ⅲ	1	Ⅲ	1	Ⅳ	1
水文条件	Ⅲ	1	Ⅲ	1	Ⅲ	1	Ⅲ	1	Ⅲ	1
煤层面积/km^2	Ⅱ	0.63	Ⅱ	0.90	Ⅱ	0.34	Ⅱ	0.35	Ⅱ	0.59
资源丰度/$10^8 m^3 \cdot km^{-2}$	Ⅰ	1	Ⅰ	1	Ⅱ	0.84	Ⅰ	1	Ⅰ	1
煤层厚度/m	Ⅰ	1	Ⅰ	1	Ⅱ	0.72	Ⅰ	1	Ⅰ	1
灰分/%	Ⅰ	0.03	Ⅱ	0.81	Ⅱ	0.94	Ⅰ	0.15	Ⅰ	0.11
含气量/$m^3 \cdot t^{-1}$	Ⅰ	1	Ⅰ	1	Ⅰ	1	Ⅰ	1	Ⅰ	1
渗透率/$10^{-3} \mu m^2$	Ⅱ	0.23	Ⅱ	0.61	Ⅱ	0.40	Ⅱ	0.07	Ⅱ	0.18
经济地理条件	Ⅱ	1	Ⅱ	1	Ⅱ	1	Ⅱ	1	Ⅱ	1

表 5-38　模糊模式识别结果

评价单元	模糊贴近度				评价级别
	Ⅰ	Ⅱ	Ⅲ	Ⅳ	
1	0.367 2	0.298 1	0.242 3	0	Ⅰ
2	0.321 2	0.355 5	0.207 7	0.107 1	Ⅱ
4	0.125 1	0.542 8	0.250 1	0	Ⅱ
6	0.393 8	0.240 0	0.250 0	0	Ⅰ
7	0.381 6	0.278 5	0.122 7	0.122 7	Ⅰ

研究区二$_1$煤层煤层气靶区各评价单元的评价参数矩阵 $\boldsymbol{E}_i$ 如下。

$$\boldsymbol{E}_1=\begin{bmatrix}0 & 0.60 & 0 & 0\\ 0 & 0 & 1 & 0\\ 0 & 0 & 1 & 0\\ 0 & 0.63 & 0 & 0\\ 1 & 0 & 0 & 0\\ 1 & 0 & 0 & 0\\ 0.03 & 0 & 0 & 0\\ 1 & 0 & 0 & 0\\ 0 & 0.23 & 0 & 0\\ 0 & 1 & 0 & 0\end{bmatrix}\quad \boldsymbol{E}_2=\begin{bmatrix}0 & 0 & 0.94 & 0\\ 0 & 0 & 0 & 1\\ 0 & 0 & 1 & 0\\ 0 & 0.90 & 0 & 0\\ 1 & 0 & 0 & 0\\ 1 & 0 & 0 & 0\\ 0 & 0.81 & 0 & 0\\ 1 & 0 & 0 & 0\\ 0 & 0.61 & 0 & 0\\ 0 & 1 & 0 & 0\end{bmatrix}\quad \boldsymbol{E}_4=\begin{bmatrix}0 & 0.10 & 0 & 0\\ 0 & 0 & 1 & 0\\ 0 & 0 & 1 & 0\\ 0 & 0.34 & 0 & 0\\ 0 & 0.84 & 0 & 0\\ 0 & 0.72 & 0 & 0\\ 0 & 0.94 & 0 & 0\\ 1 & 0 & 0 & 0\\ 0 & 0.40 & 0 & 0\\ 0 & 1 & 0 & 0\end{bmatrix}$$

$$
\boldsymbol{E}_6=\begin{bmatrix} 0 & 0.50 & 0 & 0 \\ 0 & 0 & 1 & 0 \\ 0 & 0 & 1 & 0 \\ 0 & 0.35 & 0 & 0 \\ 1 & 0 & 0 & 0 \\ 1 & 0 & 0 & 0 \\ 0.15 & 0 & 0 & 0 \\ 1 & 0 & 0 & 0 \\ 0 & 0.07 & 0 & 0 \\ 0 & 1 & 0 & 0 \end{bmatrix} \quad \boldsymbol{E}_7=\begin{bmatrix} 0 & 0.50 & 0 & 0 \\ 0 & 0 & 0 & 1 \\ 0 & 0 & 1 & 0 \\ 0 & 0.59 & 0 & 0 \\ 1 & 0 & 0 & 0 \\ 1 & 0 & 0 & 0 \\ 0.11 & 0 & 0 & 0 \\ 1 & 0 & 0 & 0 \\ 0 & 0.18 & 0 & 0 \\ 0 & 1 & 0 & 0 \end{bmatrix}
$$

参考文献

[1]谢和平，王金华，王国法，等．煤炭革命新理念与煤炭科技发展构想[J]．煤炭学报，2018，43(5)：1187－1197．

[2]邹才能，熊波，薛华庆，等．新能源在碳中和中的地位与作用[J]．石油勘探与开发，2021，48(2)：411－420．

[3]杨昊睿，宁树正，丁恋，等．新时期我国煤炭产业现状及对策研究[J]．中国煤炭地质，2021，33(S1)：44－48．

[4]李全生，张凯．我国能源绿色开发利用路径研究[J]．中国工程科学，2021，23(1)：101－111．

[5]孙钦平，赵群，姜馨淳，等．新形势下中国煤层气勘探开发前景与对策思考[J]．煤炭学报，2021，46(1)：65－76．

[6]谢和平，吴立新，郑德志．2025年中国能源消费及煤炭需求预测[J]．煤炭学报，2019，44(7)：1949－1960．

[7]邹才能，赵群，张国生，等．能源革命：从化石能源到新能源[J]．天然气工业，2016，36(1)：1－10．

[8]MOORE T A. Coalbed methane：a review[J]. International Journal of Coal Geology，2012，101：36－81.

[9]FARAMAWY S，ZAKI T，SAKR A E. Natural gas origin，composition，and processing：a review[J]. Journal of Natural Gas Science and Engineering，2016，34(3)：34－54.

[10]傅雪海，秦勇，韦重韬．煤层气地质学[M]．徐州：中国矿业大学出版社，2007．

[11]邵龙义，侯海海，唐跃，等．中国煤层气勘探开发战略接替区优选[J]．天然气工业，2015，35(3)：1－11．

[12]高虎．“双碳”目标下中国能源转型路径思考[J]．国际石油经济，2021，29(3)：1－6．

[13]周宏春，李长征，周春．碳中和背景下能源发展战略的若干思考[J]．中国煤炭，2021，47(5)：1－6．

[14]徐凤银，王勃，赵欣，等．“双碳”目标下推进中国煤层气业务高质量发展的思考与建议[J]．中国石油勘探，2021，26(3)：9－18．

[15]秦勇，申建，史锐．中国煤系气大产业建设战略价值与战略选择[J]．煤炭学报，2022，47(1)：371－387．

[16]张道勇，朱杰，赵先良，等．全国煤层气资源动态评价与可利用性分析[J]．煤炭学报，2018，43(6)：1598－1604．

[17]徐凤银，侯伟，熊先钺，等．中国煤层气产业现状与发展战略[J]．石油勘探与开发，

2023,50(4):669－682.

[18]邹才能,赵群,王红岩,等.非常规油气勘探开发理论技术助力我国油气增储上产[J].石油科技论坛,2021,40(3):72－79.

[19]北京大学国际战略研究中心.我国煤层气开发利用的意义、现状和对策:中国工程院袁亮院士报告会纪要[J].国际战略研究简报,2011(55):1－4.

[20]SOBCZYK J. The influence of sorption processes on gas stresses leading to the coal and gas outburst in the laboratory conditions[J]. Fuel,2011,90(3):1018－1023.

[21]FAN C,LI S,LUO M,et al. Coal and gas outburst dynamic system[J]. International Journal of Mining Science and Technology,2017,27(1):49－55.

[22]SOBCZYK J. A comparison of the influence of adsorbed gases on gas stresses leading to coal and gas outburst[J]. Fuel,2014,115:288－294.

[23]闫江伟,张小兵,张子敏.煤与瓦斯突出地质控制机理探讨[J].煤炭学报,2013,38(7):1174－1178.

[24]景国勋,张强.煤与瓦斯突出过程中瓦斯作用的研究[J].煤炭学报,2005,(2):169－171.

[25]朱立凯,杨天鸿,徐涛,等.煤与瓦斯突出过程中地应力、瓦斯压力作用机理探讨[J].采矿与安全工程学报,2018,35(5):1038－1044.

[26]刘娜娜,姜在炳,张培河.煤层气开发利用的环境效益评估方法[J].中国煤炭地质,2012,24(11):52－55.

[27]秦勇.中国煤层气成藏作用研究进展与述评[J].高校地质学报,2012,18(3):405－418.

[28]陈晓智,汤达祯,许浩,等.低、中煤阶煤层气地质选区评价体系[J].吉林大学学报(地球科学版),2012,42(S2):115－120.

[29]DROBNIAK A,MASTALERZ M,RUPP J,et al. Evaluation of coalbed gas potential of the Seelyville Coal Member,Indiana,USA[J]. International Journal of Coal Geology,2004,57(3/4):265－282.

[30]LANGENBERG C W,BEATON A,BERHANE H. Regional evaluation of the coalbed－methane potential of the Foothills/Mountains of Alberta,Canada[J]. International Journal of Coal Geology,2006,65(1/2):114－128.

[31]LI S,TANG D,PAN Z,et al. Evaluation of coalbed methane potential of different reservoirs in western Guizhou and eastern Yunnan,China[J]. Fuel,2015,139:257－267.

[32]QIN Y,MOORE T A,SHEN J,et al. Resources and geology of coalbed methane in China:a review[J]. International Geology Review,2018,60(5/6):777－812.

[33]WANG K. Research on main geological controls and enrichment model of coalbed methane distribution in China[J]. IOP Conference Series:Earth and Environmental Science,2019,300(2):022071.

[34]MENG Y,TANG D,XU H,et al. Geological controls and coalbed methane production potential evaluation:a case study in Liulin Area,eastern Ordos Basin,China[J].

Journal of Natural Gas Science and Engineering,2014,21:95 - 111.

[35]SU X,LIN X,LIU S,et al. Geology of coalbed methane reservoirs in the Southeast Qinshui Basin of China[J]. International Journal of Coal Geology,2005,62(4):197 - 210.

[36]YAO Y,LIU D,YAN T. Geological and hydrogeological controls on the accumulation of coalbed methane in the Weibei Field,southeastern Ordos Basin[J]. International Journal of Coal Geology,2014,121:148 - 159.

[37]ANDREW B,WILLEM L,CRISTINA P. Coalbed methane resources and reservoir characteristics from the Alberta Plains,Canada[J]. International Journal of Coal Geology,2006,65(1/2):93 - 113.

[38]BOYER II C M,BAI Q. Methodology of coalbed methane resource assessment[J]. International Journal of Coal Geology,1998,35(1/4):349 - 368.

[39]SAATY T L. Modeling unstructured decision problems - the theory of analytical hierarchies[J]. Mathematics and Computers in Simulation,1978,20(3):147 - 158.

[40]WANG G,QIN Y,XIE Y,et al. Coalbed methane system potential evaluation and favourable area prediction of Gujiao blocks,Xishan coalfield,based on multi - level fuzzy mathematical analysis[J]. Journal of Petroleum Science and Engineering,2018,160:136 - 151.

[41]ANASTASSIOU G A. Fuzzy mathematics:approximation theory[M]. Verlag Berlin Heidelberg:Springer,2010.

[42]FU H,TANG D,XU H,et al. Geological characteristics and CBM exploration potential evaluation:a case study in the middle of the southern Junggar Basin,NW China[J]. Journal of Natural Gas Science and Engineering,2016,30:557 - 570.

[43]王勃,孙粉锦,李贵中,等. 基于模糊物元的煤层气高产富集区预测:以沁水盆地为例[J]. 天然气工业,2010,30(11):22 - 25,115 - 116.

[44]冯立杰,李伟男,岳俊举,等. 基于熵权法和DEMATEL的煤层气开采关键影响因素分析[J]. 煤炭技术,2018,37(6):35 - 37.

[45]罗金辉,杨永国,秦勇,等. 基于组合权重的煤层气有利区块模糊优选[J]. 煤炭学报,2012,37(2):242 - 246.

[46]姚艳斌,刘大锰,汤达祯,等. 平顶山煤田煤储层物性特征与煤层气有利区预测[J]. 地球科学——中国地质大学学报,2007,32(2):285 - 290.

[47]YAO Y,LIU D,TANG D,et al. A comprehensive model for evaluating coalbed methane reservoirs in China[J]. Acta Geologica Sinica-English Edition,2008,82(6):1253 - 1270.

[48]AGUARÓN J,ESCOBAR M T,MORENO - JIMÉNEZ J M. Consistency stability intervals for a judgment in AHP decision support systems[J]. European Journal of Operational Research,2003,145(2):382 - 393.

[49]KARAPETROVIC S,ROSENBLOOM E S. A quality control approach to consistency paradoxes in AHP[J]. European Journal of Operational Research,1999,119(3):704 - 718.

[50]LI H,MA L. Detecting and adjusting ordinal and cardinal inconsistencies through

a graphical and optimal approach in AHP models[J]. Computers & Operations Research, 2007,34(3):780-798.

[51]SAATY T L. Decision making with the analytic hierarchy process[J]. International Journal of Services Sciences,2008,1(1):83-98.

[52]YUE H,YANG W,LI S,et al. Fuzzy adaptive tracking control for a class of nonlinearly parameterized systems with unknown control directions[J]. Iranian Journal of Fuzzy Systems, 2019,16(5):97-112.

[53]MITRA S,PAL S K. Fuzzy sets in pattern recognition and machine intelligence[J]. Fuzzy Sets and Systems,2005,156(3):381-386.

[54]NÁPOLES G,PAPAGEORGIOU E,BELLO R,et al. Learning and convergence of fuzzy cognitive maps used in pattern recognition[J]. Neural Processing Letters,2017,45(2):431-444.

[55]BAHRAM F,ENRIQUE H V. A modification of probabilistic hesitant fuzzy sets and its application to multiple criteria decision making[J]. Iranian Journal of Fuzzy Systems, 2020,17(4):151-166.

[56]赵庆波.煤层气地质选区评价理论与勘探技术[M].北京:石油工业出版社,2009.

[57]宋岩,张新民,柳少波.中国煤层气地质与开发基础理论[M].北京:科学出版社,2012.

[58]胡凯.中国煤层气开采工程技术发展趋势及关键技术需求分析[D].北京:中国石油大学(北京),2020.

[59]AYERS W B. Coalbed gas systems,resources,and production and a review of contrasting cases from the San Juan and Powder River Basins[J]. AAPG Bulletin,2002,86(11):1853-1890.

[60]冯云飞,李哲远.中国煤层气开采现状分析[J].能源与节能,2018(5):26-27.

[61]王新民,傅长生,石璟,等.国外煤层气勘探开发研究实例[M].北京:石油工业出版社,1998.

[62]李登华,高煖,刘卓亚,等.中美煤层气资源分布特征和开发现状对比及启示[J].煤炭科学技术,2018,46(1):252-261.

[63]BUSTIN R,CLARKSON C. Geological controls on coalbed methane reservoir capacity and gas content[J]. International Journal of Coal Geology,1998,38(1/2):3-26.

[64]SCOTT A R. Hydrogeologic factors affecting gas content distribution in coal beds[J]. International Journal of Coal Geology,2002,50(1/4):363-387.

[65]孟召平.煤层气开发地质学理论与方法[M].北京:科学出版社,2010.

[66]桑逢云.国内外低阶煤煤层气开发现状和我国开发潜力研究[J].中国煤层气,2015,12(3):7-9.

[67]SETTARI A,BACHMAN R C,BOTHWELL P. Analysis of nitrogen stimulation technique in shallow coalbed-methane formations[J]. SPE Production & Operations,2012,27(2):185-194.

[68]王磊,樊太亮,杜云星,等.澳大利亚 Bowen 与 Surat 盆地煤层气特征研究[J].中国煤层气,2019,16(5):28-31.

[69]张遂安,刘欣佳,温庆志,等.煤层气增产改造技术发展现状与趋势[J].石油学报,2021,42(1):105-118.

[70]Palmer I. Coalbed methane completions:a world view[J]. International Journal of Coal Geology,2010,82(3/4):184-195.

[71]曹艳,龙胜祥,李辛子,等.国内外煤层气开发状况对比研究的启示[J].新疆石油地质,2014,35(1):109-113.

[72]王坤,张国生,李志欣,等.山西省煤层气勘探开发现状与发展趋势[J].中国煤层气,2020,17(6):39-43.

[73]CAI Y,LIU D,YAO Y,et al. Geological controls on prediction of coalbed methane of No. 3 coal seam in SouthernQinshui Basin,North China[J]. International Journal of Coal Geology,2011,88(2/3):101-112.

[74]徐刚,李树刚,丁洋.沁水盆地煤层气富集单元划分[J].煤田地质与勘探,2013,41(6):22-26.

[75]赵贤正,朱庆忠,孙粉锦,等.沁水盆地高阶煤层气勘探开发实践与思考[J].煤炭学报,2015,40(9):2131-2136.

[76]YAO Y,LIU D,TANG D,et al. Preliminary evaluation of the coalbed methane production potential and its geological controls in the Weibei Coalfield,Southeastern Ordos Basin,China[J]. International Journal of Coal Geology,2009,78(1):1-15.

[77]国家能源局石油天然气公司,国务院发展研究中心资源与环境政策研究所,自然资源部油气资源战略研究中心.中国天然气发展报告(2021)[M].北京:石油工业出版社,2021.

[78]LI S,TANG D,PAN Z,et al. Geological conditions of deep coalbed methane in the eastern margin of the Ordos Basin,China:implications for coalbed methane development[J]. Journal of Natural Gas Science and Engineering,2018,53(12):394-402.

[79]KIM Y,JANG H,LEE J. Application of probabilistic approach to evaluate coalbed methane resources using geological data of coal basin in Indonesia[J]. Geosciences Journal,2016,20(2):229-238.

[80]WANG H,MA F,TONG X,et al. Assessment of global unconventional oil and gas resources[J]. Petroleum Exploration and Development,2016,43(6):925-940.

[81]苏付义.煤层气储集层评价参数及其组合[J].天然气工业,1998,18(4):29-34,24.

[82]赵庆波,张公明.煤层气评价重要参数及选区原则[J].石油勘探与开发,1999,26(2):43-46,13.

[83]李五忠,田文广,陈刚,等.不同煤阶煤层气选区评价参数的研究与应用[J].天然气工业,2010,30(6):45-47,63,126.

[84]田文广,李五忠,孙斌.我国煤层气选区评价参数标准初步研究[C]//中国石油学会

石油地质专业委员会，中国煤炭学会煤层气专业委员会.煤层气勘探开发理论与技术——2010年全国煤层气学术研讨会论文集.北京：石油工业出版社，2010.

[85]王一兵，田文广，李五忠，等.中国煤层气选区评价标准探讨[J].地质通报，2006，25(9/10)：1104－1107.

[86]郑得文，张君峰，孙广伯，等.煤层气资源储量评估基础参数研究[J].中国石油勘探，2008，13(3)：1－4，26，28.

[87]李勇.滇东地区煤层气地质条件及选区评价[D].徐州：中国矿业大学，2017.

[88]吴财芳，刘小磊，张莎莎.滇东黔西多煤层地区煤层气“层次递阶”地质选区指标体系构建[J].煤炭学报，2018，43(6)：1647－1653.

[89]秦勇.中国煤层气产业化面临的形势与挑战(Ⅱ)：关键科学技术问题[J].天然气工业，2006，26(2)：6－10，158.

[90]叶建平，秦勇，林大杨.中国煤层气资源[J].徐州：中国矿业大学出版社，1998.

[91]张小东，张硕，孙庆宇，等.基于AHP和模糊数学评价地质构造对煤层气产能的影响[J].煤炭学报，2017，42(9)：2385－2392.

[92]ZHANG Z，QIN Y，BAI J，et al. Evaluation of favorable regions for multi－seam coalbed methane joint exploitation based on a fuzzy model：a case study in southern Qinshui Basin，China[J]. Energy Exploration & Exploitation，2016，34(3)：400－417.

[93]WEI Q，LI X，HU B，et al. Reservoir characteristics and coalbed methane resource evaluation of deep－buried coals：a case study of the No. 13－1 coal seam from the Panji Deep Area in Huainan Coalfield，Southern North China[J]. Journal of Petroleum Science and Engineering，2019，179：867－884.

[94]王建东，刘吉余，于润涛，等.层次分析法在储层评价中的应用[J].大庆石油学院学报，2003(3)：12－14，119.

[95]侯海海，邵龙义，唐跃，等.基于多层次模糊数学的中国低煤阶煤层气选区评价标准：以吐哈盆地为例[J].中国地质，2014，41(3)：1002－1009.

[96]陈勇，陈洪德，关达，等.基于主控因素的煤层气富集区地震预测技术应用研究[J].石油物探，2013，52(4)：426－431，334.

[97]霍丽娜，徐礼贵，邵林海，等.煤层气“甜点区”地震预测技术及其应用[J].天然气工业，2014，34(8)：46－52.

[98]彭苏萍，杜文凤，殷裁云，等.基于AVO反演技术的煤层含气量预测[J].煤炭学报，2014，39(9)：1792－1796.

[99]孙斌，杨敏芳，孙霞，等.基于地震AVO属性的煤层气富集区预测 [J].天然气工业，2010，30(6)：15－18，122.

[100]乌洪翠，邵才瑞，张福明.深部煤层气测井评价方法及其应用[J].煤田地质与勘探，2008，36(4)：25－28，33.

[101]余杰，秦瑞宝，梁建设，等.煤层气“甜点”测井判别与产量预测：以沁水盆地柿庄南区块为例[J].新疆石油地质，2017，38(4)：482－487.

[102]范乐宾,高丽军,李德鹏,等.沁南P区块煤层气“甜点区”动静结合综合预测方法研究[J].科技与创新,2018(11):34-36.

[103]王晓梅,张群,张培河,等.煤层气储层数值模拟研究的应用[J].天然气地球科学,2004,15(6):664-668.

[104]杨晓盈,李永臣,朱文涛,等.贵州煤层气高产主控因素及甜点区综合评价模型[J].天然气地球科学,2018,29(11):1664-1671,1678.

[105]宋岩,柳少波,马行陟,等.中高煤阶煤层气富集高产区形成模式与地质评价方法[J].地学前缘,2016,23(3):1-9.

[106]谢季坚,刘承平.模糊数学方法及其应用[M].武汉:华中科技大学出版社,2005.

[107]FINOL J,GUO Y,JING X. A rule based fuzzy model for the prediction of petrophysical rock parameters[J]. Journal of Petroleum Science and Engineering,2001,29(2):97-113.

[108]BAHRPEYMA F,GOLCHIN B,CRANGANU C. Fast fuzzy modeling method to estimate missing logsin hydrocarbon reservoirs[J]. Journal of Petroleum Science and Engineering,2013,112:310-321.

[109]CHEN S,FU G. A DRASTIC-based fuzzy pattern recognition methodology for groundwater vulnerability evaluation[J]. Hydrological Sciences Journal,2003,48(2):211-220.

[110]LIU Q,CHEN X,GINDY N. Fuzzy pattern recognition of AE signals for grinding burn[J]. International Journal of Machine Tools and Manufacture,2005,45(7/8):811-818.

[111]张子戌,刘高峰,吕闰生,等.基于模糊模式识别的煤与瓦斯突出区域预测[J].煤炭学报,2007,32(6):592-595.

[112]IQBAL J,GORAI A,KATPATAL Y,et al. Development of GIS-based fuzzy pattern recognition model(modified DRASTIC model) for groundwater vulnerability to pollution assessment[J]. International Journal of Environmental Science and Technology,2015,12(10):3161-3174.

[113]PATHAK D R,HIRATSUKA A. An integrated GIS based fuzzy pattern recognition model to compute groundwater vulnerability index for decision making[J]. Journal of Hydro-environment Research,2011,5(1):63-77.

[114]朱志洁,张宏伟,刘鑫.基于模糊模式识别的矿井动力灾害预测[J].自然灾害学报,2014,23(4):19-25.

[115]朱学谦,山珊.基于模糊模式识别的海外油气储量开发风险性评价方法[J].中国海上油气,2018,30(3):116-121.

[116]BOCKLISCH F,BOCKLISCH S F,BEGGIATO M,et al. Adaptive fuzzy pattern classification for the online detection of driver lane change intention[J]. Neurocomputing,2017,262(1):148-158.

[117]刘美池,尹盼盼,荣文等.基于模糊模式识别的高铁快运安全综合评价[J].中国安全科学学报,2018,28(S2):149-154.